成本书殿系列丛书

装配式建筑全成本管理指南

——策划、设计、招采

胡卫波　王雄伟　主　编
杜晓东　王　刚　洪　亮　刘爱娟　副主编
赵　丰　总顾问

中国建筑工业出版社

图书在版编目（CIP）数据

装配式建筑全成本管理指南：策划、设计、招采 / 胡卫波，王雄伟主编 .— 北京：中国建筑工业出版社，2020.4
（成本书殿系列丛书）
ISBN 978-7-112-24871-1

Ⅰ.①装… Ⅱ.①胡… ②王… Ⅲ.①装配式构件 — 建筑物 — 成本管理 — 指南 Ⅳ.① TU723.3-62

中国版本图书馆 CIP 数据核字（2020）第 026339 号

装配式建筑发展势头强劲，但如果不能体现成本优势，不能发挥经济效益，那么装配式建筑难以健康持续发展。本书不同于目前市面上的大部分讲解装配式设计与施工的书籍，聚焦装配式成本管理，同时也是开发商最关心的问题。本书结合案例，主要从策划、设计、招采三大块讲解成本管理方法、管理要点。附录还给出了装配式与传统建筑的主要差异分析、装配式部品部件清单单价分析案例（附网络下载）等。图文并茂，操作性强，可供装配式行业从业人员参考使用。

责任编辑：王砾瑶 范业庶
责任校对：赵 菲

成本书殿系列丛书
装配式建筑全成本管理指南
——策划、设计、招采
胡卫波 王雄伟 主 编
杜晓东 王 刚 洪 亮 刘爱娟 副主编
赵 丰 总顾问
*
中国建筑工业出版社出版、发行（北京海淀三里河路9号）
各地新华书店、建筑书店经销
北京点击世代文化传媒有限公司制版
天津图文方嘉印刷有限公司印刷
*
开本：787 × 1092毫米 1/16 印张：14½ 字数：300千字
2020年5月第一版 2020年5月第一次印刷
定价：128.00 元
ISBN 978-7-112-24871-1
（35407）

本书审核委员会

主　　审： 曹广辉　许佳锦　许文杰　应小勇　陈　鹏

审 核 组： 刘　航　焦　杰　白世烨　宋星见　张井峰
郭得海　郑加富　陆柳青　罗　雷　闵峥山

本书编写委员会

主　　编： 胡卫波　王雄伟

副 主 编： 杜晓东　王　刚　洪　亮　刘爱娟

参　　编： 贺加栋　吴永荣　彭明民　阚吉东　张晓燕
欧岚杰　叶长勇　胡计兰　刘建波　刘　敏

总 顾 问： 赵　丰

主编单位： 克三关（上海）科技有限公司

本书编写人员介绍

胡卫波　主编

《建设工程成本优化——基于策划、设计、建造、运维、再生之全寿命周期》主编、《装配式混凝土建筑技术管理与成本控制》副主编、《装配式混凝土建筑——如何把成本降下来》副主编、《装配式混凝土建筑——甲方管理问题及预防》参编。

王雄伟　主编

北京大学金融管理在读博士，高级工程师、注册造价工程师、一级建造师。现任职某大型房地产开发集团，黑龙江省建设技术协会常务副会长，中国建筑学会会员，RICS中国区考官。《建设工程成本优化——基于策划、设计、建造、运维、再生之全寿命周期》审核委员会审核专家。

杜晓东　副主编

中国地质大学工程项目管理专业工程硕士，高级工程师。现任内蒙古包头市建筑职工教育培训中心书记、主任，内蒙古包头市建设工程招投标专家组成员，内蒙古包头市住房和城乡建设局装配式建筑领导小组成员、教育培训组组长。

王　刚　副主编

东北财经大学管理与科学工程专业在读博士，研究方向项目评价与融资。现任职某大型房地产开发集团。国家注册造价师、一级建造师、高级工程师，中国建筑学会会员。《建设工程成本优化——基于策划、设计、建造、运维、再生之全寿命周期》副主编、《装配式建筑工程总承包管理实施指南》编委之一。

洪　亮　副主编

辽宁工程技术大学工程硕士，高级工程师、一级注册结构工程师。现任都市发展设计有限公司结构副总工程师、装配式建筑设计研究所所长。担任大连市装配式建筑及全装修住宅项目督导、咨询、技术服务工作，大连市装配式建筑项目检查组专家，是《大连市装配式建筑单体预制率计算细则（试行）及补充说明》、《大连市装配式建筑装配率计算方法（试行）》、《大连市全装修住宅装修施工图设计文件编制深度规定》、《大连市全装修住宅装修施工图设计文件审查要点》、《大连市装配式建筑项目单体预制率计算书（参考格式）》、《大连市装配式建筑项目单体装配率计算书（参考格式）》的主要编制人。

刘爱娟　副主编

上海大学机械制造与自动化本科学历，高级经济师，注册造价师，皇家特许测量师。现任上海上梓建设造价咨询公司、上海上咨会计师事务所副总工程师，2018 年、2019 年 RICS 中国区考官。10 年造价咨询工作经历，12 年央企施工单位预算合约工作经历。《建设工程成本优化——基于策划、设计、建造、运维、再生之全寿命周期》审核专家。

赵　丰　总顾问

现任同济大学复杂工程管理研究院研究员、RICS 资深讲师、造价大数据研究院院长。兼任住房城乡建设部标定司“工程造价指标指数研究课题组”专家、广联达平方科技首席业务官。著作有:《成本决胜论》、《成本管理作业指导书》、《数据的智慧》。

贺加栋　参编作者

现任山东某地产设计部副总经理，担任济南土木建筑学会建筑设计专委会副主任委员、济南市房地产业协会建筑节能与产业化专委会专业秘书、济南市工商联建筑产业化发展研究院特聘顾问;“胖栋有话说”公众号创始人。《建设工程成本优化——基于策划、设计、建造、运维、再生之全寿命周期》副主编。

阚吉东　参编作者

工程硕士，高级工程师、一级建造师、造价工程师。现任万新（沈阳）建筑科技有限公司总经理，致力于钢结构装配式建造体系的研发，发明钢边框轻质保温一体板作为围护结构，并广泛应用于万科、金地的售楼处、商业建筑等项目。

吴永荣　参编作者

高级工程师。现任山东某地产成本管理部副总监，多年致力于地产成本管理工作，发表论文《如何进行装配式建筑的成本管控》。

张晓燕　参编作者

武汉大学工程硕士，高级工程师、注册建造师、招标工程师。现任河南郑州某地产公司成本管理中心经理，致力于地产成本管理、园林公司及门窗幕墙公司成本招采管理工作。

叶长勇　参编作者

本科，现场专业工程师。现任上海建工五建集团某项目木工翻样，参与了多个大型住宅工程项目的模板工程管理工作，先后参与了上海首个框架结构全装配式建筑、首栋钢结构住宅装配式建筑等管理工作。

胡计兰　参编作者

工程硕士，中级工程师、注册一级建造师。现任广东新中南航空港建设有限公司某项目技术负责人，参与了多个大型工程项目的全过程管理工作，以及公司总部招投标管理工作。

刘建波　参编作者

高级工程师、一级注册结构工程师。现任湖北随州市建筑设计院所长，多年致力于建筑结构设计。

刘　敏　参编作者

工程管理本科，注册二级建造师、产品经理国际资格认证 NPDP、高级合同管理师。现任上海艺嘉照明科技有限公司成本主管。先后就职于中国核工业第五建设有限公司、地产成本圈。

前言

FOREWORD

希望这本书能成为您工作中的最低标准。

2017 年 10 月 30 日，地产成本圈联合了上海兴邦王俊先生、上海研砼卢峙先生、上海思优裴永辉先生和王丽娟女士、上海一测王毅先生共五位专家，出了《装配式建筑成本管理》1.0 版。

2018 年 6 月 30 日，地产成本圈共找到 12 位作者，共同整理汇编出了《装配式建筑成本管理》2.0 版。他们是余久鹏先生、现代营造谷明旺先生、崔强先生、贺加栋先生、彭明民先生、刘辉宁女士、王毅先生、卢嘉琦先生、宋培先生、王俊先生、卢峙先生。

2019 年 3 月 30 日，地产成本圈和上海思优合编出版了《装配式混凝土建筑技术管理与成本控制》，在书中我们以案例分析的方式对全国代表性城市的装配式政策进行了成本增量的测算和分析。

2019 年 9 月 30 日，我参与编写的《装配式混凝土建筑——如何把成本降下来》一书交稿了。丛书主编郭学明先生、成本册主编许德民先生、副主编王炳洪先生，还有近三十位丛书作者，他们在专业内外都给了我和地产成本圈以榜样和鼓励。

2019 年 10 月 28 日，地产成本圈汇编了近四年以来在装配式成本领域的案例经验总结和知识积累，《装配式建筑成本管理》3.0 版出刊了。这是本书在正式出版之前的最后一次演练。

2020 年 1 月 2 日，这本书正式交稿。为实现在 3.0 版的基础上更新 50% 的目标，成本书殿系列丛书总顾问赵丰先生为本书提出了重要修改意见，重庆中科大业曹广辉先生、上海思优科技许佳锦先生为本书提出了富有建设性的审核意见，广东博意建筑设计许文杰先生、宁波市房屋建筑设计研究院应小勇先生、华东建筑集团陈鹏先生针对设计章节提供了建设性的审核意见；刘航、焦杰、白世烨、宋星见、张井峰、郭得海、郑加富、陆柳青、罗雷、闵峥山等审核专家也针对性地指出了原书稿的诸多问题。

本书副主编洪亮先生为本书提出了系统性的审核意见，并配合完成了新增加的第3章设计章节的组稿、修改、撰写。王雄伟先生、杜晓东先生、王刚先生、刘爱娟女士分别参与了第1章、第2章、第4章、附录的编写，并负责全书审核。贺加栋、吴永荣、阚吉东、彭明民、张晓燕五位作者分别撰写了案例1～5，特别是张晓燕女士连续5次以上复核数据、修改至凌晨，让我深感作为主编的责任重大。

每一次分享都让这本书更充实、更完善。感谢上海市建设协会建筑工业化与住宅产业化促进中心陈一凡先生、上海兴邦刘强先生和王俊先生、上海中森李新华先生和马海英女士给予我第一次给上海市装配式设计管理班和项目管理班讲授装配式成本课程的机会，感谢红星美凯龙房地产集团、东原地产集团、美好集团、中国建筑学会、装配式建筑产业技术创新联盟东北分会、中国建筑东北设计研究院、中国工程建设标准化协会、北京建研住工、成都长城商学院、成都住宅与房地产业协会、上海建工二建集团、龙信集团、上海思优科技、中国绿促会、武汉市建筑业协会装配式建筑分会、利物宝建筑科技、福建省建设人力资源集团、合众优采网、湖北省房地产协会等单位或企业给予地产成本圈知识分享和培训业务的机会。

每一次写书都让这一本书更好。感谢上海思优科技集团刘立志先生给予地产成本圈第一次合作写书的机会，感谢上海联创设计集团王炳洪先生推荐我参编《装配式混凝土建筑——如何把成本降下来》一书，感谢郭学明先生和许德民先生在写书过程中给予我的富有智慧的批评和指导。

每一次留言或讨论都让这本书更好。感谢网名——周华字瑞明、DIP李栋、金玲、诗蓝杭萧温冬丽、楼滨、逛新城、国强、漠炎、蝈蝈、鸭梨、沉默等朋友在地产成本圈和克三关公众号的留言或在微信群内的讨论，给予相关内容以建设性的修改意见。

每一张图片都让本书离图文并茂的阅读体验更近一步。感谢和能人居田冠勇、张瑶先生和李琳女士、万斯达集团张波先生、上海衡煦节能科技徐向阳先生和秦选民先生、现代营造谷明旺先生、行家建筑科技方敏勇博士、沈阳兆寰许德民先生、中建八局三公司史公勋、地产成本圈微信群好友任小龙、何杰斌、陈鹏、陈壤、扬帆、何心捷、陈俊强、周庆华、忆蓝、郭得海、冯文玉、陈鹏、马萃斌等朋友们的帮助，他们为本书提供了工程现场的照片。

每一位专家的微信朋友圈都使笔者受益匪浅。感谢郭学明先生、同济大学赵勇博士和李检保博士、绿地集团朱川海博士、上海思睿建筑科技焦祥梓先生、上海天华建筑设计李伟兴博士、上海建工二建集团马跃强博士、上海建工五建集团韩亚明先生在微信朋友圈的专业分享。

每一位读者的支持让我们脑海中的知识变成了您手上的图书。

没有您们，也就没有这本书。

除了署名作者和审核专家以外，无数的同行也为这本书付出了闲暇和安逸的时间、贡献了专业工作中的经验和教训，期待您在使用这本书的时候边用边批，并随时微信或电邮给笔者，这可能是大家更想得到的回馈。

最后,我们经历的工程案例还很少,经历和经验更有限,不足和错误难免,敬请包涵。您的阅读感受和意见敬请反馈至微信号 18101919517，或邮箱 huweibo@frcc.co。

2020 年 1 月 2 日

目录

CONTENTS

第1章

概　述

扬长避短，才可能体现装配式建筑的成本优势。

◆ 导读：本章系统地介绍装配式建筑与传统建筑之间的特征、成本增量的基本结构和数据分析、成本管理所面临的主要问题、任务和降低成本的趋势。

1.1 装配式建筑概述

对地产成本和工程造价同行而言，“1234”可以先总体地了解装配式建筑，一个基本概念，两大特征，与成本管理有关的三大指标和四大优势。

1.1.1 装配式建筑的基本概念

1. 内涵

2016 年，是我国装配式建筑发展的元年。“装配式建筑”的概念，在 2016 年 2 月 6 日《中共中央 国务院关于进一步加强城市规划建设管理工作的若干意见》（中发[2016]6 号）中提出（图 1-1）。

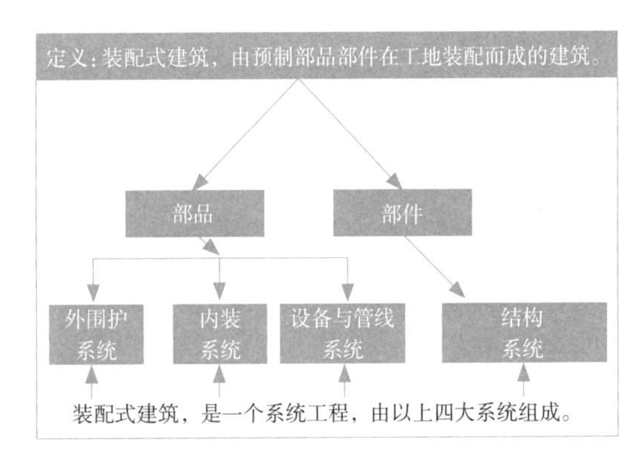

图 1–1 装配式建筑的基本概念及四大系统组成示意图

装配式建筑按不同的结构材料分为装配式钢筋混凝土建筑、装配式钢结构建筑、装配式木结构建筑，以及组合或混合结构的装配式建筑。

对于建筑工程来讲，我国目前的政策所要求和考核的是地上建筑（单体建筑的室外地坪以上），因而本书中相关的成本分析和测算均是针对地上建筑。

2. 外延

装配式建筑，是建筑工业化的一部分。

装配式建筑是实现建筑工业化的重要手段之一。建筑工业化的概念在 1974 年联合国颁布的《政府逐步实现建筑工业化的政策和措施指引》中是这样写的——按照大工业生产方式改造建筑业，使之逐步从手工业生产转向社会化大生产过程。

建筑工业化的范围除了装配式建筑以外，还包括建筑与装饰材料的工业化生产、混凝土工厂化生产、快装早拆模体系和免模或免拆模的现浇施工方法等。

装配式建筑是实现绿色建筑的重要手段之一。绿色建筑的概念在《绿色建筑评价标准》GB/T 50378—2019 中是这样写的——在全寿命期内，节约资源、保护环境、减少污染，为人们提供健康、适用、高效的使用空间，最大限度地实现人与自然和谐共生的高质量建筑。

装配式与建筑工业化及绿色建筑之间的关系可以用图 1-2 示意。

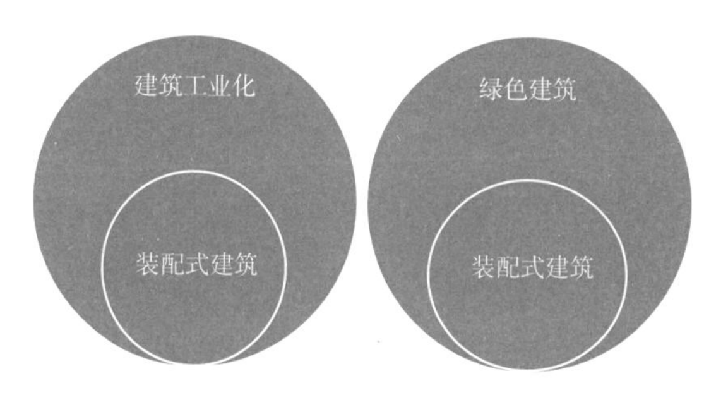

图 1-2　装配式与建筑工业化及绿色建筑之间的关系示意图

1.1.2　与项目管理有关的两大特征及影响分析

装配式建筑是建造方式上的变革，通俗地讲是“由湿到干”、“由粗到精”、“由数量到质量”，既是生产方式的变革，更是管理方式的变革。

相对于传统建筑来讲，装配式建筑在项目管理上至少具有这两大特征：一是高集成，二是低容错。高集成是装配式建筑在生产和管理过程上的特征，低容错是装配式管理成果在质量上的特征。而前置管理、协同管理是适应于这两大特征的管理要求（图 1-3）。

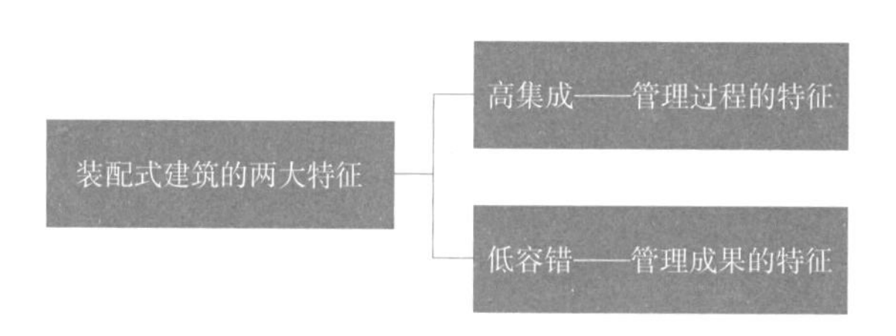

图 1-3　装配式建筑的两大特征

1. 高集成

装配式建筑的关键在集成。对于工业化，联合国定义了这样的 6 条标准——生产的连续性、生产物的标准化、生产过程的集成化、管理过程的规范化、生产工具的机械化、技术科研生产一体化。

对于装配式建筑，《装配式混凝土建筑技术标准》GB/T 51231-2016 中这样说明——装配式建筑是一个系统工程，由结构系统、外围护系统、设备与管线系统、内装系统四大系统组成；装配式建筑的建造是一个集成过程，由策划、设计、生产、施工等一体化集成。

集成管理：是一种效率和效果并重的管理模式，是一种全新的管理理念及方法，其核心就是强调运用集成的思想和理念指导管理行为实践。传统管理模式是以分工理论为基础，而集成管理则突出了一体化的整合思想，集成并不是一种单个元素的简单相加——“1+1=2”。集成与集合的主要区别在于集成中的各个元素互相渗透互相吸纳而成的一种新的“有机体”。（来源于百度百科）

上述内容，可以理解为装配式建筑是由四大系统的全专业的技术集成、五大环节的全寿命期的管理集成的叠加。技术集成，即建筑各专业的集成、建筑构件各设计功能的集成；管理集成，即建造各环节的集成、项目管理中各专业目标的集成。如图 1-4 所示。

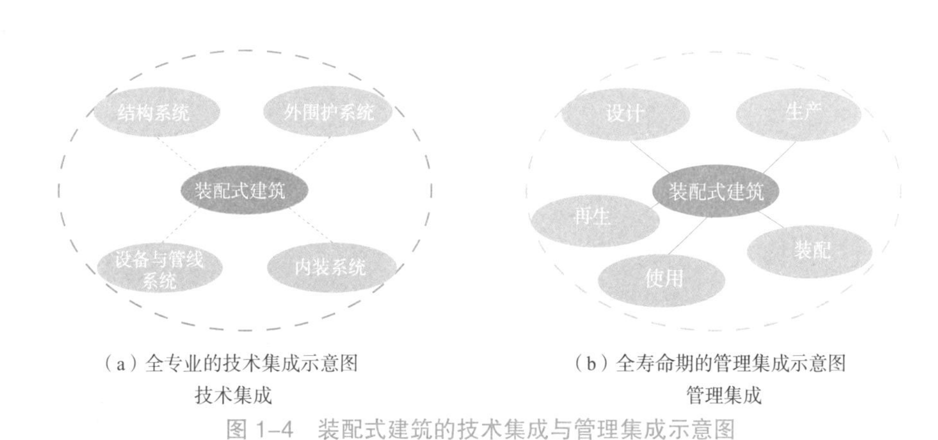

（a）全专业的技术集成示意图
技术集成

（b）全寿命期的管理集成示意图
管理集成

图 1-4 装配式建筑的技术集成与管理集成示意图

在理解装配式建筑的集成管理这一特征时，笔者认为以下两点至关重要：

（1）装配式建筑更多考虑的是专业的集成，而不是叠加。外围护系统、内装系统、设备与管线系统如何与结构系统集成和一体化施工，而不是传统模式下的专业叠加和依次施工。

（2）装配式建筑更多考虑的是使用和运维，而不仅是建造。装配式建筑是基于全生命周期价值最大化的新型建造方式。通过建筑、机电等专业设计与结构专业的集成、建筑及机电与结构同寿命设计等措施以降低使用和运维成本。因而，装配式建筑在建造阶段就需要考虑建筑物在使用和运维阶段的管理需要和效益的实现问题，为提高使用性能而装配，不是为建造而装配。

《装配式混凝土建筑技术标准》2.1.3 建筑系统集成

以装配化建造方式为基础，统筹策划、设计、生产和施工等，实现建筑结构系统、外围护系统、设备与管线系统、内装系统一体化的过程。(《装配式混凝土建筑技术标准》GB/T 51231—2016 及条文说明：装配式建筑强调这四个系统之间的集成，以及各系统内部的集成过程。)

设计集成，生产和施工才能集成，装配式建筑的集成管理在设计管理上尤其重要。集成式设计一改过去设计、生产、施工相分离的现象而需要集材料、生产、施工等全产业链，集结构、机电、内外装饰等全专业。如图 1-5 所示。

《装配式混凝土建筑技术标准》4.1.2 装配式混凝土建筑应按照集成设计原则，将建筑、结构、给水排水、暖通空调、电气、智能化和燃气等专业之间进行协同设计。

《装配式混凝土建筑技术标准》4.4.1 装配式混凝土建筑的结构系统、外围护系统、设备与管线系统和内装系统均应进行集成设计，提高集成度、施工精度和效率。

《装配式混凝土建筑技术标准》4.4.2 各系统设计应统筹考虑材料性能、加工工艺、运输限制、吊装能力等要求。

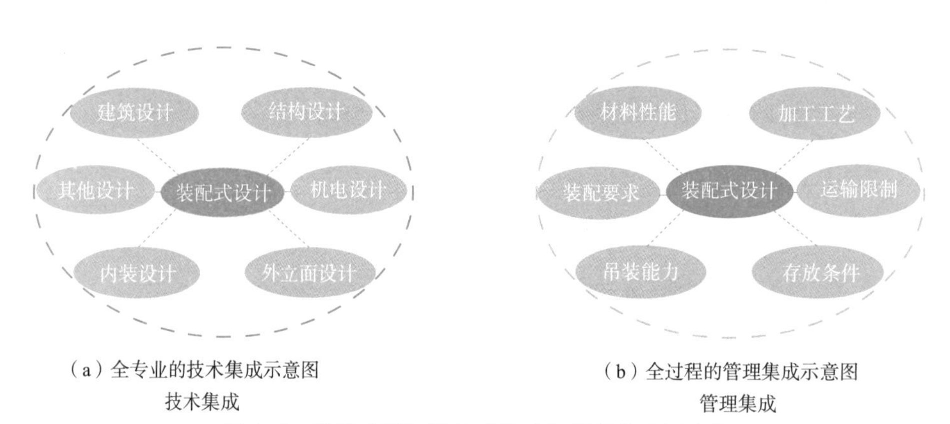

(a) 全专业的技术集成示意图
技术集成

(b) 全过程的管理集成示意图
管理集成

图 1-5 装配式设计的技术集成与管理集成示意图

高集成的特征，要求各专业进行同步设计，同步设计迫使各方提前参与，提前把问题暴露出来并解决掉。在技术上，装配式建筑的设计需要将结构、保温、机电、外装等全专业进行集成化设计，需要将构件所担负的如承重、装饰、节能等功能在构件设计中集成式实现，而尽量避免同一个构件的结构、装饰、节能等功能拆分式设计、叠加式实现（图 1-6）。因而，集成化设计在组织方式上有一个根本性的改变——将传统的建筑设计→结构设计→机电设计→门窗等二次深化设计依次串联的设计，改变为多专业的并联式设计。

在管理上，装配式建筑的高集成特点要求管理工作必须有系统性的预判，特别是设计环节，既需要关注项目层面的质量、进度、成本等各管理职能目标，也需要关注施工层面的构件、原材料市场供应情况和预制构件在生产、运输、吊装等环节的技术要求和限制条件，甚至需要在设计阶段模拟建造过程，提前发现可能出现的生产和施工问题，以确保预制部品部件的可生产性、可装配性。

图 1-6 装配式将铝窗、面砖多专业技术要求集成于一个构件

综合来看，装配式建筑的集成特征从小到大依次表现为构件层级的功能集成、设计层级的技术集成、项目层级的管理集成——这就是装配式建筑的项目管理在空间维度上的集成特征。建筑功能的集成是装配式建筑提高性价比解决成本问题的关键手段。如图 1-7 所示。

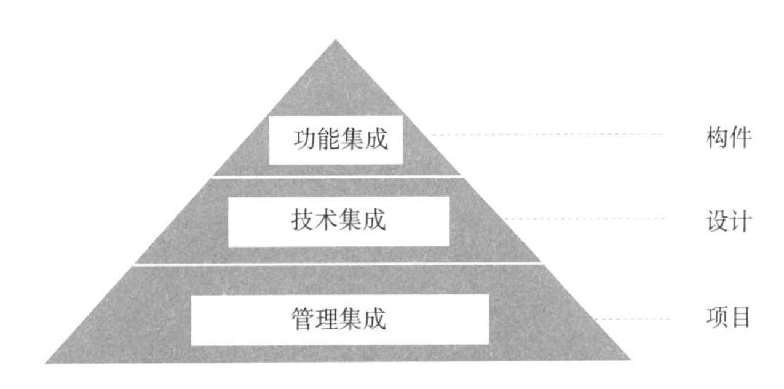

图 1-7 装配式建筑集成管理示意图

高集成的特征要求设计、项目管理必须一体化而不能再是分散的、零碎的。对此，中建科技集团叶浩文董事长在题为《建筑工业化发展及路径》的主题报告中提出了建筑工业化“三个一体化”思维，如图 1-8 所示。

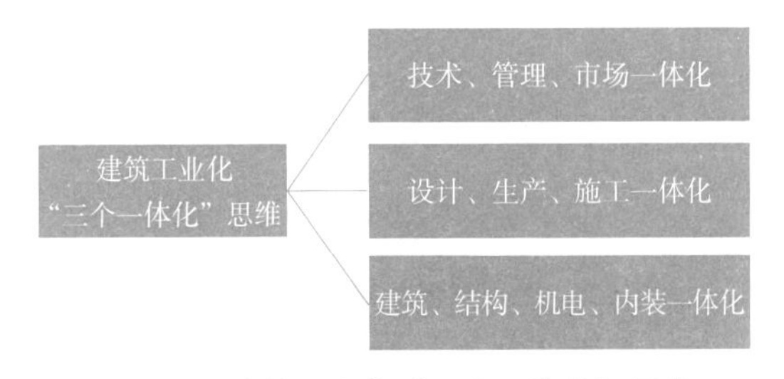

图 1-8 建筑工业化“三个一体化”思维

不能做到这三个一体化的装配式建筑是不能体现优势的装配式建筑。例如装配式建筑的技术成熟度是世界公认的，在发达国家以及我国香港已经有几十年的经验，包

括高地震烈度的日本。但装配式建筑在我国才刚起步，市场成熟度普遍相对低，管理成熟度普遍相对低，这两大现状让装配式建筑的集成优势难以发挥，反而表现出了集成不力的问题。

当我们注意到了装配式建筑的集成管理这一特征，就容易理解为什么装配式建筑更适合采用 EPC 建设模式，为什么装配式建筑对 BIM 是刚需这两个问题。

高集成的特征告诉我们，装配式建筑是在国家的引领下，甲方、设计方、部品部件厂家、施工方等所有参建单位共同完成的，也不是说缺一不可，但缺少任何一方会导致成本较高。因此，我们在工作中要更加注重组织协调工作。

2. 低容错

“装配式建筑是小心眼”——装配式建筑对问题的不宽容，郭学明先生作了这样形象生动的描述。

装配式的集成度高，建筑产品的完整度高，所以对技术和管理的容错度就很低，这就像毛坯交房一般允许有些质量偏差，但精装交房就不行了，因为是成品房，修改的难度和代价太大。容错度低的特点，涵盖工程质量和工作质量，在微观上体现在构件质量上，在宏观上体现在整个管理工作上。容错度低的特征要求我们在工作质量和工程质量上都要谨小慎微，在所有工作中都要把精益求精的质量标准放在首位，注意防范质量风险，减少损失。

构件本身尺寸及构件与构件之间的位置必须精准，否则安装困难或无法安装就位。如图 1-9 所示的梁柱节点，柱的标高或梁的长度都必须精确，否则梁与柱会碰撞导致安装不了；图 1-10 所示的板墙节点，墙的标高或板的标高都必须精准，否则板无法搁置在墙上。

装配式建筑是产品思维、成品思维，设计和生产需要集成化、一体化，所以装配式建筑在质量管理上的特点是精细，这正是装配式建筑的质量优势。相对于传统建筑中有点误差、偏移、不齐等都可以用凿打、抹灰修补等方式来纠偏的做法，装配式的部品部件几乎是成品，尺寸精确、预留预埋甚至保温装饰等功能都是一体化设计和生产。也因此可以省去找平层、抹灰层、甚至类似于干挂石材的钢龙骨等中间工序，节省工期、节省成本。

图 1–9　框架结构的梁柱节点

图 1–10　剪力墙结构的板墙节点

图 1-11 是传统的有

钢龙骨石材干挂外墙装饰做法，一般需要预埋钢板于混凝土构件中，需要有干挂龙骨，需要占用200mm左右的建筑空间，构件尺寸或位置偏差可以通过干挂件来调节。

图1-12是无龙骨干挂石材，石材干挂件直接与预埋在预制构件中的钢板连接，不占空间，还大大减少钢龙骨材料用量，省时、省材、省空间，但前提是一体化设计、精确生产。

图1-13是石材反打效果，不需要预埋件、不需要龙骨、不会占用建筑空间，只需要几个金属爪钉将石材与混凝土连接（图1-14），构件是成品，构件制作需要精准，安装也需要精准。

图1-11 有钢龙骨的石材干挂外墙装饰做法

图1-12 无龙骨干挂石材做法

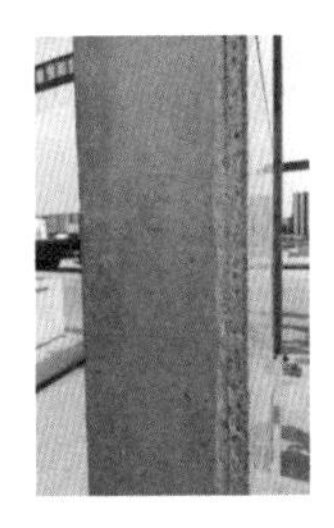
图1-13 石材反打构件侧立面

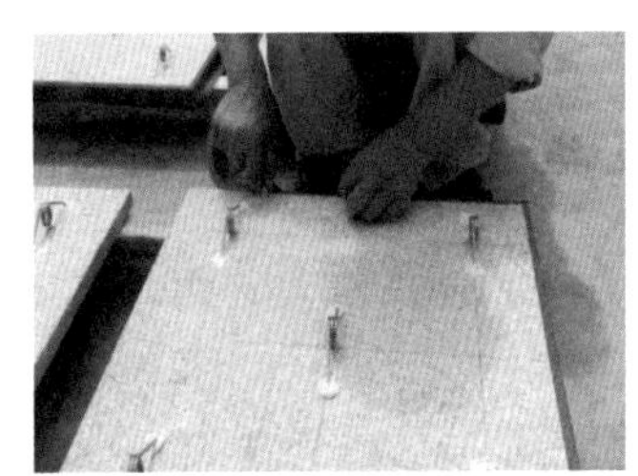
图1-14 石材反打工艺的金属爪钉

装配式建筑对错误的容忍度相对比较低，在传统建筑中可以通过凿、补、掰进行纠偏、矫正或覆盖的质量偏差在装配式中基本行不通。传统现浇混凝土建筑，容错度高，设计好做，施工也好做；装配式混凝土建筑的容错度低，设计、生产、施工的难度都增加了。做设计要更加精细，要画更多的设计图纸，甚至钢筋的施工顺序都要在设计图中画好；生产要更加精细，要画更精细的模具设计图和生产工艺图；施工要更加精细，要提前制定施工方案，将相关预留预埋的点位提交给设计。

容错度越低，对设计师、对工程师、对工人的要求就越高。设计精细、模具精细、生产质量精确、现场施工部分质量也精细，现场装配才能严丝合缝，否则现场就难以装配，就会出现很大的问题，严重的可能导致预制构件作废、返工、工期延误，造成不可挽回的经济损失。因而，招标采购中选择一个优秀的供方很重要，对供方的考察、对评标标准的设定是关键。设计中也需要适当地为生产和施工考虑容错度的问题，避免工厂生产和现场施工困难，影响效率。

容错度越低，项目管理的难度就越大，对项目管理者的要求就越高。对于装配式建筑来说，不仅是操作工人由农民工升级为技术含量更高的产业工人，对管理者也提出了更高的要求，尤其是组织和协调能力，即集成管理能力。作为管理者，无论哪一个环节出现的问题都可能导致产生相对更高的纠错成本，甚至造成无法纠正的严重问题，越前端的问题后果越严重。

容错度越低，项目管理者就越需要通过提前策划留出更多的管理余量和采取相应的质量保证措施。因容错度低，矫正空间小，出错后的处理成本高，故装配式建筑要求我们在设计或管理中尽可能地留出更多的余量。例如在现阶段“避开首开区和销售展示区”就是为了给做装配式留出更多的时间；大多数项目选择了较贵全灌浆套筒就是因为其比半灌浆套筒有较大的矫正空间；全国大多数城市或相关企业均缺乏装配式经验，一般会在深化设计前建造工法楼（图 1-15、图 1-16）或在施工前增加试吊装环节，以此来优化设计和施工组织，提前用 1 ~ 2 个月时间和花费 10 万元以上的成本就是为了给管理工作留出余量。这些均是为容错度低的特点而预留足够的管理余量，并产生相应的质量成本。而在工程中使用竖向构件钢筋定位钢板（图 1-17）、预制外墙板的板板连接件（图 1-18）等措施，则是为适应装配式低容错特征而采取的质量保证措施。这些措施需要我们在招标技术要求中重点强调，在投标报价中一一确认，将质量保证措施落实到合约文件中。

图 1-15　南京江北新区人才公寓项目工法楼（中建八局三公司）

图 1-16　顾村安置房项目工法楼（上海七建）

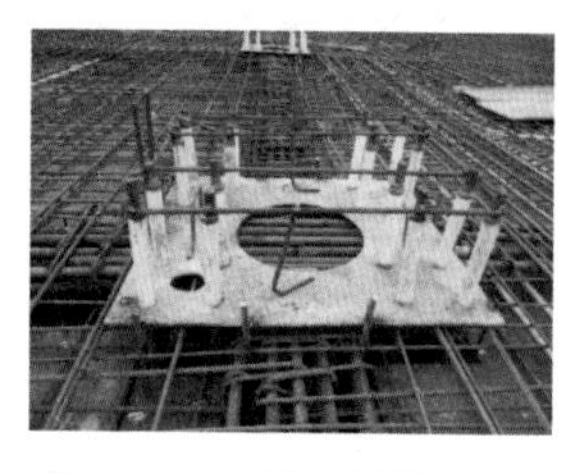

图 1-17　用于转换层的钢筋定位钢板

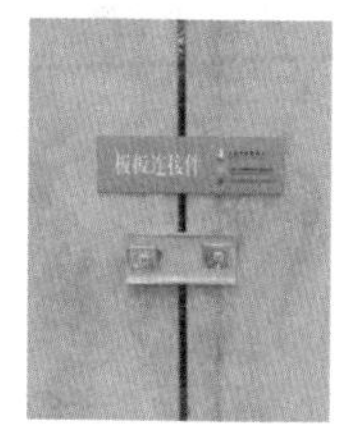

图 1-18　用于外墙板之间的连接件

3. 两大特征对项目管理的影响

装配式建筑的两大特征之间的关系是，部品部件的集成度越高，容错度越低。以石材外立面为例，如果仍然是图 1-11 的石材干挂方式，那么钢龙骨还是可以用做纠偏层，预制外墙的生产和施工还是有较高的容错度；但如果是集成度较高的石材反打构件，几乎没有纠偏的空间，石材反打构件的容错度非常低。

装配式建筑的这两大特征对管理的要求就是管理的前置和协同。每一个项目管理者在接触装配式项目后，首先感受到的就是被“倒逼”，营销、设计、工程、招采等各个建造环节都要“前置”。具体体现为三个方面：招采前置、设计前置、施工前置，涵盖了整个建造流程，即整个项目管理的全要素都要前置管理。如图 1-19 ~ 图 1-21 所示。

1.1.3　与成本管理有关的三大考核指标

装配式建筑的成本，主要涉及三大指标，如图 1-22 所示。

除了上述三大指标以外，有些城市还有外墙预制面积比例等其他控制性指标；对

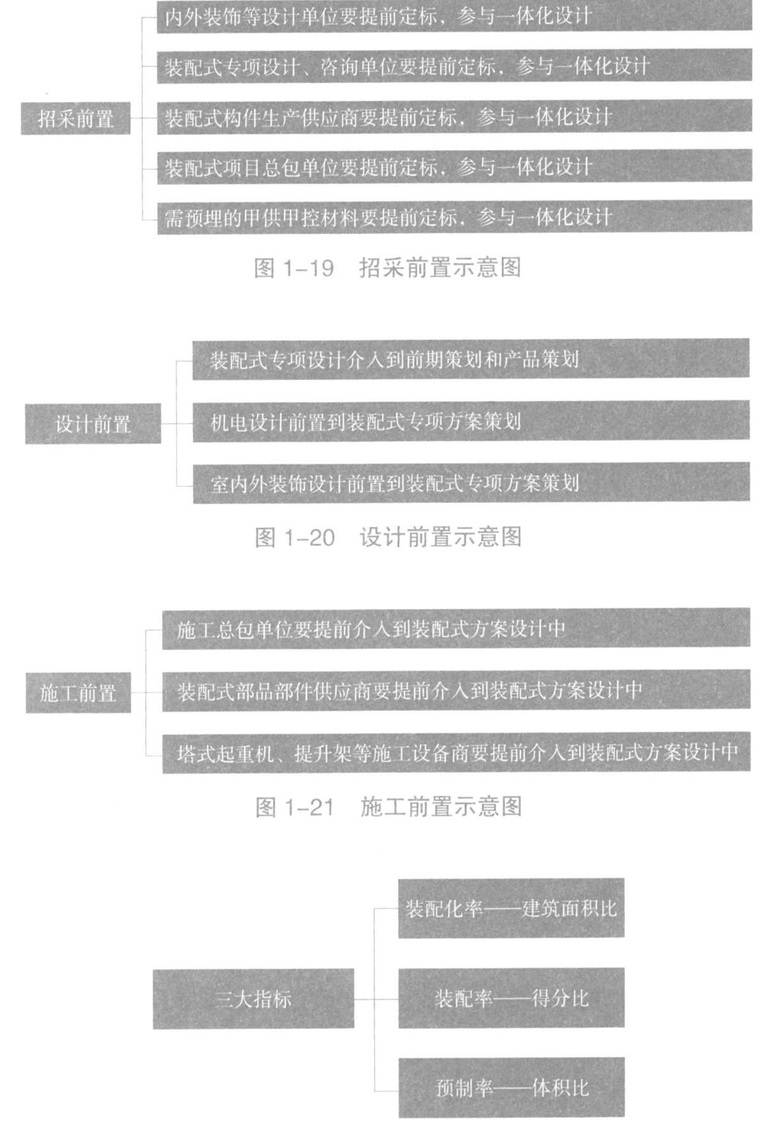

图 1-19　招采前置示意图

图 1-20　设计前置示意图

图 1-21　施工前置示意图

图 1-22　装配式成本相关的三大指标

于单体建筑的装配式指标要求，有的城市是单一指标控制，例如上海是装配率 60% 或预制率 40%，有的城市是双指标控制。这些差异对成本增量数据有较大的影响。

1. 装配化率

针对整个建设项目或国家、地方的装配式建筑实施率考核的指标，是建筑面积比。

指国家、城市或某一个建设项目中采用装配式建造的建筑面积比例。目前，国家和各城市均提出了装配化率的发展目标。如表 1-1 所示。

装配化率按评价主体，可以分为以下两个计算式：

$$装配化率（城市）=\frac{装配式建筑的地上建筑面积}{新建建筑的地上总建筑面积}$$

$$装配化率（项目）=\frac{装配式建筑的地上建筑面积}{地上总建筑面积}$$

国家和部分地区的装配化率指标举例　　表 1–1

文件		装配化率要求		
国家	《“十三五”装配式建筑行动方案》	装配式建筑占新建建筑的比例 15% 以上，重点推进地区需达到 20% 以上，积极推进地区需达到 15% 以上，鼓励推进地区需达到 10% 以上		
	（国办发 [2016]71 号）	力争用 10 年左右时间，达到 30%		
江苏	《省政府关于加快推进建筑产业现代化促进建筑产业转型升级的意见》（苏政发 [2014]111 号）	2015 ～ 2017 每年提高 2% ～ 3%	2018 ～ 2020 每年提高 5%	2025 底 ≥ 50%
浙江	《浙江省深化推进新型建筑工业化促进绿色建筑发展实施意见》（浙政办发 [2014]151 号）	2016 ≥ 15%	逐年提高	2020 ≥ 30%
……	……	……	……	……

2. 装配率

针对单体建筑考核其装配程度的指标，是得分比。

在《装配式建筑评价标准》GB/T 51129—2017 中的定义是：单体建筑室外地坪以上的主体结构、围护墙和内隔墙、装修和设备管线等采用预制部品部件的综合比例。

$$装配率=\frac{主体结构实际得分值+围护墙和内隔墙实际得分值+装修和设备管线实际得分值}{理论可得最高分值（即100-评价项目中缺少的评价项分值总和）}$$

按现行国家标准，及格线是 50%；各地方在合格线及评价细则上并非相同，均略有差异。关于国标装配率的详细内容请查阅本书 2.2.2 节。

3. 预制率

在装配式混凝土建筑中，针对单体建筑的结构或外围护采用预制混凝土比例的考核指标，是体积比，简称“PC 率”。（本书均以混凝土构件体积比来核算预制率，以便于成本统计和分析。）

预制率的概念在已废止的《工业化建筑评价标准》GB/T 51129—2015 中这样表述：工业化建筑室外地坪以上的主体结构和围护结构中，预制构件部分的混凝土总用量占对应部分混凝土总用量的体积比。在新标准中没有该概念，但仍可以用来进行预制混凝土部分的理解和分析。

$$\text{预制率}=\frac{\text{室外地坪以上的主体结构和围护结构中预制构件部分的混凝土用量}(m^3)}{\text{对应部分的混凝土总用量}(m^3)}$$

需要注意的是有些城市在执行预制率政策时往往同时还有其他附加指标，例如外墙预制面积比例。这个附加指标往往对设计方案和成本有较大的影响。

装配率与预制率是包含与被包含的关系。按现行国标，装配率 50% 时，其中的预制率大概有 20% ~ 30%。

1.1.4　与成本有关的四大优势分析

“新技术走老路，控制成本就很难。”——华东建筑集团总裁张桦先生从建筑师角度思考装配式建筑的成本问题。

放弃装配式建筑特有的优势，做装配式建筑就难以有优势。装配式建筑目前在我国出现的高成本问题、项目管理问题，原因之一是在现阶段的产业化能力不足，对装配式的优势利用不够，甚至没有利用和发挥其优势，大多数房地产开发企业没有感受到做装配式的经济收益，也就难有主动做装配式的动力。

扬长避短是资源利用和管理的基本策略。现阶段，我国大力发展装配式建筑，其优势大体可以分为两类，一是暂时性的，如政策优势，合理地利用政策优势有利于抵消一部分成本增量，但政府不可能一直奖励和补贴，最终还是要市场化推动；二是永久性的，如装配式建筑在质量、进度、成本上的优势，一旦拥有、永久受用，这些优势的发挥才是装配式建筑由政策推动转变为市场主动选择的关键。

高品质、低成本、短工期，还有政策的东风，这些都是装配式建筑的优势，但是这些优势不会自动实现。不是我们用了装配式就自然而然地有了这些优势，而是要取得这些优势都有一定的技术和管理的门槛，取得这些优势都需要在前端策划设计中就要开始准备，取得这些优势甚至在前期还要多投入一些成本。这些优势的取得在实施中都有一定的难度，例如最简单的叠合板可以免内架、用简单的支撑的优势，目前全国有 50% 以上的项目做不到,仍然是传统现浇混凝土结构下的满堂脚手架（参考本书第 4 章图 4-38）。究其原因，一是采用新的支撑体系需要重新进行安全验算；二是传统木工的工作量大幅减少，对木工群体的利益冲击较大，内部协调和利益平衡尚需要时间；三是只有少量“支撑 + 托板”在叠合板底下，叠合板的上面还要浇筑混凝土，感觉不安全。因此很多项目都出现了不但没有免内架，甚至连叠合板部位的模板都没有省的现象（参考本书第 4 章图 4-34）。

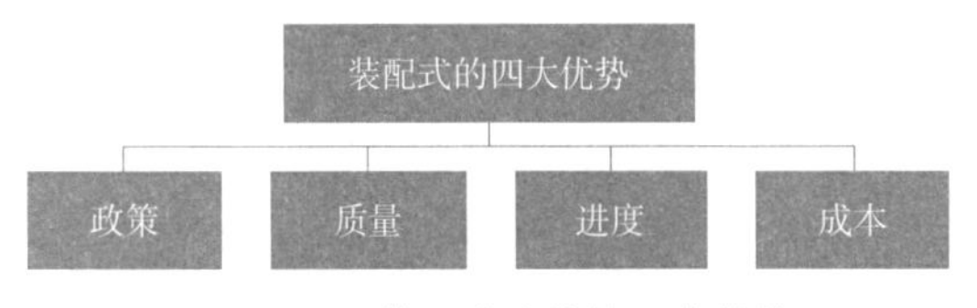

图 1–23　装配式建筑的四大优势

但是一回生二回熟，不断学习、练习、尝试，就会逐渐掌握，不尝试永远不会，当其他企业通过尝试掌握了这些优势技术应用后有了成本竞争力，而不尝试的企业则相对处于落后地位，甚至可能被市场逐渐淘汰。

其中以下四个方面的优势对建造成本的影响较大（图 1-23）：

装配式与传统现浇方式的优势举例详见表 1-2。

装配式与传统现浇方式的优势对比表　　表 1–2

序号	对比项	传统现浇	装配式
1	政策奖励和补贴	×	√
2	政策支持（报建绿色通道、提前销售等）	×	√
3	免抹灰	铝模可以做到	√ 预制构件 + 铝模 + 高精度砌体
4	免外装	×	√ 反打或清水构件
5	免外保温	×	√ 外保温与结构一体化预制
6	免模板	×	√
7	免支撑	×	√
8	免外架	×	√
9	外装免维护	×	√
10	复杂的几何尺寸	× 可以，但成本更高	√
11	冬雨期施工	×	√ 可以利用冬雨期生产构件
12	构件可以预先生产	×	√
13	外装（保温）结构一体化	×	√
14	内装可以提前穿插	×	√ 指可以更早穿插
15	模板可以高周转	×	√ 钢模台，可以周转约 3000 次 钢模具，可以周转约 200 次

1. 政策优势

在现阶段，国家及各地方均推出了装配式建筑相关的政策，有强制性的、鼓励性的，也有奖励性的。积极地利用这一系列的政策、倒逼管理升级，可以借势发展，有利于提高企业的综合效益，特别是在现阶段通过积极地利用政策优势可以抵消部分成本增量甚至还有盈余。

政策优势对房地产开发企业可以带来的经济效益主要包括四个方面，如图 1-24 所示。

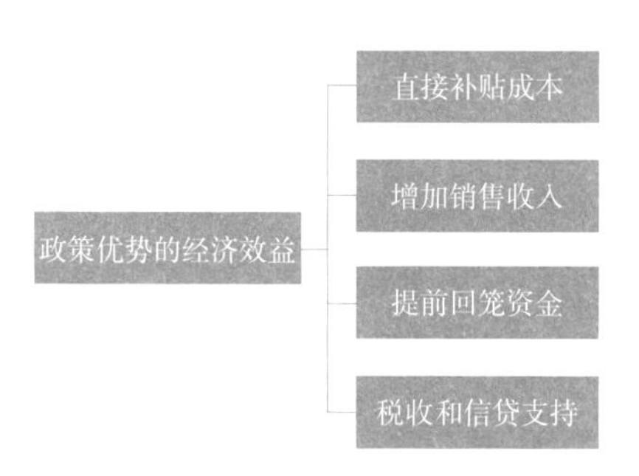

图 1–24 政策优势的经济效益

这些政策大致包括 6 种情况，如表 1-3 所示。

装配式建筑政策支持示意表 表 1–3

序号	城市	现金补助	容积率奖励	提前预售	税收优惠	信贷支持	建设环节支持
1	北京	★	★	★	★	★	★
2	深圳		★	★			★
3	济南	★	★	★	★		★
4	杭州		★	★	★		★
5	苏州	★	★	★	★	★	★
6	福州	★	★	★	★	★	★
7	石家庄	★	★	★			★

（1）现金补贴政策

上海：对装配整体式建筑示范项目，每平方米补贴 100 元，总额不超过 1000 万元。

江西：对于装配率 30% 及以上的房地产开发项目给予建设单位 50 元 /m^2 的资金补贴，单个项目不超过 200 万元；给予生产加工企业 10 元 /m^2 的资金补贴。

重庆：对建筑产业现代化房屋建筑试点项目每立方米混凝土构件补助 350 元。

（2）销售支持政策

包括提前预售、销售价格调整两项政策。提前预售政策有利于房地产开发项目加快资金周转，降低资金成本。全国多数城市均推出了提前预售政策，具体详见本书第 2 章表 2-4。例如重庆市政策中，指导销售价格时考虑装配式建筑成本增量。

（3）容积率奖励政策

容积率奖励政策直接增加销售面积，相当于增加了销售收入。全国多数城市均推出了容积率奖励政策，具体详见本书第 2 章表 2-7。

（4）税收支持政策

部分城市装配式成品房发生的实际装修成本可按规定在税前扣除；使用装配式墙体材料部品部件列入新型墙体材料目录的，该部品部件可按规定享受增值税即征即退优惠政策；减免增值税、大配套费等税费。河北：增值税即征即退 50%。

（5）金融和信贷支持政策

购买首付、利率、购买条件等政策优化，例如黑龙江省对使用住房公积金贷款购买装配式商品住房的，按照差别化住房信贷政策给予支持，贷款额度最高可上浮 20%，对于装配式、全装修、绿色建筑、每实行一项可在原项目资本金监管比例基础上降低 3%。

江西省：采用装配式施工方式建造的房地产开发项目，在其施工至正负零后，即可办理《商品房预售许可证》，项目预售资金监管比例减半。

济南市：对于满足当年建筑产业化技术要求且建筑单体预制装配率达到 60% 以上的建筑项目，可以申请城市建设配套费缓交半年；开发企业支付部品部件生产企业的产品订货金额达到项目建安总造价的 60% 以上的，经市城乡建设委认定后，可提前一个节点返还预售监管资金。

（6）建设环节支持

招投标倾斜政策——推广总承包等多种一体化招标模式，装配式建筑项目可按照技术复杂类工程项目进行招标。对采用不可替代的专利或专有技术建造的，设计施工可不进行招标。符合条件的政府投资项目可以采用邀请招标方式。

分阶段验收——例如南京市对于装配式建筑项目实行分阶段验收。成品交房项目实施主体与装修分阶段验收；

还有报批报建、工程审批“绿色”通道；运输装配式建筑部品部件运载车辆，开辟“绿色”通道，享受车辆通行费减免优惠政策；

对采用装配式建筑技术建设（采用预制外墙或预制夹芯保温墙体）的项目，优先参与各类工程建设领域的评选、评优，优先申报鲁班奖、优质工程奖、国家绿色建筑创新奖等；

对装配式建筑业绩突出的建筑企业，在资质晋升、评奖评优等方面给予支持和政策倾斜。

此外还有新型墙体材料基金可全额退还、扬尘污染费率可降低等优势。

2. 质量优势

装配式建筑的质量优势包括两个方面，一是工厂化生产，质量可控性高；二是机械化生产，质量精度高。利用装配式的质量优势可以实现免抹灰，从而根治传统建筑中的质量通病，降低工程成本、节约运维成本。以装配式混凝土建筑为例，这些优势包括：

（1）预制构件的精细质量可以减少甚至省去纠偏层、找平层等工序。二次抹灰层的空鼓、开裂问题是困扰建筑行业的质量通病（图 1-25），只有免抹灰的方案才能彻底解决这一问题。而预制构件的高质量高精度为这一问题的解决创造了条件（图 1-26）。

图 1–25　传统建造方式下外墙装饰层易出现开裂、空鼓、脱落问题

（2）外墙结构与门窗框的一体化，可以从根源上杜绝门窗洞口渗水的质量通病。一体化设计将门窗框直接预埋在外墙混凝土构件中，框与结构是一个整体，施工现场不需要再塞缝，解决了缝隙渗漏水的质量通病。

图 1–26　外墙免抹灰，直接做仿面砖涂料（上海建工海玥瑄邸项目）

（3）外墙结构与保温的一体化，极好地解决了我国外保温工程长期以来存在开裂、脱落以及防火问题，可以降低运行期间的维护和维修成本。无论是实心墙的三明治夹芯外墙还是双皮墙夹芯外墙，保温层的脱落和防火问题都可以得到根本性的解决。

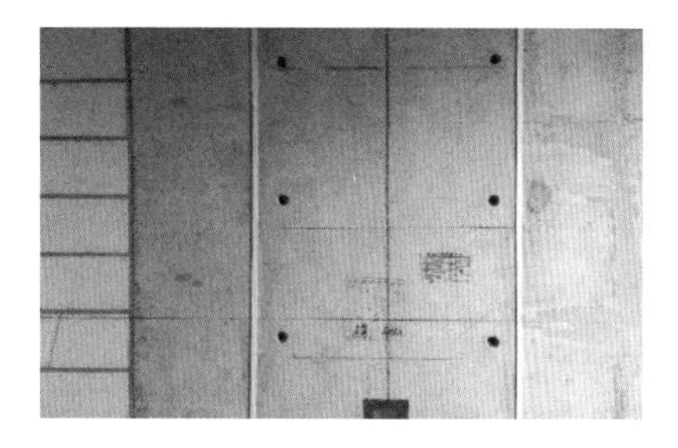

图 1–27　室内免抹灰项目

（4）外墙结构与装饰的一体化，可以极大地提升外立面装饰质量、品质、耐久性，同时也就大幅降低甚至避免外立面装饰的维护和维修成本。例如石材反打和面砖反打一体化外墙，终生免维护和维修（图 1-35、图 1-36 ）。

需要注意的是建筑是一个系统工程，仅预制构件的质量精度高，不能代表整个建筑的质量精度高；仅预制构件的质量精度高，还不能让质量优势产生免抹灰等经济效益。因而，作为建筑组成的其他部品部件只有也提高质量精度才能形成整体的质量优势，才能产生免抹灰等成本优势。例如砌体填充墙部分采用高精度砌块、高精度的条板，现浇混凝土部分采用高精度的铝模现浇混凝土（图 1-28）等。

图 1–28　铝模施工

图 1–29　后浇混凝土部分平整度差

图 1–30　预制构件安装垂直度偏差较大

例如图 1-27，从左到右依次是砌体、现浇混凝土、预制混凝土、现浇混凝土，只有在设计上是相同厚度、生产上是相同的高精度、施工中也是高精度控制，对应的材料或工艺是高精砌块、铝模，最终才能一起形成高精度，才能实现免抹灰。当然，有些项目是采用装配式内装技术或商办项目，内墙面不抹灰，是管线分离，是干法施工，对平整度要求就不必按免抹灰标准来控制。

反之，如果现场施工质量有较大的偏差，则即使预制构件的质量再精准，也难以实现免抹灰，甚至发生额外处理成本。图 1-29 中，后浇混凝土部分平整度差，需要产生额外的凿除或找平处理成本。图 1-30 中，预制构件安装后有较大的垂直度偏差，导致需要发生额外的找平处理成本。

3. 工期优势

装配式建筑在工期上的优势就是“以空间换时间”，可以提前生产、可以室内生产，可以冬雨期施工，可以加快速度生产和施工，可以提前穿插，可以减少工序等缩短建设周期、降低财务和管理成本。工期优势在冬雨期长的地区更明显，建筑层数越多越明显。以装配式混凝土建筑为例，这些优势包括：

（1）预制构件是预先生产的，可以直接缩短现场工期，可以规避冬雨期施工的影响。生产前置，一方面可以减少结构施工阶段的工程量、加快进度；另一方面可以合理利用不能正常施工的冬期和雨期进行预制构件生产，从而提高全年可施工天数，间接缩短工期。例如东北三省的冬期长达 3 ~ 5 个月。

（2）预制构件是室内生产，可以安排在冬雨期进行构件预制，错开现场不能施工的时间段。这种优势在我国北方更显著，可以利用冬期生产构件，大幅缩短工地现场的工期，但统筹管理难度加大，需要更多的管理智慧。

（3）预制构件在生产中可以集成外保温、装饰、机电预留预埋等更多功能，避免工程现场的二次施工，避免外装占用关键线路，节省工期。例如外围护墙的一体化设计，集成外立面保温、装饰等功能，在围护墙安装完成时即同时完成外保温、外装饰，减少二次施工，实现结构与外装同步完成。

（4）预制构件到现场安装时已具有足够强度，内外装饰、机电管线、内隔墙等可以更早地穿插施工。在结构预制率 40% 左右时，单层结构施工完成后的 7d 左右即具备室内分隔墙施工条件，15d 左右即具备室内装饰的施工条件。大部分开发商在结构完成 1/3 时穿插进行精装施工。以某 30 层精装修住宅项目为例。

某 30 层剪力墙住宅项目的建设工期对比表 表 1–4

施工阶段	传统项目	PC 装配式项目	差异
结构	5-7d/ 层 工期 180d	7-9d/ 层 工期 240d	工期增加 60d
外装 （外立面按石材 2 层、真石漆 28 层）	主体封顶后保温及装饰需要 80+4 × 30=200d	外墙结构保温窗框一体化设计和施工，免抹灰，提前穿插外立面封口打胶、门窗、涂料施工，需要 80d	工期减少 120d
内装 （标准按 1500 元 /m^2）	传统装修工序多、工期长，一般在结构封顶后进行装修施工，装修工期约 180 ~ 240d	采用装配式内装，提前进行部品部件生产，工地组装；装修可提前穿插进入施工，结构 5 层后穿插装修，结构封顶后 60d 内装修完工，或结构封顶后装修施工 120d 内完工	工期减少 60 ~ 150d
合计	总工期 380 ~ 420d	总工期 320 ~ 360d	工期减少 20 ~ 100d

该项目按每提前一个月竣工，可以减少财务成本 30 元 /m^2、管理成本 16 元 /m^2。分析说明详见表 1-4。

4. 成本优势

除了上述政策优势、质量优势、工期优势可以产生成本优势之外，还有以下 7 项成本优势。但要发挥这些成本优势，都有赖于发挥设计师的专业智慧，扬装配式之长、避装配式之短。

（1）提前穿插施工带来的时间成本优势，这是装配式在建造环节的主要成本优势。由于集成化的设计使得结构与装饰实现同时生产、交叉施工，相比原传统建筑方式下的先结构后装饰的做法来讲可以大大节约工期，降低项目建设期的财务成本。内装、外装品质越高，优势越明显；房价越高，优势越明显。但前提是必须做好前期策划和跟踪。

（2）钢模具可以周转 100 ~ 200 次，可以降低模板成本。工业化生产，可以让同一生产线、同一套模具多次周转使用，获得比常规方式更低的使用成本，不仅没有增量，反而可以获得减量。要获得这一成本优势的前提条件是设计的构件重复率能充分发挥钢模具的优势。例如图 1-31 所示该项目模具周转次数高，模具成本远低于传统现浇方式，是成本减量。

预制构件生产的模具成本较高，但只要有足够多的使用次数，则模具摊销成本相对传统模板就有成本优势。例如一套立模生产的楼梯模具重约 1t（图 1-32），成本约 12000 元（扣除回收残值后），按单个楼梯混凝土体积 0.6m^3 计算，使用 10 次，则模具成本高达 2000 元 /m^3，使用 50 次的模具成本为 400 元 /m^3，使用 100 次的模具成本为 200 元 /m^3，远低于传统现浇混凝土构件的模板成本。

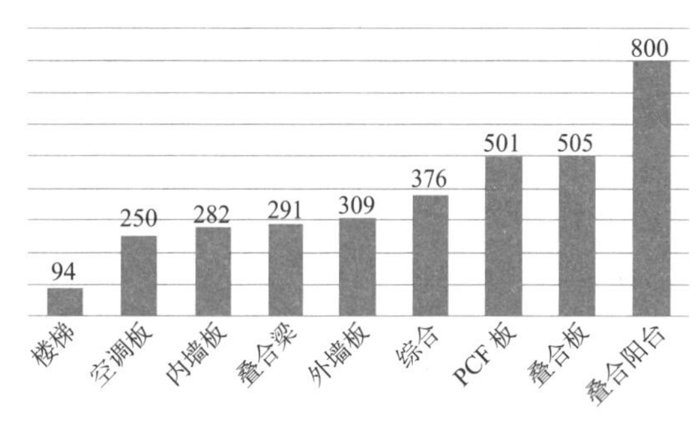

图 1–31　武汉中建深港项目一期 PC 构件设计复模率

图 1–32　预制楼梯立模

在某公租房项目中，单个构件的平均重复次数在 150 次以下的都要修改设计，这样的限额设计管理方法也可以用于普通的房地产开发项目中，根据不同的项目定位，制定不同的重复次数。

（3）免支撑、免外架的成本优势。预制构件本身具有强度，因而在施工现场的安装只需要简单的支撑，甚至在一定跨度内可以免支撑。同时，对于外立面预制的建筑，可以按免外架方案（图 4-40）进行建筑设计，避免采用传统脚手架在工程进度和安全管理中的不利影响，可以采用工业化程度更高的外架方案，有利于项目室外总体的穿插施工（图 1-33、图 1-34）。

图 1–33　一定跨度内的预应力 PK 板施工现场可以免支撑

图 1–34　江苏某模块化住宅项目免外架与传统施工方式的对比

（4）免抹灰的成本优势。高质量、高精度的预制构件在理论上可以不需要做基层抹灰，直接可以进行装饰层施工，例如预制楼梯一般不需要抹灰。一方面减少了工序可以加快进度，另一方面可以节省材料、减少结构设计荷载，降低成本。

（5）预制构件在复杂几何尺寸的构件成型上的优势。外立面造型复杂的建筑，传统现浇混凝土建筑的成本相对较高，甚至施工极其困难。而预制构件是在室内躺着生产，生产难度和资源消耗相对低，反而更经济。

（6）双 T 板、预应力空心板等预应力技术来降低成本的优势。应用双 T 板、预应力空心板等可以扩大结构柱网尺寸、减小预制构件的截面尺寸、免内撑、节省材料、降低成本。在我国这两大技术目前仅在工业项目中应用广泛，在公建项目中略有尝试（图 2-16、图 2-18），在住宅项目上则稀有应用。

图 1–35　上海同造科技艺术混凝土外立面

图 1–36　上海城建建设实业集团新型建筑材料公司办公楼面砖反打外立面

（7）全寿命期低维护甚至免维护的成本优势。类似艺术混凝土一体化外立面（图 1-35）、面砖反打（图 1-36）、石材反打（图 3-46）等集成技术的应用，可以做到装饰与结构同寿命，在整个建筑寿命期内基本不需要维护、更换，可以降低运维成本。

1.2 装配式建筑的成本增量分析

成本增量，即采取装配式建造方式相比采取传统的现场建造而增加的成本，除注明外均以装配式单体建筑的地上建筑面积来衡量。

我国装配式建筑的成本增量问题已经到了不得不解决的时候了。一是国家和各地方政府给予的扶持性、奖励性政策已经给了近 5 年；二是装配式建筑的评价标准将越来越高，在降低的同时面临着成本增量预期上涨的压力；三是在国家战略的指引下，装配式建筑的建设规模在逐渐增大，从 2016 年的 1 亿 m^2 到 2019 年预计完成 3 亿 m^2，成本增量的总数也在急剧上升，2019 年已越过 1000 亿元大关，以此金额在 2019 年中国房地产销售排行榜中排前 23 位，仅次于“中梁控股集团”。如图 1-37 所示（根据装配式建筑市场规模 2026 年达到 5 亿 m^2 进行匡算）。

装配式建筑的成本增量问题再不解决，首先影响的就是房价，在房地产项目上增加的成本都是以直接或间接的形式由购买者买单，不可持续；在房地产销售限价的情况下，因装配式增加的成本由开发商买单，不可持续；由政府一直进行各种形式的补贴，不可持续。

图 1-37　2016 ~ 2026 年装配式建筑建安成本增量规模匡算

1.2.1　成本增量的基本结构

据住房城乡建设部有关资料统计，我国建筑的平均寿命在 30 年左右，而发达国家一般在 100 年以上。建筑物的平均寿命较短，是我国多数建筑不关注全寿命期成本管理的客观原因之一，随着新时代的来临，这种状况将逐渐扭转。

在建筑物的全寿命周期内，建造成本是一次性发生的，在工程竣工时就基本固定不变了。参考中建科技集团修龙董事长在 2017 年上海建筑工业化峰会中报告引用的数据（图 1-38），我们可以看到，在建筑使用到 50 年时，建筑物的累计发生成本已较竣工时的成本翻了一倍以上。其中，土建成本维持不变，装修成本、设备成本、使用成本均持续性发生，且运维期成本金额远超过建造期成本，装修、设备和使用的成本远超土建成本。

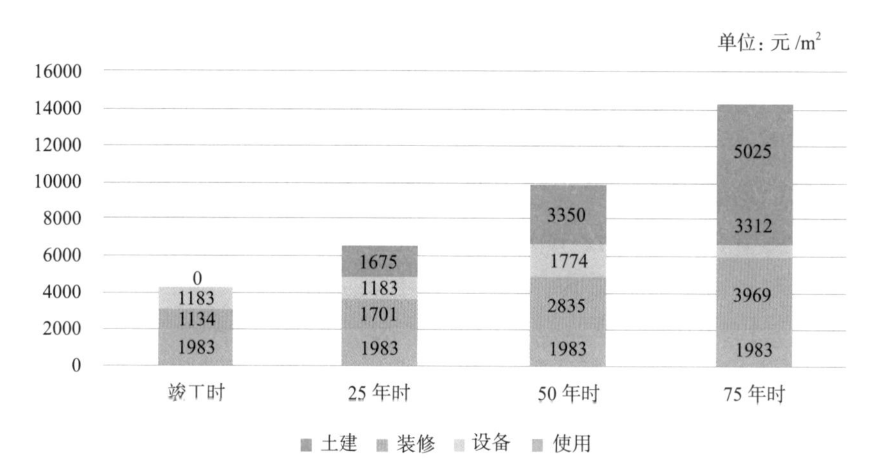

图 1-38　建筑物全生命周期的单位面积累计成本

因而，对于装配式建筑的成本增量问题，要从全成本角度来审视，既要看小成本也要看大成本，要全面考察成本和效益情况；要从全寿命期角度来评价，既要看到当下的成本增量数据，也要能预测到未来的成本变化情况，要动态地看待成本增量问题。

装配式，是基于建设项目全寿命期价值最大化的建造方式。这种建造方式普遍呈现出建安成本相对高、使用/运维/拆除和再生成本相对更低的特点，以追求全寿命期成本最优化。当然，在一些特别适合装配式建造的建筑上，装配式的建安成本可以做到低于传统建造方式。

以下从全寿命期角度看，装配式建筑的成本可以分为以下三大部分来进行分析，具体构成详见图1-39、图1-40。

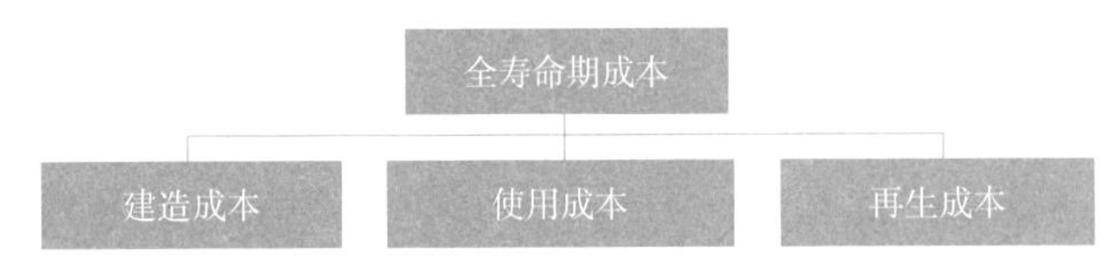

图1-39 全寿命期成本

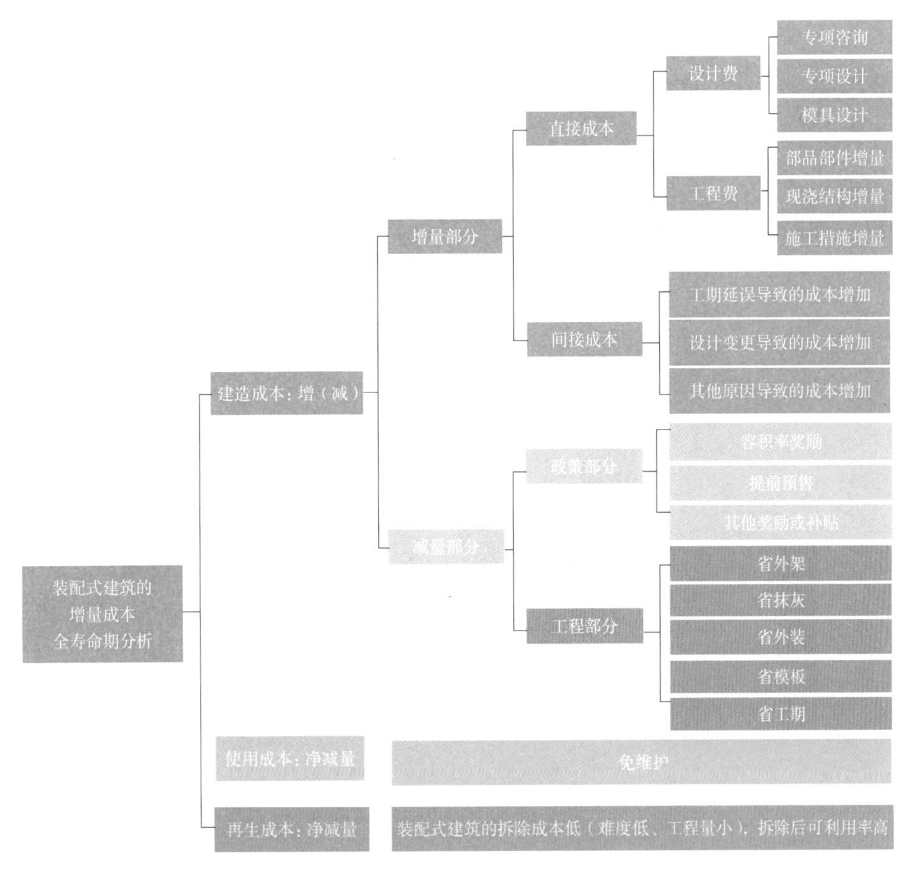

图1-40 装配式建筑的全寿命期成本影响分析结构示意图

1. 建造成本部分

建造成本部分主要包括土地成本、建安成本、财务成本、管理成本、销售成本等，在现阶段还要包括国家和各地方政府对于装配式建筑的政策奖励金额。

装配式的成本影响可以划分为两部分来分析和管理，一是看得见的，是建安工程上发生的各项成本增量或减量；二是看不见的，包括因装配式而获得的土地成本差异（一般是减量），以及因工期延长导致的财务、管理等间接的成本增量或减量。在普遍是成本增量的装配式发展初期，看不见的部分往往是成本管理的主要对象，特别是在销售价格较高的地区。

对于企业管理者而言，对于装配式的问题，首先考虑的是拿地政策的权衡，例如江苏某房地产企业做模块化住宅项目的优势之一正是可以用高装配率的装配式建筑来获得企业在拿地、税收等方面政策支持。其次考虑的是缩短开发周期、实现高周转，获得更高的投资回报率。

对于成本管理者而言，对于装配式的问题，首要问题是如何做到“零增量”。在现阶段，要做到装配式建造成本的“零增量”，必须同时具备以下三项中的 1 ~ 2 项：

（1）争取和申请政策奖励或补贴；

（2）通过提前穿插施工、缩短工期、提前预售，获得财务成本的减少；

（3）发挥装配式的优势，进行免外架、免支撑、免抹灰、免模板、免外装设计，获得成本减量。

以上海市 2019 年竣工的某房地产项目为例，分析装配式建筑在建造环节的全成本影响情况，如图 1-41 所示。

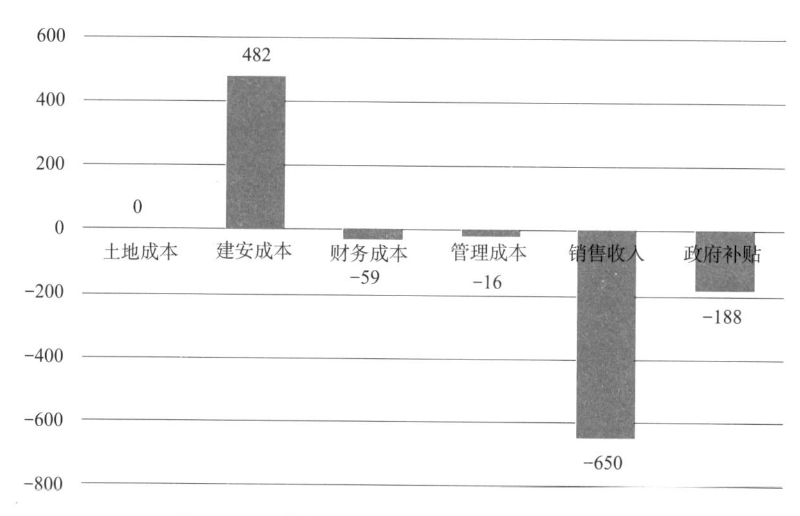

图 1-41　某装配式项目的全成本影响分析图

具体的测算明细详见表 1-5。

上海某装配式项目的全成本影响测算表　　表 1–5

单位：元 /m²

序号	项目	传统建筑	装配式建筑	成本增量	估算说明
1	土地成本	0	0	0	暂未考虑拿地优势的成本影响
2	建安成本	4000	4482	482	按照 4000 元 /m²（其中内装 1500 元 /m²）估算建安成本，装配率 50%
3	财务成本（工期每缩短 1 个月）	789	730	–59	按建安成本 4000/m²、地上 7 万 m²，融资额度 80%，预售资金监管按销售面积以 4000 元 /m² 进行、融资成本 10% 估算。原开发周期按 400d 计算，按每缩短 1 个月的工期来测算财务成本的减少
4	管理成本（工期每缩短 1 个月）	219	203	–16	按建安成本的 5% 估算总的管理成本，按每缩短 1 个月的工期来测算管理成本的减少
5	销售收入	0	–650	–650	计算因获得容积率奖励政策而增加的净收入。相对于采用传统建筑，最多奖励 3% 的建筑面积（实际奖励面积 2.5%），按该项目销售均价 30，000 元 /m² 计算，相当于最多可销售 750 元 /m²，减少相应的容积率面积增加的成本 100 元 /m²
6	政策补贴	8	–180	–188	
6.1	财政支持	0	0	0	无
6.2	新型墙改基金	8	0	–8	8 元 /m² 缴纳
6.3	创新技术应用	0	–100	–100	100 元 /m² 补助，最高 1000 万元
6.4	绿色建筑补助	0	–80	–80	80 元 /m² 补助
合计		5016	4585	–431	

2. 使用成本部分

“达标即可”的装配式建筑很难做到节省建筑物的使用成本。只有采用了类似清水混凝土、艺术混凝土、石材或面砖反打（装饰结构一体化）、三明治夹芯保温墙（保温结构一体化）、管线分离等全寿命期设计的技术或工艺才可以实现使用维护更换成本的大幅减少。这种技术优势在经营性物业，特别是在大城市更有应用价值。——这是装配式优势，也是传统建造方式做不到的地方。

3. 拆除和再生成本部分

理论上，传统建筑和装配式建筑都能获得再生利用价值，而装配式具备更大的再生价值空间，拆除更容易、拆除后的构件更完整、可利用率更高。例如钢结构建筑天生就有拆卸后可以再利用的价值，即使不能直接利用也可以回炉后利用。所以从再生成本上讲，可以拆卸的干式连接对于装配式建筑具有更大价值和意义。

小结：

（1）建安成本“零增量”——从建安成本的范畴看，装配式建筑的成本增量会随着装配式建筑的成熟应用而逐渐降低，但在现阶段很难降低至传统现浇建筑的建安成本以下。只有当用工成本、环保成本等上涨到一定程度（类似新加坡、我国香港的人工成本占建筑成本的 50% 左右时等）、超过临界点后，装配式的建安成本才会开始低于传统建造的建安成本。在现阶段，装配式的成本压力来自小规模应用和不成熟应用，降低成本增量的途径一般是降低主材用量中的无效部分；提高周转材料的周转次数；降低生产和安装难度；减少临时措施费等方面。

（2）建造成本“零增量”——从建造成本的范畴看，通过充分利用装配式可以提前生产、提前穿插施工、并行施工的优势，以空间换时间，缩短建设周期获得财务成本节省、拆迁安置补助节省、资金周转加快收益、管理成本节省，以及提前预售的财务成本收益等间接的收益，则可以做到建造成本“零增量”，甚至负增量，即在抵消建安成本增量后还有盈余。

（3）全寿命期成本“零增量”——专家学者的研究表明，装配式的全寿命期成本低于传统建造方式。如表 1-6 所示，从全寿命周期的角度看，装配式比传统建筑节省成本 2.5%。原因之一是建安成本虽然高，但属于一次性固定支出；而在整个 50 ～ 70 年的使用期间内每年可以节省的装修维护、改造成本虽然金额少，但持续时间长，使用期间的减量成本属于持续性收益。

由于在使用成本、再生成本上的天然优势，装配式建筑本身可以做到全寿命期成本“零增量”，关键因素有三项：一是使用期成本可以减少多少，这涉及装配式建筑所采用的技术或工艺是不是按减少使用成本的目标设计；二是建筑物的实际使用年限，目前我们面临的问题是我国很多建筑的使用年限远远短于理论使用年限，造成可以节省的使用成本被打折了，从这个问题上讲，百年建筑的设计理念有利于全寿命期成本管理；三是折现率的大小。

装配式建筑的综合效益实例分析表　　表 1–6

单位：元 /m²

序号	成本科目	装配式	传统现浇	差异	计算说明
1	建造成本——开发商	1939	1605	— 334	暂时性高
2	使用成本——住户	991	1382	392	装配式在“四节一环保”上的收益
3	环境效益——社会	0	16	16	
	总成本	2930	3003	73	
结 论：装配式建筑在全寿命周期成本上节约 2.5%					
说明	1. 在计算使用成本时，两种建筑的使用寿命均按 50 年计算，折现率取 8%				
	2. 项目概况：框剪住宅，地上 17 层，其中 4 ～ 17 层为装配式				

续表

序号	成本科目	装配式	传统现浇	差异	计算说明
说明	3.“四节一环保”是指节能、节地、节水、节材和环境保护。				
	4. 本案例分析数据来源于《装配式建筑的综合效益分析方法研究》，作者：沈阳建筑大学管理学院齐宝库教授、朱娅、马博、刘帅，2016 年 2 月《施工技术》				

1.2.2　成本增量的数据概况

影响装配式成本增量数据大小的因素繁杂，加上各城市的装配式政策差异大、各城市的装配式建筑市场供需差异大等原因，数据只能供参考，依方法可以测算具体一个项目或城市的成本增量。

1. 不同类型的装配式建筑成本增量

图 1-42 所示的成本差异，是一个相对的成本概念，不是绝对的成本数值。因建筑、机电、精装等部分的成本增量数据离散性较大，可比性不强，本节分析除有说明外只针对地上结构部分。

以 18 层的普通剪力墙住宅的地上结构成本 1200 元 /m^2 为例，在装配率为 50% 时，用钢筋混凝土建筑的成本增量约 400 元 /m^2，用钢结构的成本增量约 480 元 /m^2，用模块化建筑的成本增量约 1300 元 / m^2（图 1-42）。

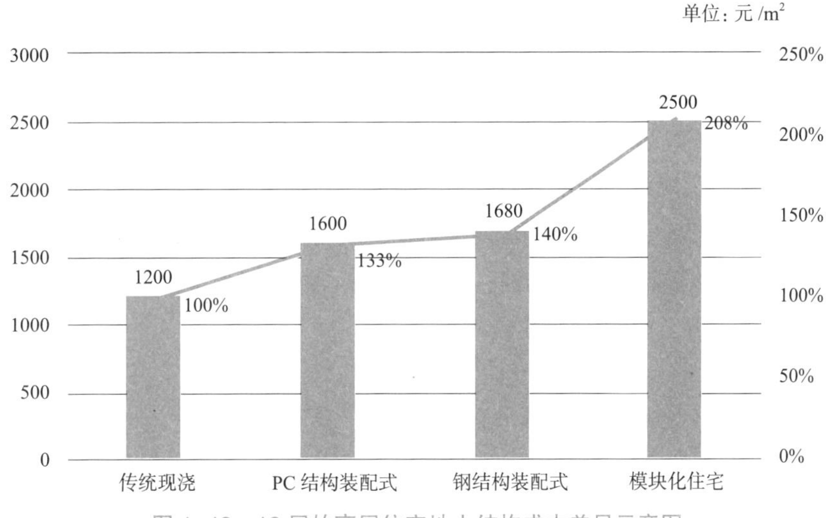

图 1-42　18 层的高层住宅地上结构成本差异示意图

钢结构住宅的结构成本增量一般比现浇混凝土的结构成本增加约 40%，如果考虑装配式政策奖励和工期缩短等综合收益，全成本增加约 5%；模块化住宅的成本增量以江苏省某模块化高层住宅项目为例（图 1-43 ～图 1-46），比现浇混凝土结构成本增加约 108%。

图 1-43　某模块化住宅的生产车间一

图 1-44　某模块化住宅的生产车间二

图 1-45　某模块化住宅的吊装现场

图 1-46　某模块化住宅封顶后

在了解和分析上述成本增量差异时，需要注意两点：

（1）不能单独拿成本增量进行决策，需要综合考虑成本增量对装配率的贡献程度。

尽管钢结构和模块化住宅的成本增量较高，但相对于 30% 的预制率来讲，钢结构很容易就做到竖向结构装配并拿到竖向构件全部 30 分，且很容易做到装配率 60% 以上，评为 A 级甚至 AA 级装配式建筑；而模块化住宅很容易就做到装配率 80% 以上，评为 AA 级甚至 AAA 级装配式建筑。

（2）不能只看建安成本上的增量，还要看土地、财务、管理等方面的成本减量。不同的装配式方案，都有相应的成本减量，大多都是在建安成本之外的减量，例如钢结构做装配式可以获得财务成本、管理成本、政策补贴等多方面的成本减量，具体请详阅本书【案例 4】和表 1-5。模块化建筑可以最大程度地并行建造，大幅缩短工期，特别适用于应急工程等工期特别短的项目。

2. 不同形式 PC 建筑的建安成本增量

对于同一个单体建筑，在相同的预制率的情况下，框架结构做装配式的成本增量相对最低，夹芯保温剪力墙相对最高。表 1-7 是上海市若干案例的数据总结，是一个相对的数据，可供方案对比时参考。

不同结构体系的装配式结构成本增量数据概况　　表 1-7

单位：元 /m^2

结构体系	PC 率 15%	PC 率 25%	PC 率 30%	PC 率 40%
框架结构	150 ~ 200	300 ~ 350	350 ~ 400	500 ~ 550
普通剪力墙结构	200 ~ 250	350 ~ 400	400 ~ 450	550 ~ 600
PCF 剪力墙结构	250 ~ 300	400 ~ 450	450 ~ 500	—
夹芯保温剪力墙	300 ~ 400	450 ~ 500	500 ~ 600	650 ~ 700

需要说明的是，表 1-7 中注明的是普通剪力墙预制时的成本增量数据，而类似双

皮墙、模壳体系剪力墙、圆孔板剪力墙等创新技术体系的成本增量一般相对略低。

1.2.3 成本增量的组成分析

针对装配式建筑在建安成本范围内的成本增量，一般分三级进行分析（图 1-47）：

图 1-47 成本增量三级分析示意图

1. 建安成本级的成本增量分析（图 1-48）

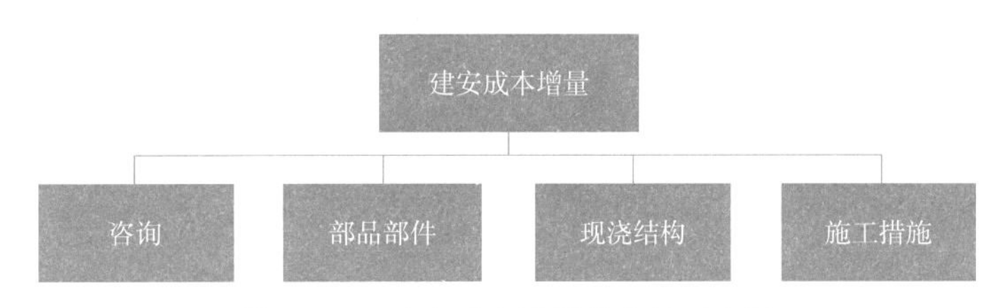

图 1-48 建安成本增量的分析示意图

以国标装配率 50% 的某项目为例进行成本增量分析，汇总如表 1-8 所示。

装配式建造与传统建造方式的成本增量汇总表 表 1-8

单位：元 /m^2

序号	成本增量科目	单方增量	说明
1	专项咨询费增量	15	包括装配式建筑策划咨询、专项设计、监理等
2	部品部件价格增量	359	结构预制构件、ALC 条板等
3	现浇部分成本增量	55	主要包括 PC 以外的现浇结构设计增量、施工单价增量
4	施工现场措施增量	53	塔吊、堆场、运输道路加固等
合计		482	

成本科目说明：

（1）专项设计咨询成本增量：指装配式建筑在设计及其他咨询上所要额外发生的成本支出，包括装配式建筑专项咨询、试验及评审论证、设计、监理等增加的费用。

（2）部品部件成本增量：指同一个部品部件，分别采取现浇或预制（钢筋混凝土构件）、现场施工或“工厂生产和现场装配”（非钢筋混凝土构件）等不同建造方式时的供应、安装全费用综合单价差异所导致的建安成本增量。

（3）现浇结构的成本增量：包括两部分，一是装配式主体结构中的现浇结构部分的钢筋、混凝土在设计和生产环节增加的钢筋、混凝土用量；二是装配式主体结构中的现场现浇施工的钢筋、模板、混凝土这三大工序的工程量变小、难度加大而单价提高等原因产生的成本增加。

（4）施工现场措施成本增量：指部品部件运输至工程现场卸货开始（含卸货）、直到吊装完成所发生额外措施费用，包括施工道路加固、堆场地面加固、卸货、围栏、塔式起重机等因素产生的成本增量。

2. 四大成本费用的成本增量分析

以部品部件为例，分析第二级的成本增量。按照与装配式建筑评价标准对应的划分方法，将部品部件成本增量划分为以下三部分（图 1-49）：

图 1–49 部品部件的成本增量分析示意图

成本增量测算的相应数据如表 1-9 所示。

装配式建造与传统建造方式之差价 表 1–9

序号	费用项目	单位	工程量	单价差（元）			成本增量（元 /m²）
				装配式前	装配式后	单价差	
1	主体结构	m^3	0.127	1972	4302	2329	297
1.1	承重墙	m^3	0.067	1657	4473	2816	189
1.2	叠合板	m^3	0.034	2515	3983	1468	50
1.3	楼梯	m^3	0.008	1688	4017	2329	19
1.4	阳台	m^3	0.016	2209	4379	2171	34
1.5	空调板	m^3	0.002	2542	4423	1881	5
2	围护墙和内隔墙						62
2.1	非承重外墙	m^3	0.040	655	1544	889	36
2.2	ALC 内墙	m^3	0.041	655	1287	632	26
3	装修和设备管线						—
3.1	全装修	m^2	—	—	—	—	—
3.2	设备管线	m^2	—	—	—	—	—
合计		m^2	—	—	—	—	359

3. 部品部件级的成本增量分析

以结构部件为例，包括图 1-50 所示的构件。构件层级的成本增量分析，详见 2.4.2 节。

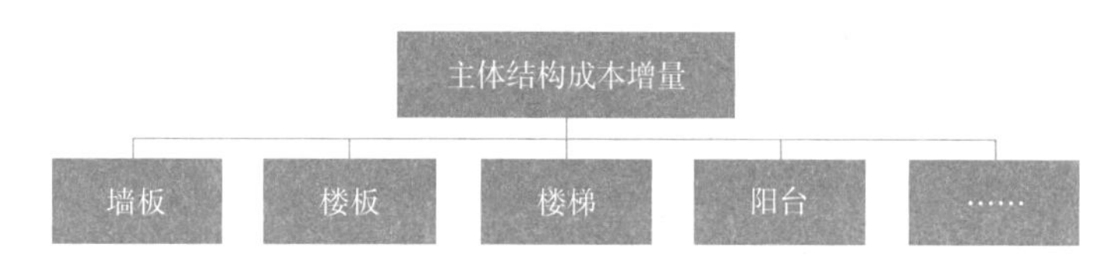

图 1–50　主体结构成本增量分析示意图

1.2.4　成本增量的影响分析

对成本增量的影响分析，即分析成本增量的相对值。

1. 成本增量对项目销售价格的影响

可以通过计算成本增量的相对值来评估对房地产开发项目销售价格的影响程度，以便于针对不同的成本控制压力采取不同的管理对策。一般来说，在相同的成本增量情况下，房价越低的城市（项目），成本增量的影响越大，成本管理的压力越大。而我国现阶段的情况是各个城市的装配式政策有差异，成本增量随之有差价。因而，需要结合城市的成本增量和销售价格来进行测算。以下分两种情况进行测算和评估。

（1）对于单体建筑

图 1-51、图 1-52 是结合 2019 年 9 月的城市销售均价、单体建筑成本增量数据进行的测算，仅供参考（注：以下数据、图表均属于举例说明，不代表该城市或某个项目）。

图 1–51　成本增量对单体建筑销售均价的影响分析

具体测算过程如表 1-10 所示。

成本增量对单体建筑的销售均价影响分析计算表　　表 1–10

单位：元 /m²

序号	城市	预制率或装配率	装配化率	单体建筑增量成本	整个项目增量成本	销售均价	单体建筑成本增量占比	整个项目成本增量占比
1	上海	预制率 40%	100%	550	550	53000	1.0%	1.0%
2	南京	预制装配率 50%	100%	500	500	32000	1.6%	1.6%

续表

序号	城市	预制率或装配率	装配化率	单体建筑增量成本	整个项目增量成本	销售均价	单体建筑成本增量占比	整个项目成本增量占比
3	苏州	预制装配率 30%且三板率 60%	100%	220	220	23000	1.0%	1.0%
4	南通	预制装配率 50%	50%	500	250	15000	3.3%	1.7%
5	杭州	装配率 50%	50%	450	225	31000	1.5%	0.7%
6	沈阳	装配率 50%	50%	400	200	11000	3.6%	1.8%
7	济南	装配率 50%	50%	400	200	18000	2.2%	1.1%
8	福州	预制率 20% 且装配率 50%	20%	350	70	26000	1.3%	0.3%
9	深圳	预制率 15%	100%	200	200	64000	0.3%	0.3%
10	郑州	装配率 50%	30%	420	126	13000	3.2%	1.0%

（2）对于有多个单体建筑的建设项目、整个城市如果要评估对整个城市、或有多个单体建筑的建设项目的销售影响，就需要在单体建筑成本增量的基础上考虑装配化率。如图 1-52 所示。

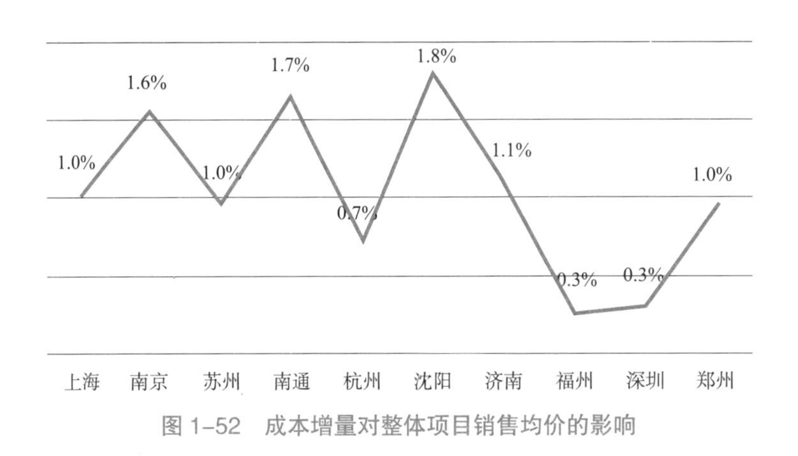

图 1-52　成本增量对整体项目销售均价的影响

2. 对目标成本的影响

总体来讲，成本增量占毛坯房建安成本的比例高于精装房，普通精装标准的占比高于豪华标准。

装配式项目在目标成本编制中要注意以下 9 项内容：

（1）这里需要注意在装配式建筑面积的取值上适当放大，很少有项目正好做到规定的面积。例如宁波某项目土地出让合同中规定的装配式建筑面积比例是 15%，但实际面积比例达到 17%，净增加了 1000m^2，估算成本增量要多增加 50 万元。对于类似上海 100% 做装配式建筑的城市，就不用考虑放大了。

（2）咨询费。需要增加以下费用：

1）专项设计费。增加金额按装配式建筑的地上建筑面积单价，在 10 ～ 20 元 /m^2 之间（可参考表 4-13），根据项目规模和装配率指标不同而不同，规模越小、单价越高，装配率（或预制率）越高，单价越高。

2）监理费。增加费用包括监理驻场费用和现场监理工作量大幅增加。

3）专项咨询费。根据自身情况决定是否聘请装配式专项咨询顾问，增加金额按地上建筑面积单价取 2 ～ 5 元 /m^2 之间，根据项目的装配式技术力量和服务内容而定，技术力量强，单价低，甚至不用请咨询。

4）专家评审费。采用特殊的技术体系时一般需要组织专家评审，或者争取某政策奖励需要组织专家评审，例如上海市采用夹芯保温外墙板争取容积率奖励时需要组织专家评审，会发生约 1 元 /m^2 的费用。

（3）检验试验费。需要增加费用。

主要是在工程现场的质量检验，根据各地质量监督管理规定进行相关的装配式专项质量检验或试验。重点是竖向构件连接质量的实体检验费用，根据不同的检验要求和检验方法测算相应费用。需要注意的是部分省市地标高于国标要求，需要做好调研后预估相应费用。例如江苏常熟某住宅项目进行灌浆套筒的实体质量检测，检测费用约 10 元 /m^2。

（4）地上结构工程费。装配式单体建筑需要增加费用；增加金额按地上建筑面积单价取 100 ～ 700 元 /m^2（根据项目所在地政策确定相应金额，可参考表 1-7），装配率越高、单价越高，项目规模越小、单价越高。

（5）砌体工程费。增加金额按地上建筑面积单价取 20 ～ 100 元 /m^2，按条板（内外墙非砌筑）应用比例而定，比例越高，增加越多，不应用则不增加。若砌体工程费包括了构造柱和圈梁，则基本持平。

（6）门窗工程费。在预埋门窗框的情况下会增加门窗工程量 5% 左右，因工作范围调减而需要降低综合单价，具体分析详 3.3.2。

（7）外保温工程费。需要结合外保温方案区别对待。

1）在采用夹芯保温外墙的情况下，大部分保温工程量由构件厂家完成，已计入构件成本中，且单价 2 倍以上于传统外保温工程综合单价，在目标成本中需要增加和拆分；还有一小部分保温工程是在现场施工，专业分包可能性不大，建议由总包完成。

2）不采用夹芯保温的情况下，如果有预制外墙，则要注意预制外墙外表面的平整度较高，如果生产环节没有采取措施，则会发生额外的界面处理成本。

（8）外立面装饰工程费。需要结合外立面装饰方案区别对待。

1）在采用石材或面砖反打施工时，外立面装饰的成本被分割为两部分，一是石材或面砖的材料费，二是反打费计入到了构件成本中。

2）采用清水混凝土外饰面或艺术混凝土装饰时，所有外装成本计入到了构件成本中。

（9）其他情况。具体根据项目的装配式方案而定，例如采用管线分离的项目需要增加机电成本，同时可能增加室内装修成本；预制外墙板的项目会增加外墙防水费用。

3. 对总包内部成本管理的影响

对于总包单位来讲，至少有以下几点需要注意：

（1）装配式之前是现浇混凝土，装配式之后分割为现浇、预制两个部分，由于现浇部分的工程量减少、施工难度增加会导致现浇部分成本上升。现阶段的情况是，如果同时承接预制构件安装的情况下可以做到不牺牲利润。以下是估算方法：

1）原现浇混凝土结构增加成本：1600 元 /m^3 × 5% × 70% × 0.36m^3/m^2=20 元 /m^2

注：假设传统现浇混凝土结构构件的综合单价为 1600 元 /m^3；因工程量减少、施工难度增加的单价上涨系数为 5%；装配式项目剩余的现浇结构工程量为 70%；该项目结构混凝土含量指标为 0.36m^3/m^2。

2）现预制构件安装部分增加利润：700 元 /m^3 × 30% × 30% × 0.36 m^3/m^2=23 元 /m^2

即：当构件安装单价约 700 元 /m^3、利润率 30% 时，会增加利润，关键在于能否发挥装配式部分免模板、免脚手架、免抹灰或少抹灰的综合优势。

（2）现场施工措施费用上升。表现在塔式起重机设备选型提高等级、结构工期一般会延长、施工现场临时道路和堆场成本增加等几个方面，而结构工期的延长同时会导致内外脚手架等租赁性措施成本上升。

（3）部分减少的费用需要提前策划，否则会落空，导致产生双倍成本。例如叠合板安装时采用“支撑 + 托板”方案还是按原传统现浇方案使用满堂脚手架，预制构件的高精度能否减少施工中修补工程量从而产生成本减少等都需要提前策划好。

（4）在内部劳务招标过程中要特别注意木工班组的问题。首先是木工的工作量减少较多，特别是采用免模、免撑设计的项目，木工班组基本上没有多少工作量。其次是木工的工作难度大大增加，其工作面基本是零星地分散在各个角度，模板施工难度增加，工效降低。钢筋、混凝土班组也有类似影响，需要与传统项目区别对待。

1.3 装配式建筑的成本管理要点

现阶段，我国装配式建筑面临的主要问题是市场成熟度低、管理成熟度低，与装配式建筑技术成熟度不匹配的问题。这一问题的量化结果就是成本增量较高，同时装配式还较难作为房地产建筑产品的“卖点”进行宣传，相应的成本增量也难以通过销售价格提高来消化，在这种情况下成本增量的管理面临一些额外的压力，需要有更高的管理视角和更多的管理智慧。

1.3.1 成本管理面临的五大问题

现阶段，装配式建筑的成本管理所面临的以下五大问题（图 1-53）制约着成本管理的绩效。

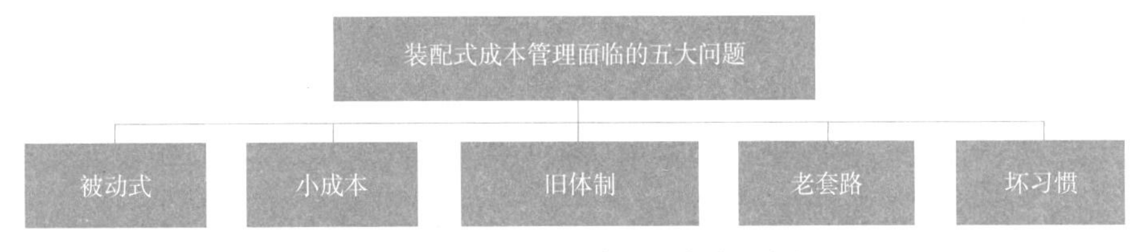

图 1-53 装配式成本管理面临的四大问题

（1）被动地做装配式的问题，让成本控制坐失良机。

目前，很多同行是等到有装配式项目才学习装配式，很多企业是能不做就不做、能少做就少做的心态在被动地做装配式，这是一个痛点。在现阶段，不得以才做装配式是很多项目的现状，但如果不得以下了这个决定后，仍以被动达标的态度来做装配式，问题就来了。

被动做装配式的后果在于被动做就不会主动地学习和研发，就不能解决装配式的实际问题，但却占用了资源、花费了成本。在“遇到问题才看书”的情况下，很多问题已既成事实，我们的装配式项目正在成为“唐僧肉”，各项设计指标居高难下、各项招标数据无法对标。在被动达标的企业态度之下，可能导致的主要问题是容易做出错误的决策，把不适合做装配式建筑的项目做了装配式，或者项目的整个组织管理模式、产品策划和设计都不适合于装配式建筑，在这种情况下必然导致高成本的装配式建筑。

在被动达标的态度之下，甲方策划和设计环节难以主动结合装配式的优劣势来做到扬长避短，难以在前期决策中充分认识和利用装配式的前置性和集成性来缩短工期、降低成本，难以通过发挥装配式的优势来抵消部分甚至全部的成本增量，更不可能利用装配式建筑在使用阶段的优势来进行建筑全寿命期的成本管理。

甲方的被动状态，特别是房地产开发项目（包括成本增量补助偏少的保障房、公租房等项目）利用政策的边缘地带、打擦边球，直接导致设计环节处于被动状态，甚至帮助甲方打擦边球，在甲方和设计环节的被动状态，导致成本管理一开始就处于被动控制的局面。设计单位被动地按装配式考核指标要求进行拆分和画图；构件工厂也只能被动式地按图生产、按需生产；现场施工单位被动地按图施工，用传统建筑管理经验做装配式项目的管理。

（2）小成本视角的问题，让装配式建筑没有成本优势。

从小成本的视角看装配式，其建安成本高出传统做法 200 元 /m^2 以上，装配式没有成本优势。这里的“小成本”视角指的是从项目和企业本身来看，从建安成本的范畴来看，从我国发展装配式的初级阶段来看。

大成本视角，就是从国家和社会角度来看，从建筑物全寿命期成本的范畴来看，从我国长远发展规划来看，从中国梦的高度来看。

从大成本视角来看，装配式建筑有传统建筑不可能有的综合成本优势。大成本视角，既要从开发商角度考虑成本问题，也要从用户、国家和社会角度来考虑成本问题；既要看建安成本也要看土地成本、财务成本、管理成本等其他成本；既要看建设项目开发建造成本，也要看交付使用后的运维和拆除、再生成本；既要看到装配式建筑的建安成本高于传统方式的现状，也要看到人力、环保等持续上涨成本的未来 10 年、20 年之后。对于房地产开发项目而言，其中的商业广场、写字楼、酒店等非销售型物业尤其需要重视从大成本视角来评价成本管理问题。

（3）旧体制不配套的问题，让能省钱的方案落不了地。

相对于传统的现浇混凝土建筑来讲，在装配式中降低成本相对更难，不是难在技术，而是受困于管理的协同性。例如设计标准化是装配式降低成本的一个关键工作，假设设计上把整个项目的设计标准化做到了模具周转 100 次，估算可以降低成本 40 元 /m^2，但是在构件厂分标时按楼栋进行了分厂生产、供货，按这样的分标方案，如果是两家供应，则模具周转次数降低至 50 次，大概只能降低成本 20 元 /m^2。因而，如果要降低成本，设计、成本、招标等职能部门要更加强调协同性，在组织机构、管理制度、工作流程上需要做出针对性的调整，适应装配式的集成管理和协同管理，以系统性思维降低成本。

（4）老套路不适应的问题，导致成本浪费在无形之中。

面对装配式项目，我们很多的常规做法、老套路甚至经验做法都不适应了。主要包括：对政策规范仍以事不关己高高挂起的态度，仍按原来的招标计划和节奏，仍按原来的设计优化限额指标及考核办法等。这些适用于传统现浇建筑的经验做法甚至是规范，存在不适应装配式的问题，如果不及时调整就会出问题，增加成本。例如上海兴邦王俊先生在一次分享中举了阳台这个例子，在上海地标《住宅设计标准》DGJ08-20-2013 中第 9.0.14 条规定：悬挑阳台的外挑长度大于等于 1200mm 时，宜采用梁板式结构（表 3-17）。在现场现浇施工中，板式阳台的上层受力钢筋容易被踩踏导致重大质量风险，故通过限制板式阳台防范此类风险；但是在构件工厂的构件生产中，此风险能得到有效控制，不必再限制板式阳台。且梁板式阳台在预制生产、现场安装中不但工艺困难且存在施工质量难以控制的风险。目前上海多用梁板式阳台，江苏多用板式阳台（表 3-17）。类似问题还有单向板和双向板、板式楼梯与梁式楼梯等都需要按适应装配式的要求重新分析和判断，详设计章节相关内容。

（5）坏习惯行不通的问题，导致装配式的现场施工成本不减反增。

装配式建筑相对于传统现浇建筑而言，是由粗放到精细，有些坏习惯如果不及时调整过来就会造成难以施工、无法施工等问题。例如“施工组织设计全国一大抄”的问题，在施工方案上考虑不周全、不精细，认为劳务班组和现场工人可以想办法解决的习惯。类似的还有认为一些问题可以后改、后修补的等坏习惯，认为前面的时间耽误了后面可以日夜抢工赶进度的习惯，设计主要关注报审通过而不管施工困难的问题，在设计图上采取假图报审、边做边修改设计等“变通”做法。这些坏习惯都会导致现场施工困难、甚至延误工期，造成经济损失。

1.3.2 成本管理的三大任务

现阶段，装配式建筑在成本管理上依次面临的任务是：(1) 如何避短，减少浪费、避免失控，做好风险管理；(2) 如何扬长，发挥优势，让装配式建筑省下该省的钱，做好价值管理。结合当前政策优势可以取得的经济效益，装配式建筑的成本管理主要包括图 1-54 所示的三大任务。

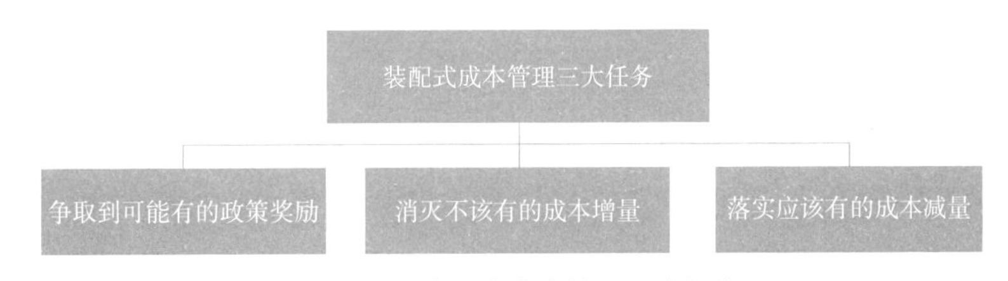

图 1–54 装配式成本管理三大任务

这三大任务之间的关系是：争取政策红利，是当下降低成本的治标之举，也是借势发展之策，这个任务依赖于有奖励政策，是外在因素的扶持，有时间上的暂时性；消灭不该有的成本增量和落实应该有的成本减量，是两项治本之策，是内在因素的改进，应作为一项长期的系统性任务来规划和实施。

1. 争取拿到政策奖励或补贴

对于房地产开发企业而言，这些政策奖励在房价高的城市效益尤其明显，甚至在完全覆盖成本增量后还有较大的节余。例如在上海的 3% 容积率奖励政策，按房价 50000 元 /m^2 计算，符合奖励条件的装配式项目相当于间接奖励了最高 1500 元 /m^2（净收益还要考虑增加容积率面积部分的建造成本和税务安排），而成本增量一般 500 ~ 800 元 /m^2，覆盖成本增量后还节余 700 ~ 1000 元 /m^2。类似奖励政策还有应用新技术的直接补贴政策、提前预销售政策等（表 1-11）。

可能有的政策奖励或补贴工作清单　　表 1–11

序号	事项	说明
1	提前预售	加快资金回笼，降低企业风险和减少财务成本

续表

序号	事项	说明
2	容积率奖励	直接增加销售收入
3	现金补贴	直接增加项目收入

2. 消灭不该有的成本增量

现阶段发生的成本增量中，主要是决策失误或延误造成的成本增量、设计不协同或协同不力造成的成本增量。究其原因，一是管理者不懂装配式，二是装配式市场成熟度较低，三是现有规范标准相对保守。前两种原因造成的成本增量都可以通过学习、聘请专家顾问、咨询企业等方式来减少。例如模具成本，有的项目是成本增量，有的项目通过在前期就引入专家、聘请咨询单位介入全过程设计优化、植入装配式思维，提高模具周转次数，模具成本远低于传统建筑的模板成本，变成了成本减量（表 1-12）。

不该有的成本增量控制工作清单　　表 1-12

序号	事项	说明
1	决策失误或延误造成的成本增加	通过将装配式问题的决策前置，降低无效成本
2	组织协调不力、设计未协同造成的成本增加	通过前置定标，组织装配式一体化设计，降低无效成本
3	后 PC 拆分设计造成的成本增加	装配式设计前置，组织一体化设计
4	设计错误造成的成本增加	重视专家引路、重视招采选择优质单位
5	设计的实施性差造成的成本增量	多方参与设计讨论，提高专家的积极性，鼓励贡献经验、鼓励创新
6	定标价格偏高造成的成本增量	对标前置、调研前置
7	现场窝工或工期延长造成的成本增量	学习前置、样板先行
8	质量或安全问题导致的成本增量	样板先行、持证上岗
9	与装修的协同问题导致的成本增量	装修要提前策划，与装配式协调一致

3. 落实应该有的成本减量

与装配式成本增量相对应的还有一些减量成本，落实这些减量成本有助于抵消一部分成本增量。例如免抹灰、免外架、免内架、免模板、免维护等可以减少建安工程成本，以及通过提前穿插施工来缩短综合工期可以减少财务成本和管理成本，通过外立面装饰与结构的一体化设计可以大幅减少运维成本。其中，缩短工期、减少成本是现阶段的重点目标。减量成本大多是对应装配式建筑的优势，只有系统地进行技术策划，在设计中就落实这些措施才能做到发挥优势、降本增效（表 1-13）。

应该有的成本减量控制工作清单 表 1–13

序号	事项	说明
1	免模板	先减掉叠合构件部分的模板
2	免抹灰	叠合板底、内墙、外墙，理论上都可以免抹灰，至少做到薄抹灰、少抹灰
3	免内架	叠合板区域先做到不用满堂脚手架；有条件的项目采用免内架设计
4	免外架	有条件的项目采用免外架设计
5	模具高周转	周转次数在 40 次以上，可以获得成本减量
6	免外装	有条件的项目应用外墙装饰一体化技术，例如清水混凝土外墙、面砖反打外墙
7	免维护	通过免外装的结构装饰一体化设计，减少建筑物在使用期间的维护次数和维护成本
8	提前穿插	缩短工期、降低财务成本和管理成本

1.3.3 成本管理的两大重点

1. 从要素维度来看，重点要降低部品部件的生产成本

装配式建筑的全成本要素如图 1-55 所示。

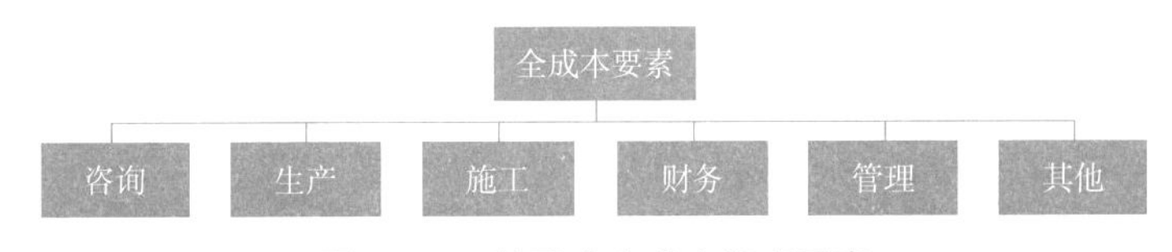

图 1–55 装配式全成本管理要素

装配式部品部件与传统方式的价格差异，是成本增量的主要部分（图 1-56）。

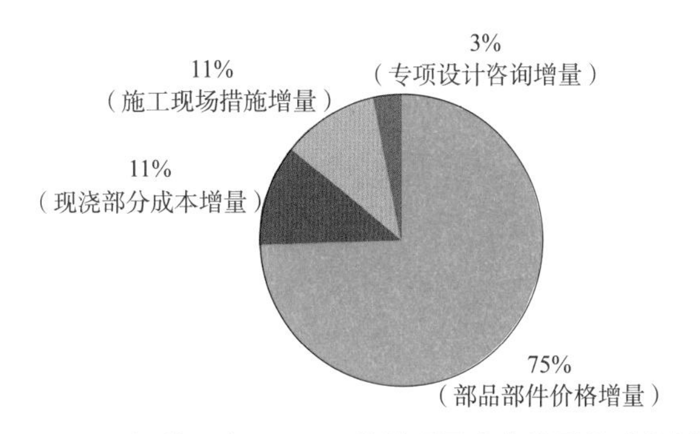

图 1–56 国标装配率 50% 下的某项目成本增量构成分析图

部品部件的成本增量是控制的重点，其次是施工现场的措施增量和现浇结构增量。

（1）部品部件成本增量的控制思路是“装配率不变，降低预制率”。

如图 1-57 所示，主体结构预制构件的成本增量占比 83%，是控制重点。因而，在装配式建筑评价标准体系之下降低结构预制比例，提高其他部品部件的装配比例是降低成本增量的有效路径。在设计中，不要一开始就先确定结构预制部件，而是先看非

结构部分能拿多少分，能拿多少拿多少，不够的部分再用结构预制补足（同时满足各项最低分的要求），难点在于没有精装一体化的情况下难以做到这一点。其次，是做好方案选择，在设计前期植入装配式思维，使得设计尽可能有较高共模率、生产和施工效率。

如图 1-58 所示，在结构预制部分，竖向承重墙产生的成本增量是主要部分，把构件划分为水平构件、竖向构件，则竖向构件的成本增量大于水平构件。应建立的管理思路是对于剪力墙结构而言，优先预制水平构件，其次是竖向构件；在水平构件中，优先是室内的楼梯、楼板，其次是外立面的空调板、阳台等水平构件；在竖向构件中，优先是室内剪力墙，其次是外立面的剪力墙。对于框梁结构体系而言，一般优先预制框架柱。

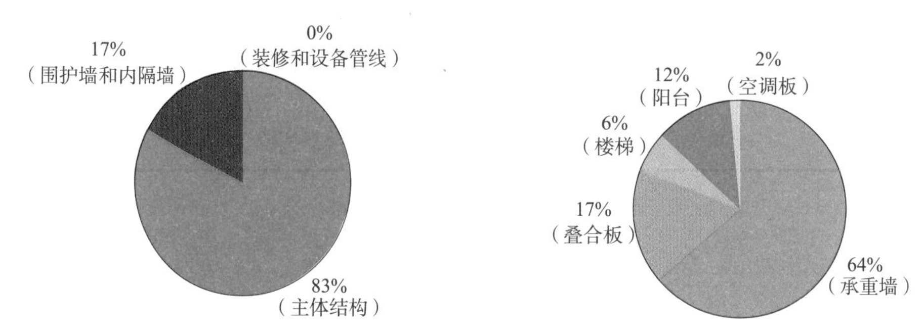

图 1-57　部品部件价格成本增量构成分析图　图 1-58　主体结构部分的成本增量构成分析图

（2）现浇结构部分成本增量的可控性不高，一是规范原因，二是客观原因，不建议作为控制重点，而是需要从发挥装配式优势的角度去落实现场应该减少的成本部分。

（3）施工措施成本增量的控制重点是优化塔式起重机布置和工期、控制塔式起重机成本，难点是与构件标准化相互协调，在吊重（构件重，塔式起重机成本高）、吊装效率（数量少，吊装效率高、成本低）之间进行全局平衡，避免局部优化导致另一部分的成本失控。

（4）专项设计咨询成本增量的占比仅 3%，建议加大投入，引入外脑，少走弯路。但要约定好设计合同的服务内容及阶段、设计成果的经济性和质量，同时需要事前确定并导入相应的技术保证措施。

在标准化程度最高的两个预制构件上，供应价格极差较大（图 1-59），占比 30% 左右。

（1）叠合楼板：供应价极差 1023 元 /m^3，最高比最低高 35%。

（2）预制楼梯：供应价极差 705 元 /m^3，最高比最低高 23%。

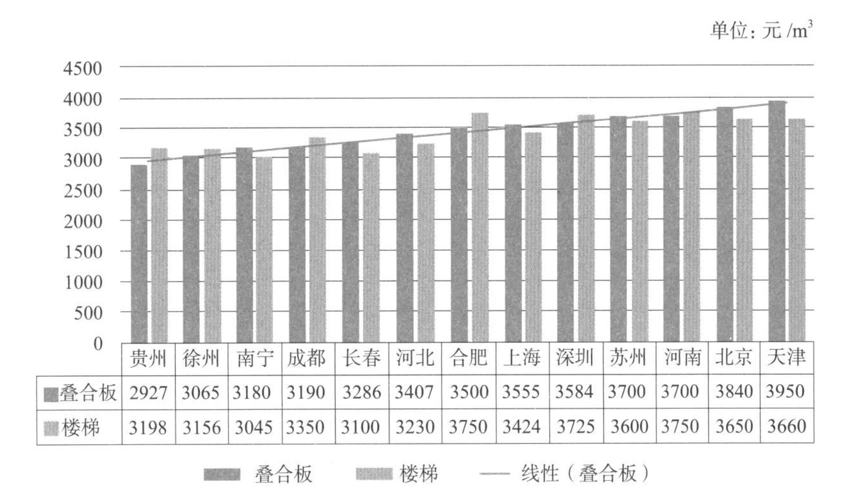

	贵州	徐州	南宁	成都	长春	河北	合肥	上海	深圳	苏州	河南	北京	天津
叠合板	2927	3065	3180	3190	3286	3407	3500	3555	3584	3700	3700	3840	3950
楼梯	3198	3156	3045	3350	3100	3230	3750	3424	3725	3600	3750	3650	3660

图 1-59　全国各城市预制叠合板、预制楼梯的构件价格对比（2019 年 9 月）

某些地区的预制构件价格过高，构件价格是成本控制对象之一。而设计的优化程度和标准化程度直接影响预制构件的生产成本，因而，在构件环节的成本控制重点并非是构件厂，而是构件生产之前的策划和设计环节。

2. 从时间维度看，策划阶段决定了成本

方案设计阶段是创造设计价值，更是决定设计经济性的关键阶段，但企业在方案设计阶段要做的决策很多，装配式建筑更是如此，时间又很短，很容易就过去了。因而，需要将方案阶段可能遇到的问题提前进行技术经济分析和判断，即将方案阶段的部分工作内容前置至策划阶段（图 1-60）。

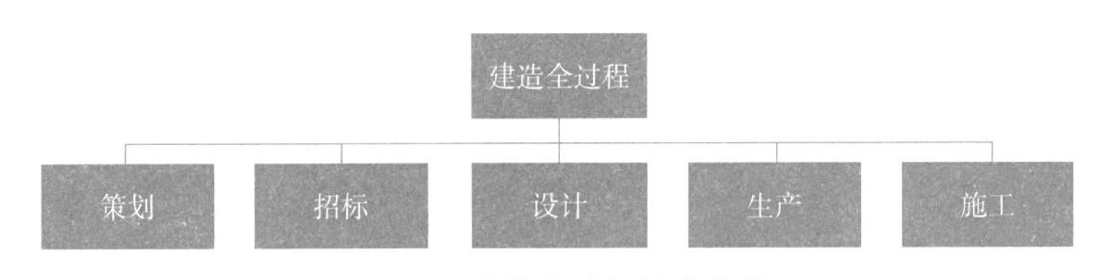

图 1-60　建造全过程的成本管理

策划阶段，奠定了成本管理的基因。

策划阶段决定设计阶段是沿用传统套路还是按适合装配式建筑的构件组合思维来做设计，是否统筹生产、运输、施工等建造全过程甚至建筑全寿命期，而这直接决定设计是否优化，构件生产是否高效，现场施工是否高效。管理前置，是装配式与传统建造在时间上的最大差异。传统建造方式中"先设计，后施工"，在装配式建筑中演变为"先策划，后设计"。对此，中建科技集团董事长叶浩文先生讲：要降成本只能从规划方案做起，否则"神仙"都不行。而策划就是要做政策分析、产品推敲、方案研判等设计之前的所有定案性工作。具体内容详见本书第 2 章的内容。

策划阶段，也决定了建筑、结构、机电、精装、外立面等专业设计之间是沿用传统流程，还是适应装配式建筑的一体化设计思维来协同设计，而这决定了是管理前置来进行构件功能的集成式设计，而不是图纸后审来解决错漏碰缺问题。

1.3.4 降低成本的三大趋势

装配式建筑因其特有的优势更容易实现以下三大成本管理技术（图 1-61），有利于从源头降低资源消耗和从全寿命期视角来降低成本。但这三大省钱的技术或工艺，都有一个共同点——有技术或管理门槛，对工人和管理者都提出了更高的要求，有一定实施难度，因而需要系统筹划，循序渐进地实践，在实践中摸索和掌握。

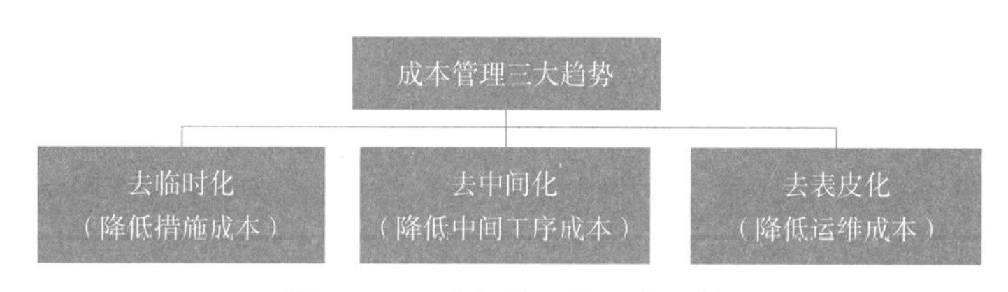

图 1-61　成本管理的三大趋势

1. 去临时化，降低施工措施类成本支出

有些非实体性成本，在理论上是可以减少的。非实体性成本是指不构成工程实体的成本，例如模板、脚手架等发生的成本（以图 1-62 某项目成本分析数据为例，占比 31%）。

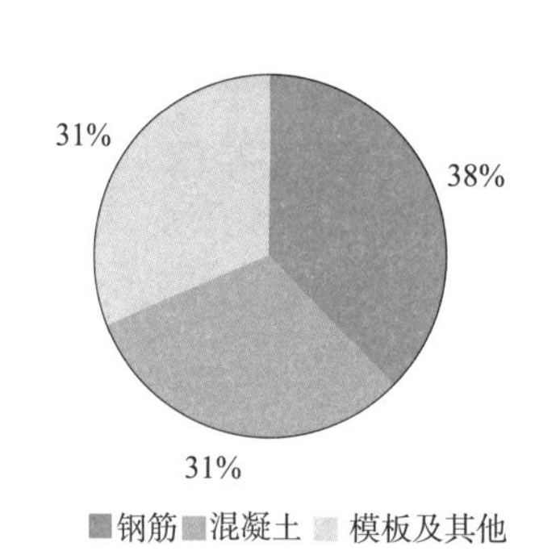

图 1-62　现浇混凝土构件综合单价分析

以钢筋混凝土构件为例，以往我们降低成本一般是从优化设计从而减少钢用量、混凝土用量来进行，在传统现浇建筑中想要减少模板、脚手架的成本一般不具备这样的条件。但是在装配式建筑中，就具备了，因为预制构件是预先生产、室内生产、躺

着生产、到现场时具有强度，首先是脚手架可以减少、甚至取消；其次是类似模具这样可以更多次数周转的材料实现循环性、标准化、工具化，进一步降低成本。

山东万斯达的专利产品 PK 板，因使用了预应力技术而可以做到在一定跨度内免支撑、无内架，节省支撑成本，立体施工、缩短工期（图 1-33）。而石材反打、面砖反打等外立面装饰一体化预制构件可以实现免外架、免外模（图 1-75、图 1-76）。

去临时化，永临结合，用构成工程实体的部品部件来代替临时性地构件，主要是针对一些施工和安全防护措施成本，以正式构件代替临时性构件以节省成本。

（1）保温材料代替外模板——康博达保温结构一体化系统（图 1-63），将保温材料模数化、模块化，实现与建筑结构、建筑模板的有机结合，以外墙外立面的保温板代替外侧模板，实现保温与模板一体化、保温与结构一体化。与普通的外保温粘贴系统相比节省施工成本、缩短工期。该企业宣传资料显示，万科沈阳项目使用了该项技术。类似技术还有南通三建的 EPS 空腔现浇混凝土模块（图 1-64）。

（2）保温材料和外饰面代替模板、结构钢骨架代替脚手架——欧本钢构“捷巧”剪力墙装配系统的特点是免模板、免干挂石材的骨架、用结构钢骨架代替脚手架（图 1-65、图 1-66）。“捷巧”是种完全创新的剪力墙系统，其核心结构部分是钢管 + 缀板构成的龙骨，通过巧妙的构造设计，龙骨外可以直接外挂预制 PC 板或石材等装饰板，同时将保温层复合其中，而最终在其形成的空腔内浇筑混凝土，形成一体化剪力墙。

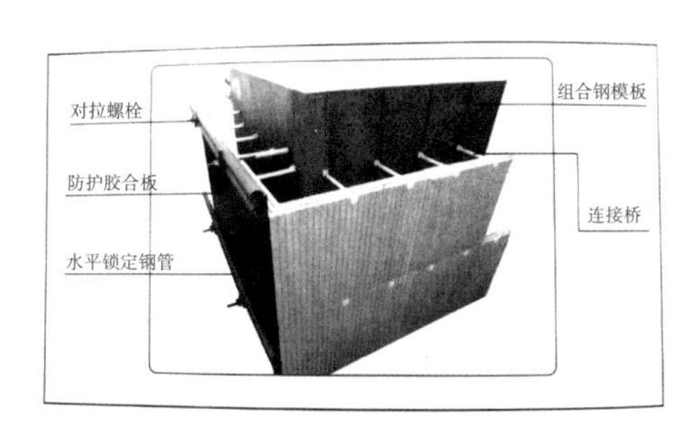

图 1-63 康博达保温结构一体化系统

图 1-64 南通三建保温结构一体化系统

图 1-65 欧本钢构“捷巧”剪力墙系统

图 1-66 欧本钢构“捷巧”剪力墙系统

（3）免模技术用于去临时化中，除了用保温层代替模板以外，还有叠合楼板、叠合梁、叠合柱、叠合墙等叠合构件，及各种模壳构件也是免模设计。而 3D 打印技术则将免模技术发挥到极致（图 1-67 ~ 图 1-72）。

图 1-67　叠合楼板

图 1-68　预应力叠合板（山东万斯达）

图 1-69　叠合柱（三一筑工）

图 1-70　模壳构件（上海衡煦）

图 1-71　叠合梁（龙信）

图 1-72　带保温的叠合墙（上海宝业）

（4）永临结合，室内正式楼梯（或阳台）栏杆代替临时性的钢管防护，可以与预制楼梯（或阳台）一起安装，既减少了栏杆安装工序和费用，又解决了预制构件临边施工的安全防护问题，减少了临边防护措施费用。与之类似的还有预制永久性围墙，代替简单的临时性的施工围挡等（图 1-73、图 1-74）。

图 1-73　阳台栏杆与预制阳台同时安装

图 1-74　楼梯栏杆与预制楼梯同时安装

2. 去中间化，从消减不合理成本到消减合理成本

有些中间工序在功能上是作为纠偏层而存在，随着装配式预制构件提高了质量精度，这些中间工序减少甚至取消。例如石材反打构件（图 1-75）相对于传统的石材干挂减少了钢龙骨，面砖反打构件（图 1-76）减少了找平层、粘结层，夹芯保温外墙一体化减少了保温层施工前的找平层、装饰面施工前的抗裂层。

图 1–75 石材反打，免外模、免外架

3. 去表皮化，从降低建造成本到降低全寿命期成本

“装饰是短命的，只有建构才能赋予建筑时间和生命……”——中建科技总建筑师樊则森先生在著作《从设计到建成——装配式建筑 20 讲》中论述装配式建筑的魅力——工艺之美、材料之美、结构之美、建构之美。

图 1–76 面砖反打外墙，免外模、免外架

一般来讲，外立面涂料、面砖、幕墙等都是建筑物的表皮，如同我们身上的衣物，需要经常清洗和定期更换。一般住宅建筑物的设计使用年限为 50 年，但外立面装饰层往往只有 10 ~ 20 年甚至更短。这就说，在建筑物的整个寿命期内需要多次的维修保养、甚至更换，低层建筑还好实施，而高层建筑就相对困难、使用维护成本相对高。

对于外装来讲，去表皮化就是结构装饰一体化。装饰一体化 PC 外墙体系（直接将外立面石材都去掉，用艺术混凝土直接实现装饰层与结构层的二合一）、石材和面砖的反打技术等都能实现全寿命期免维护、免更换，大大降低建筑使用成本，特别是非住宅项目应用价值更高。例如图 1-77 上海森茂大厦 1998 年竣工，地上 46 层，10 万 m^2，外立面为石材反打预制外挂墙。

图 1–77 上海森茂大厦

从成本角度来看，建筑物外立面去表皮化的本质是建筑物装饰面与结构体的同寿命化，这是实现全寿命期成本管理的一个技术性创新。通过建造阶段的技术手段，来实现在使用阶段

图 1-78　管线分离

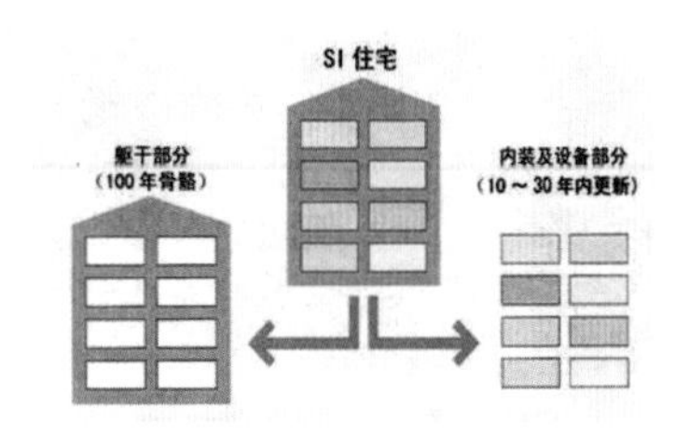

图 1-79　管线分离的示意图

的维修、保养省减，甚至零成本保养。在这样的新技术手段之下，建筑外立面装饰不再只是建筑物的表皮，逐步在与建筑物主体融为一体。既减少施工工序，又减少材料消耗；既降低建造成本，又减少了运维成本。

去表皮化的特点是二合一或三合一，而管线分离技术（简称 SI 体系，图 1-78、图 1-79）则是一分为二，是将不适合与建筑结构同寿命的机电管线、室内精装修从结构体中分离出来，以方便内装修风格在建筑全寿命期间内多次更换，适应住户全寿命期内的不同需求。上海绿地南翔威廉公馆百年宅项目使用 SI 体系。

类似情况还有门窗副框预埋的施工方法（图 3-37、图 3-38），也是将与建筑主体寿命不同的门窗与结构分离开来，实现在建筑使用寿命内可以随意更换门窗。

一体化技术和分离技术，一外一内、一合一分，为我们提供全寿命期成本管理的两个典型案例。因而，如果只以建造成本来衡量，一般难以看到装配式建筑的成本优势，而从全寿命期成本来看，优势明显。

装配式建筑是基于全生命周期价值最大化的新型建造方式。从传统现浇施工转变为装配式建造，不仅是建造方式的转变，更是建造目标的提升，由量到质的提升。成本管理，作为项目管理的一个组成部分，也在实现从以建造成本为中心转变为以全寿命期成本为中心的目标。

第 2 章

成本策划

策划做得好，成本的基因就好；
策划没有做，成本就失去先机。

◆ 导读：本章提出了装配式建筑需要做专项成本策划，并分析了专项成本策划的工作矩阵、流程、成果文件。详细阐述了成本策划之前需要完成的政策分析和标准分析，给出了专项成本分析的六个步骤及评价指标体系，并辅以工程案例进行解读和分析。

2.1 概述

成本策划，是立足现实、面向未来的技术经济分析，是创造性的、预见性的管理工作。成本策划，是在设计开始之前，分析各个项目管理影响因素与成本的因果关系，找出主要因素，制定相应措施，确保在设计开始前能做出正确的成本决策，为整个成本管理体系的高效和有序运行奠定基础。

具体而言，成本策划的任务就是通过技术经济分析，提前回答四大问题（图 2-1）。

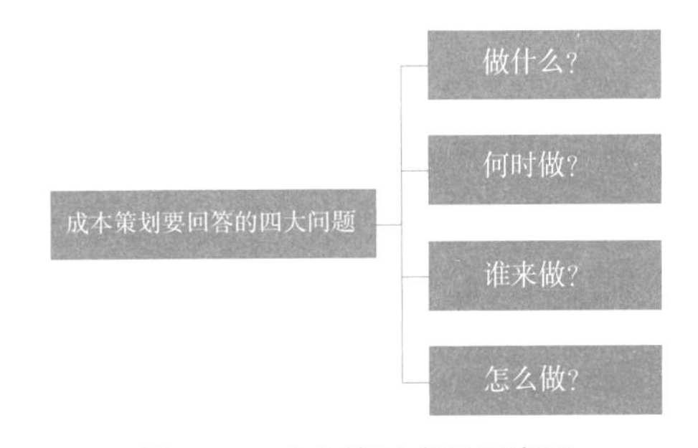

图 2-1　成本策划成果示意图

结合装配式建筑前置管理的特点，成本策划的任务包括：（1）在公司总部层级，制定政策、标准、指引为主；（2）在项目公司层级主要就是将设计中需要做的方案对比和决策分析前置，并针对目前常见的设计问题，例如后拆分设计的问题，制定出可实施的对策和方案，在策划阶段确定下来，作为设计阶段的输入条件，以减少设计过程中的方案对比等程序性工作内容，减少设计过程中的调整和反复，提高设计阶段成本控制的主动程度。即成本策划成果是设计阶段的输入条件，策划是实施设计阶段事前管理的工作。

成本策划，既要响应建设项目开发进度、质量、安全控制的需要，也要响应项目营销和资本的需要。

1. 工作矩阵

在 1.2.2 节中，归纳了现阶段装配式建筑成本管理的三大任务和各项任务的工作清单。结合成本策划的四大问题，以项目公司为例，可以形成一份成本策划的工作矩阵（表 2-1）。

装配式专项成本策划的工作矩阵表

表 2-1

序号	工作任务	争取可能有的政策奖励	消灭不该有的成本增量	落实应该有的成本减量
1	做什么	政策奖励的可行性论证与决策会	不该有的成本增量管控表	应该有的成本减量管控表
2	怎么做	（1）政策分析与政府征询 （2）技术经济分析 （3）设计和报建手续 （4）销售和财务等配合事项	针对表 1-12 检查装配式专项成本策划报告，将每一处不该有的成本增量制定预控性措施	针对表 1-13 检查装配式专项成本策划报告，将每一处应该有的成本减量制定预控措施
3	何时做	拿地后、设计前	拿地后、设计前	拿地后、设计前
4	谁来做	项目负责人	项目成本负责人	项目成本负责人

2. 工作流程（图 2-2）

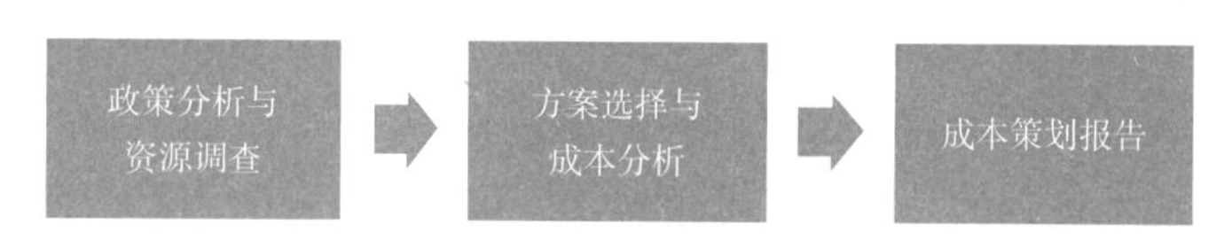

图 2-2　成本策划的工作流程

3. 成果文件

《装配式建筑专项成本策划书》是系统性指导装配式建筑项目进行成本管理的纲领性文件，立足于从项目启动开始就将影响成本的主要因素纳入受控范围（表 2-2）。

装配式专项成本策划成果文件清单

表 2-2

序号	文件清单	内容说明	建议完成时间
1	政策和标准分析报告	相关政策标准收集、影响分析、应对方案	拿地前后
2	装配式市场资源调查报告	咨询、设计、生产、施工、构配件等资源情况、项目业绩、考察报告	拿地后、设计前
3	装配式建筑专项策划报告	实施方案、设计要求、责任分工、协同事项表	拿地后、设计前
4	装配式建筑专项措施（1）招采	招采要求、合约规划、时间节点、协同事项表	拿地后、设计前
5	装配式建筑专项措施（2）设计	设计目标、限额指标和减重措施、协同事项表等	拿地后、设计前
6	装配式建筑专项措施（3）生产	各个构件的模具设计要求、生产要求、协同事项表	深化设计前
7	装配式建筑专项措施（4）施工	深化设计配合事项，现场道路、堆场、吊装设备技术要求，模板、钢筋、脚手架等成本控制事项	深化设计前

2.2 成本策划的基础工作

政策标准分析与资源调查是成本策划的两大基础工作。装配式建筑相关的政策、标准、当地资源情况等决定了装配式建筑项目的设计，而设计决定了成本（图 2-3）。国家和地方有关装配式的政策和标准，项目所在地的装配式可用资源是装配式建筑成本策划的前提条件。政策，影响了开发项目的拿地、融资、销售等前期的决策问题；标准，影响了拿地后的规划、方案、设计、招标等中期决策问题；可用资源，影响了技术方案在实施环节的可能性和风险，资源调查的目的是结合项目实际可用资源、包括甲方自身资源、可能的供方资源。

图 2-3 政策、标准与成本的关系

成本策划的目的就是主动地在事前通过政策分析、标准解读、政府征询，针对企业发展和项目开发目标的需要，结合当地市场和资源情况制定系统地进行装配式建筑成本管理方案，从而指导后续的成本管理规划、合约规划、招标采购、限额设计管理等所有与成本有关的工作。对当地可用资源的调研，类似我们在传统项目中进行的市场调研，这里不赘述，以下重点介绍政策分析、标准分析。

2.2.1 装配式建筑的政策分析

目前，我国在推进装配式建筑发展上的政策体系基本建立，从中共中央、国务院、住房城乡建设部、各地方政府均出台了相关政策文件。对于房地产开发项目而言，在拿地前后对装配式建筑政策进行深入分析和政府部门实地征询是首要任务。

1. 装配式建筑政策的特点

目前，我国装配式建筑的相关政策上，呈现出装配式评价指标项有因地制宜的地方特色、评价指标数据和评审越来越严这两个特点。

（1）因地制宜。

地方政策差异大。全国各地都是因地制宜地发展装配式，在具体政策上都有所不同，企业和项目管理者需要结合项目情况单独分析。各地对装配式的考核指标不一样，评价装配式的标准也不一样，政策奖励的差异更大。同一个城市，不同区县的装配式政策可能一样，但奖励政策可能不同。同一个政策，有的地方执行便捷，有的地方还没有完善相应的配套机制，执行起来还比较麻烦，甚至暂时还执行不了。除了政策要求、考核指标、执行难度不同以外，还有主管部门、工作流程等方面的差异。成本管理者需要配合跟进和了解，通过项目团队到相关部门实地进行政策征询，制定切实的政策执行方案。

（2）越来越严。

装配要求逐步加码。总体上，随着我国装配式建筑的发展从初级阶段向规模化发展转变，推进装配式建筑的相关强制性政策会越来越多、越来越严，而与之配套的奖励性政策会越来越少。政策要求装配式建筑的实施范围会越来越大，完成指标从低到高、从宽到严，政策层面的奖励由无到有，也会从有到少，迟早会取消。企业应结合发展规划，抓住国家大力装配式建筑的历史机遇期，及早地利用奖励性和扶持性政策，应用和实践推广新技术、新体系，积极利用国家的政策红利来练兵，实现企业的转型发展。

2. 在政策分析上建议做的工作

（1）收集、学习、分析政策。首先，整理一本国家及项目所在地的装配式建筑相关政策和文件是必要之举。其次，在内部组织学习后，主动咨询相关主管部门，主动向当地兄弟企业进行联谊交流，互通有无，汲取经验和教训，少走弯路，避免不必要的试错成本。

（2）政策永远是滞后的，要注意当地最新的政策执行要求。有些政策在执行过程中遇到了新情况，或者有了更好的方法，更合适的执行方式，可能还未来得及修订政策，需要与相关部门保持紧密沟通。

（3）政策不可能面面俱到，有助于装配式发展的好方案，可以向主管部门申请政策。例如灵活性较好、能解决现阶段装配式痛点、性价比较高的模壳体系，在上海、广东等少数城市已被纳入装配式建筑认定标准并明确相应的计算系数，对于没有明确的城市可以申请政策支持。

（4）充分利用有利政策，采取措施降低不利影响。在政策分析中要重点分析个别政策对项目开发进度、质量等方面的不利影响，特别是有前提条件的奖励政策，需要做好利弊分析和平衡，提前做好预案。要特别注意对销售有利的政策。

3. 关于政策奖励需要注意的事项

对于政策奖励，涉及该不该拿、能不能拿到、能拿到多少这三个问题。从成本角度进行定量的数据测算和分析，确定该不该拿；从进度、质量、安全等方面进行定性的风险分析和评估，确定能不能拿；根据项目实际情况测算来判断可以拿到多少奖励，尽量用足奖励。这三个问题在项目前期就要研究规则、进行验证，避免落不了地的问题（图 2-4）。

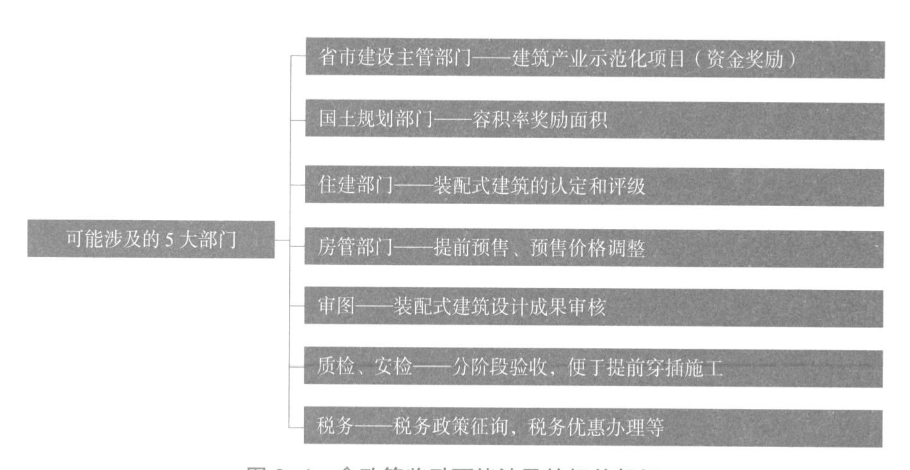

图 2-4　拿政策奖励可能涉及的相关部门

（1）拿政策奖励是一个系统工程。满足奖励政策的全部要求是必要条件，按期完成相应的审批手续和做好税务统筹是充分条件。国家对普通住宅有免征土地增值税的优惠政策，若因奖励导致超过征税临界点，可能出现反而多缴税的问题。

（2）拿政策奖励是一个有利有弊的工作。需要全面评估拿政策奖励所要付出的代价，需要相应做好风险防范，首先是增加报建工作内容，可能延长开发周期；其次会加大工程技术难度，增加进度、质量、安全管理风险。

（3）多方论证可行性是前提。需要深入了解项目当地装配式政策以及政策的落实情况，特别是与政府相关主管部门征询，做系统地分析和论证，避免按纸上政策进行成本测算而偏离实际情况导致重大的决策失误。

（4）技术经济分析是支撑。成本管理部门需要做好项目公司申请政策支持的配合工作，主要是及时完成申请相关政策的投入成本与回报的测算。以专业的、全面的成本分析作为企业进行方案决策的参考。在成本分析中，既要有成本数据测算，也要有影响和风险分析；既要有经济性分析，也要协同相关部门做好对工程进度和销售、质量和安全等方面的技术性分析。

（5）有些奖励政策是有名额限制的，需要提前规划和报备。

4. 提前预售政策的分析

提前预售政策，是所有扶持装配式的政策中实施难度最小的政策。在全国陆续提高预售门槛的情况下，对装配式的提前预售政策更有经济价值。

可以缩短预售周期、加快资金周转、降低资金成本和开发风险。同时，提前预售也让原本抢预售节点的时间周期再次压缩，抢时间过程中的各种风险增加。

以百米高层住宅项目为例，当销售均价在 10，000 元 /m^2 时，以 50% 预售比例、10% 的资金成本来估算，每提前一个月预售的边际财务收益为 10，000×50%×10%/12=42 元 /m^2。不同销售价格、不同的提前时间所对应的边际财务收益如表 2-3 所示。

装配式建筑“提前预售”政策带来的财务成本收益测算表　　表 2–3

销售均价（元 /m^2）	预售比例	资金成本年化率	提前预售月数对应的边际财务收益（元 /m^2）									
			1	2	3	4	5	6	7	8	9	10
6000	50%	10%	25	50	75	100	125	150	175	200	225	250
7000	50%	10%	29	58	88	117	146	175	204	233	263	292
8000	50%	10%	33	67	100	133	167	200	233	267	300	333
9000	50%	10%	38	75	113	150	188	225	263	300	338	375
10000	50%	10%	42	83	125	167	208	250	292	333	375	417
11000	50%	10%	46	92	138	183	229	275	321	367	413	458
12000	50%	10%	50	100	150	200	250	300	350	400	450	500
13000	50%	10%	54	108	163	217	271	325	379	433	488	542

续表

销售均价（元/m²）	预售比例	资金成本年化率	提前预售月数对应的边际财务收益（元/m²）									
			1	2	3	4	5	6	7	8	9	10
14000	50%	10%	58	117	175	233	292	350	408	467	525	583
15000	50%	10%	63	125	188	250	313	375	438	500	563	625
16000	50%	10%	67	133	200	267	333	400	467	533	600	667
17000	50%	10%	71	142	213	283	354	425	496	567	638	708
18000	50%	10%	75	150	225	300	375	450	525	600	675	750
19000	50%	10%	79	158	238	317	396	475	554	633	713	792
20000	50%	10%	83	167	250	333	417	500	583	667	750	833

全国大部分城市都推出了提前预售政策，如表 2-4 所示。

部分城市的提前预售政策　　表 2-4

城市	适用对象	预售条件
南京	预制装配率不低于 50% 且成品住房交付的采用装配式建筑的商品房项目	基础施工完成、装配预制部品部件进场并开始安装时，提前办理《商品房预售许可证》
天津	采用装配式建筑的商品房项目	施工部位达到首层室内地坪标高且符合办理条件的，可申请办理《商品房预售许可证》
广西	采用装配式建筑的商品房项目	投入开发建设资金达到工程建设总投资的 25% 以上，施工进度达到正负零标高时
苏州	对采用装配式建筑技术且预制装配率达到 30% 以上的商品住宅项目	项目建设达到一定施工进度后可适当降低办理商品房预售许可证的条件
温州	对满足装配式建筑要求并以出让方式取得土地使用权，领取土地使用证和建设工程规划许可证的商品房项目	投入开发建设的资金达到工程建设总投资的 25% 以上；或完成基础工程达到正负零的标高，并已确定施工进度和竣工交付日期的情况下
石家庄	对于采用装配式方式建设的商品房建筑	投入开发建设资金达到工程建设总投资的 25% 以上和施工进度达到主体施工的装配式建筑（已取得施工许可证），可申请办理预售许可证；商品房价格备案时，可上浮 30%
沈阳	实施装配式建筑的新建商品住房	对装配式建筑取消形象进度要求
武汉	装配式建造方式开发建设的商品房项目	小高层及以上建筑结构主体施工达到总层数的三分之一以上，且已确定施工进度和竣工交付日期的
济南	采用建筑产业化技术开发建设的房地产项目	依据建筑部品（件）订货合同和生产进度，订货投入额计入项目总投资额，经市城乡建设委认定后，可在项目施工进度到正负零时提前申领《商品房预售许可证》
福州	装配式建筑	在单体装配式建筑完成基础工程到标高正负零的标准，并已确定施工进度和竣工交付日期的情况下可申请办理预售许可证

5. 容积率奖励政策的分析

容积率奖励政策是所有扶持装配式的政策中收益最大、实施难度最大的政策。对于要提高销售利润率的房地产开发项目而言，容积率奖励政策是新增加的一条途径。

容积率奖励政策分为两种，评估其经济效果相应有两种情况，需要做与政策相对应的评估：

（1）可以不做，但主动做装配式的，直接给予容积率奖励。

例如表 2-5 中的北京、深圳、南京等城市。这种情况下，获得容积率奖励的代价就是装配式建筑的成本增量。南京市的项目按获得奖励 2% 的容积率计算，项目售价 32,000 元 /m^2，就可以覆盖掉近 640 元 /m^2 的装配式成本增量。

（2）在符合当地装配式建筑评价标准的基础上，外墙预制、外墙保温一体化的相应面积不计算容积率，相当于奖励了计容面积。

例如表 2-6 中的长沙、南京、上海。这种情况，获得容积率奖励一般较不拿奖励时的成本增量略高一些。例如上海的政策，因此在计算成本增量时，还要考虑做夹芯保温外墙相对于普通预制外墙的成本增量。

表 2-5 是以 2019 年 9 月的各城市销售均价为例，匡算各城市容积率奖励政策的经济效益，具体项目需要进行详细的测算，以南京某项目为例进行测算详见表 2-6。

部分城市容积率奖励政策的经济效益分析　表 2–5

城市	预制率或装配率	增量成本	专项额外要求	增量成本	销售均价	容积率奖励比例	销售收益	收益 – 成本
上海	预制率 40%	550	夹芯保温外墙	200	53000	3%	1590	840
南京	预制装配率 50%	500	按最低标准	0	32000	2%	640	140
苏州	预制装配率 30% 且三板率 60%	220	外墙预制	100	23000	3%	690	370
杭州	装配率 50%	450	外墙预制	100	31000	3%	930	380
沈阳	装配率 50%	400	外墙预制	80	11000	3%	330	–150
济南	装配率 50%	400	外墙预制	80	18000	3%	540	60
福州	预制率 20% 且装配率 50%	350	外墙预制	80	26000	3%	780	350
郑州	装配率 50%	420	外墙预制	100	13000	3%	390	-130

表 2-6 是以某项目为例，估算容积率奖励政策的经济效益，具体项目需要相应调整。

某项目容积率奖励政策的经济效益分析　表 2–6

序号	测算科目	单位	数值	说明
1	实施装配式的地上建筑面积	m^2	100，000	指实施之前的地上计容建筑面积
2	最大奖励面积比例		4.00%	南京市最大可以获得 4%
3	本项目奖励面积比例		3.00%	

续表

序号	测算科目	单位	数值	说明
4	本项目获取的奖励面积	m^2	3,000	
5	获得容积率奖励后的装配式建筑面积合计	m^2	103,000	
6	容积率奖励对应的经济收入	元	75,000,000	
6.1	销售均价	元 /m^2	25,000	
6.2	增加的销售面积	m^2	3,000	即容积率奖励面积
7	容积率奖励对应的成本支出	元	69,500,000	
7.1	装配式成本增量	元 /m^2	500	含专家评审等相关费用
7.2	增加容积率补缴土地出让金	元 /m^2	0	按当地政策免缴土地出让金
7.3	增加容积率增加的建安成本	元 /m^2	4,000	
7.4	增加容积率增加的期间费用	元 /m^2	2,500	综合考虑销售费用、财务费用、管理费用的增加按 10%
7.5	其他不可预见费用	元 /m^2	250	按销售均价的 1%
8	净收益 = 收入 – 成本	元	5,500,000	
9	对销售利润率的影响		0.21%	在销售利润率基础上净增加 0.21%

由表 2-6 可以推算出在销售均价 32000 元 /m^2 时，奖励比例的盈亏平衡点是 2.02%，即：该项目在南京市容积率奖励政策的条件下，只获取奖励政策（表 2-7）中的 2% 即可抵消装配式建筑成本增量。在相同的装配式指标（即相同的成本增量）的前提下，销售均价越高，奖励面积比例的盈亏平衡点越低。

部分城市的容积率政策　　表 2–7

城市	适用对象	奖励结果
南京	装配式建筑技术建设项目——住宅建筑单体预制装配率应不低于 50%，公共建筑单体预制装配率应不低于 40%；住宅建筑（三层及以下的低层住宅除外）应 100% 实行成品住房交付	（1）给予不超过相对应地面以上规划总建筑面积 2% 的奖励，奖励面积部分免收土地出让金。 （2）若同时使用预制外墙的项目或建筑单体，其使用预制外墙体的水平截面积可不计入容积率核算的建筑面积，但其不计入容积率的建筑面积应不超过相对应地面以上规划总建筑面积的 2%。以上两条奖励政策可同时享受，且计算基数均为规划条件中明确的地面以上规划总建筑面积，最多可享受 4% 容积率奖励
青岛	对采用装配式建筑技术的项目经认定达到装配率认定标准的，在尚未批复建设工程设计方案的前提下	给予该项目不超过实施建筑产业化的各单体规划建筑面积之和 3% 建筑面积奖励
石家庄	对于采用装配式建设且装配率达到 50% 或以上的商品房建筑	按地上建筑面积 3% 给予奖励，不计入项目容积率；对于采用装配式建设且达到评价等级 A 级及以上的商品房建筑，按其地上建筑面积 4% 给予奖励，不计入项目容积率。奖励的不计入容积率面积，不再增收土地价款及城建配套费用

续表

城市	适用对象	奖励结果
宁夏	产业化建筑	对产业化部分面积占到项目建筑面积 10% 以上的，容积率可以提高 1%；占到 50% 的，容积率可以提高 2%；占到 100% 的，容积率可以提高 3%
无锡	预制装配率不低于 50%，其中 Z1 计算项不低于 20%	根据“无锡市装配式建筑项目设计阶段技术论证意见书”，对应按规定不计容的预制墙体部分建筑面积予以备注说明，且不计入部分的建筑面积不得超过计容面积的 3%
沈阳	开发建设单位主动采用装配式建筑技术建设的房地产项目，外墙预制	外墙预制部分建筑面积可不计入成交地块的容积率核算，但不超过规划总建筑面积的 3%
长沙	对使用“预制夹心保温外墙”或“预制外墙”技术的两型住宅产业化项目	“预制夹心保温外墙”或“预制外墙”不计入建筑面积
苏州	（1）主动采用装配式建筑技术且预制装配率大于 40% 的项目，或者划拨土地的项目采用装配式建筑技术且预制装配率大于 40% 的项目 （2）按规定采用预制“三板”的装配式建筑项目，外墙采用预制夹心保温墙板的	（1）外墙预制部分建筑面积不计入容积率计算，不得超过规划计容面积的 3%。 （2）夹心保温层及外叶墙板的水平截面积可以不计入容积率核算
杭州	土地出让条件未明确采用装配式建筑的商品房项目，建设单位主动实施且符合要求的，给予建筑面积奖励	（1）按项目预制外墙或叠合外墙的预制部分建筑面积计算，总计不超过装配式建筑单体正负零以上地面计容建筑面积的 3%，奖励面积不计入容积率面积； （2）采用墙体保温技术增加的建筑面积不计入容积率核算
温州	应进行建筑工业化评价和认定，评价分为设计阶段评价和竣工阶段评价。装配式整体混凝土结构单体建筑预制率不低于 20%，同时满足《工业化建筑评价导则》里的基础项和一般项。当单体不计容预制外墙建筑面积达到地上计容建筑面积 3%，或预制外墙的装配率达到 80% 以上时，预制内墙才能纳入不计容预制墙体建筑面积计算	工业化建筑的墙体预制部分的建筑面积（不超过规划计容总建筑面积的 3%）可不计入容积率。同时满足住宅全装修要求的工业化住宅建筑，墙体预制部分的建筑面积（不超过规划计容总建筑面积的 5%）可不计入容积率
郑州	对采用装配式建筑技术建设（采用预制外墙或预制夹芯保温墙体）的商品住房项目	外墙预制部分建筑面积不计入容积率，但其建筑面积不应超过总建筑面积的 3%
福州	对于自主采用装配式建造的商品房项目	预制外墙或叠合外墙的预制部分建筑面积可不计入容积率核算，但不超过该栋建筑的地上建筑面积 3%

在争取容积率政策奖励时，需要注意以下 5 个问题：

1）增加的容积率面积是否可以实现，需要请设计单位复核规划，避免因其他设计条件的限制导致实际上拿不到容积率奖励面积。

2）确保容积率奖励而增加的面积可销售、可办产证的相关手续可以正常办理。

3）需要做专项税筹，避免因奖励面积而增加的销售收入导致税收增加更多。

4）在外墙预制而奖励面积时，需要评估外墙预制对工程进度、质量、安全等方面的负面影响。多数城市在争取容积率奖励时工作流程较多、操作较复杂，会导致增加报建时间，导致预售的前提工作增加，抢预售节点压力增大，可能导致开盘时间滞后，在决策中需要考虑此等风险和对策。

5）还要考虑容积率提高之后，相应的配套设施的变化。

2.2.2 装配式建筑的评价标准分析

关于装配式建筑的评价标准，国家有推荐性标准《装配式建筑评价标准》GB/T 51129-2017，各地也相应落地了评价标准。

总体上看，各地的标准都是以国标为基础，因地制宜地制定了适合当地的评价标准，或降低某些门槛，或增加了某些评价项，或调整了某些评价项的权重。例如某城市的精确砌块可以计算为装配式做法，某城市用预拌砂浆可以认定为干式工法等。

熟悉国标内容及原则是基础，以下内容以国标为对象进行分析，具体项目可以结合当地政策再做加减法。

1. 装配式建筑的评价过程和要点

在国标中，以“装配率”作为唯一指标来评价装配式建筑的装配化程度，并分三步来认定或评价装配式建筑（图 2-5）。

图 2–5 装配式建筑评价流程示意图

（1）计算应用比例

在国标中，装配率是评价建筑物装配化程度的唯一指标。装配率的计算是基于 3 大类、11 个评价项的实际得分值。而评价项的得分值是基于每一评价项的应用比例。

有以下几点值得注意：

1）应用比例的计算单位，各不相同。以 PC 建筑为例，依据《装配式建筑评价标准》GB/T 51129-2017 进行整理后如表 2-8 所示。

应用比例计算规则汇总表　　表 2–8

评价项		计算口径	应用比例计算规则
主体结构（50 分）	竖向构件（柱、支撑、承重墙、延性墙板等）	体积	主体竖向结构构件中的预制体积（含符合条件的后浇混凝土）/ 总体积
	水平构件（梁、板、楼梯、阳台、空调板等）	水平投影面积	各楼层中水平构件中预制构件的水平投影面积（含符合条件的后浇混凝土）/ 各楼层建筑平面总面积
围护墙和内隔墙（20 分）	非承重围护墙非砌筑	外表面面积	各楼层非承重围护墙中非砌筑墙体的外表面积之和（可不扣除门窗及预留洞口）/ 各楼层非承重围护墙外表面总面积（可不扣除门窗及预留洞）

续表

评价项			计算口径	应用比例计算规则
围护墙和内隔墙（20 分）	一体化（围护墙与保温、隔热、装饰）		外表面面积	各楼层围护墙采用一体化的墙面外表面积之和（可不扣除门窗及预留洞口）/ 各楼层围护墙外表面总面积（可不扣除门窗及预留洞）
	非砌筑（内隔墙）		墙面面积	各楼层内隔墙中非砌筑墙体的墙面面积之和(可不扣除门窗及预留洞口）/ 各楼层内隔墙墙面总面积（可不扣除门窗及预留洞）
	一体化（内隔墙与管线、装修）		墙面面积	各楼层内隔墙采用一体化的墙面面积之和（可不扣除门窗及预留洞口）/ 各楼层内隔墙墙面总面积（可不扣除门窗及预留洞）
装修和设备管线（30 分）	全装修		—	建筑功能空间的固定面装修和设备设施安装全部完成，达到建筑使用功能和性能的基本要求
	装配式装修	干式工法楼面、地面	水平投影面积	各楼层采用干式工法楼面、地面的水平投影面积之和 / 各楼层建筑平面总面积
		集成厨房	面积	各楼层厨房墙、顶、地面采用干式工法的面积之和 / 各楼层厨房墙、顶、地面的总面积
		集成卫生间	面积	各楼层卫生间墙、顶、地面采用干式工法的面积之和 / 各楼层卫生间墙、顶、地面的总面积
		管线分离	长度	各楼层管线分离的长度 / 各楼层电气、给水排水和采暖管线的总长度

竖向构件按混凝土体积计算，水平构件按水平投影面积计算，内外围护墙按各自的表面面积计算，等等。

2）应用比例在计算中的分子，有特殊情况需要注意，否则浪费成本。

主要是针对结构构件，分子是预制混凝土构件体积之和，但国标允许“符合本标准条件的预制构件之间的连接部分的后浇混凝土也可计入计算”。

竖向构件：详见评价标准 4.0.3 条；

水平构件：详见评价标准 4.0.5 条；

3）应用比例在计算中的分母，不一定与分子的计算口径一一对应。

11 个评价项中，有 2 个出现这种情况。

例如：水平构件计算应用比例时的公式详评价标准 4.0.4 条。

分子：是预制构件的水平投影面积；

分母：是各楼层的建筑面积总面积。

这种情况的另一处，在干式工法楼地面（图 2-6）评价项中，详见评价标准 4.0.10 条。

图 2-6　干法施工楼地面（图片由和能人居科技集团提供）

（2）计算装配率

在国标中，装配率是建筑物评价装配化程度的唯一指标。在计算时，需要注意的三项内容：

要点 1：有几个评价项是强制性评价项，有及格分。按国标评定为装配式建筑时，有以下 3 个强制项：

1）主体结构部分的评分≥ 20 分，但不强制是竖向预制，还是水平预制。

2）围护墙和内隔墙的评分≥ 10 分，但不强制是非砌筑，还是一体化。

3）采用全装修，6 分，但不强制用装配式装修。

按国标进行评级时（表 2-9），除上述 3 个强制项以外，增加 1 项——主体结构竖向构件中预制部品部件的应用比例≥ 35%（即必须在竖向构件预制上拿到 20 分）。

要点 2：打分之和，不是装配率。差异在于不是所有项目都以 100 分为基准。在国标中，对装配率的计算是综合比例，不是打分之和。评价标准 4.0.1 条中明确了装配率计算方法：

$$装配率\ P=\frac{Q_1+Q_2+Q_3}{100-Q_4}\times 100\%$$

式中　P——装配率；

Q_1——主体结构指标实际得分值；

Q_2——围护墙和内隔墙指标实际得分值；

Q_3——装修和设备管线指标实际得分值；

Q_4——评价项目中缺少的评价项分值总和。

此处需要注意的是公式中的 Q_4。需要注意一个误区：将不想做的评价项作为 Q_4 扣除分值。这一点，在条文说明中进行了详细说明。Q_4 是指在客观上，建筑使用功能中没有的项目，而不是主观上选择不做。比如厨房、卫生间对于住宅就是必须有的建筑使用功能，而对于办公楼来讲，厨房在客观上就不是必需的建筑功能，那么办公楼项目中就可以扣除这 6 分。而住宅，就不能扣除厨房这一个评价项目。因而，住宅项目的评价满分一般是 100 分，而办公楼、商业、图书馆等公共项目，一般没有厨房，满分可能就是 94 分，即 47 分即可满足装配率 50% 的要求。

要点 3：三大类、共 11 个评价项之间可能有重复，这是国标所允许的。

这 11 个小项之间，是存在某些联系，或者说联动性。这一点运用得好，对于降本增效也很有助益。这种联动性，既是“立足当前、面向未来”的体现，也是鼓励企业往更高阶尝试的一个好做法。例如：

①“非承重围护墙非砌筑”与“围护墙与保温、隔热、装饰一体化”之间有这样的关联：后者的一体化必然也满足前者的非砌筑的要求。因而，如果选择做后者一体化应用比

例 80%，得 5 分，那么前者非砌筑也同时可以得到 5 分（反之，则不成立，非砌筑不一定是一体化）。比如有幕墙（是否要求是单元式幕墙，在国标中没有明确），或外挂一体板的项目，就能同时满足这两项。内隔墙一体化与内隔墙非砌筑同理。

②集成厨房（集成卫生间）与干法楼地面之间也有联动性。只是这种联动性之间的量化关系不一样。集成厨房的应用比例 70% 就可以得到 3 分，但不代表干式楼地面也达到了 70%，还必须加上其他功能间的干式楼地面面积再算应用比例。详见评价标准第 4.0.11 条、第 4.0.12 条。

③评价项中有 4 项与“全装修”这一强制项有关联。因而，在计算增量成本时，就不能不扣除全装修普通做法时的成本。比如集成厨房的增量成本不是集成厨房 - 不做厨房装修的成本差，而是集成厨房 - 普通厨房装修的成本之差。

（3）评价与定级

在国标中，对装配式建筑的评价分为两级：认定、评级。

在数量上的差异是装配率得分不同；在本质上的差异是竖向构件是否是预制构件。如表 2-9 所示。

认定与评级的标准对比表　　表 2-9

评价项		认定	评级
主体结构	竖向构件	≥ 20 分	≥ 20 分
	水平构件		—
围护墙和内隔墙		≥ 10 分	≥ 10 分
装修		6 分	6 分
设备管线		—	—
合计		≥ 50%	≥ 60%

要认定为装配式建筑，只需要满足表中条件即可，但若要获得装配式建筑的等级评价，则有更高要求。差异有两项：

1）主体结构竖向构件中预制部品部件的应用比例≥ 35%（即必须在竖向构件预制上拿到 20 分）。

2）参与评级的装配率起点是 60%，高出认定级 10%。

装配式建筑的评价等级分为三级，如图 2-7 所示。

2. 不同地区评价标准的成本分析

各地因地制宜地制定了当地对装配式建筑的评价标准，差异较大，需要单独分析。

同样都是装配率指标，背后的评价项目略有差异。湖南省的装配率 50% ≠浙江省

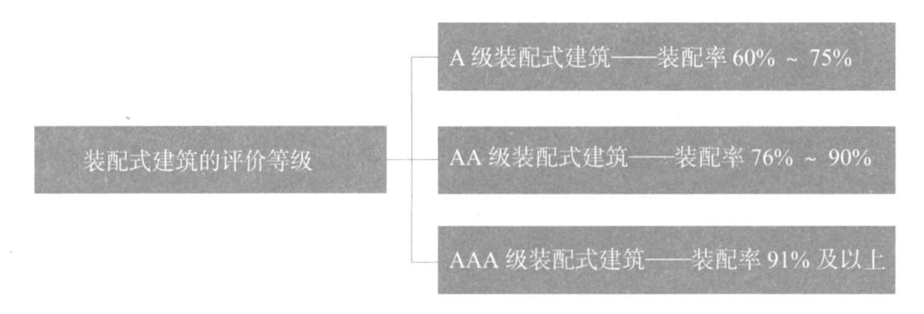

图 2-7　装配式建筑的评价等级

的装配率 50% ≠国标装配率 50%……即使是同一个省份，不同城市的差异也较大，不同时间差异也较大，甚至非常大，因而需要结合当地的政策、现行的政策来具体分析。但方法是一样，都要系统地分析性价比，都要全面地考虑项目财务、销售、进度、质量、安全等各个方面的影响。

总体来说目前各个城市对装配式建筑的评价标准差异较大，对应的成本增量也差异较大。在地产成本圈与上海思优合编的《装配式混凝土建筑技术管理与成本管控》一书中，以一个住宅项目为例，对全国各类评价标准进行了分析和成本测算，差异较大，如图 2-8 所示。其中成本增量最高的是上海的预制率 40% 的政策，最低的是江苏省的“三板”政策。

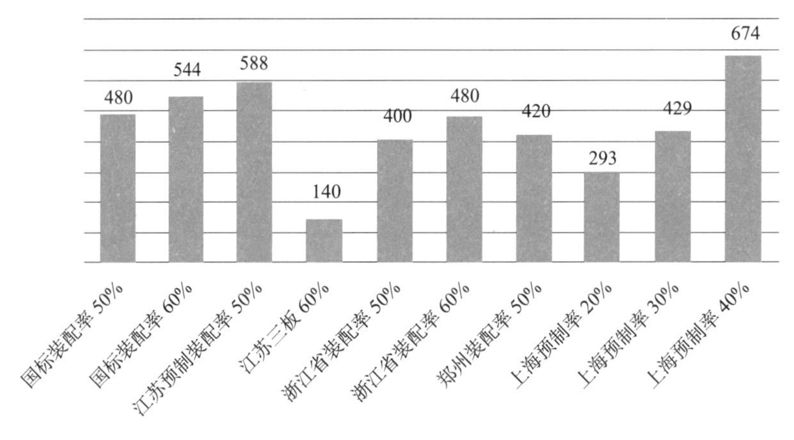

图 2-8　不同装配式建筑评价标准对应的成本增量对比

以下列举国标及部分省市的装配式建筑评分表（表 2-10 ~ 表 2-16）。

（1）国标

湖北省自 2018 年 8 月 21 日起按国标执行；天津市自 2019 年 1 月 1 日起按国标执行。

装配式建筑评分表　　表 2-10

<table>
<tr><th colspan="3">评价项</th><th>评价要求</th><th>评价分值</th><th>最低分值</th></tr>
<tr><td rowspan="2">主体结构（50分）</td><td colspan="1">竖向构件（柱、支撑、承重墙、延性墙板等）</td><td>1</td><td>35% ≤应用比例≤ 80%</td><td>20 ~ 30</td><td rowspan="2">20</td></tr>
<tr><td>水平构件（梁、板、楼梯、阳台、空调板等）</td><td>2</td><td>70% ≤应用比例≤ 80%</td><td>10 ~ 20</td></tr>
<tr><td rowspan="4">围护墙和内隔墙（20 分）</td><td>非砌筑（非承重围护墙）</td><td>3</td><td>应用比例≥ 80%</td><td>5</td><td rowspan="4">10</td></tr>
<tr><td>一体化（围护墙与保温、隔热、装饰）</td><td>4</td><td>50% ≤应用比例≤ 80%</td><td>2 ~ 5</td></tr>
<tr><td>非砌筑（内隔墙）</td><td>5</td><td>应用比例≥ 50%</td><td>5</td></tr>
<tr><td>一体化（内隔墙与管线、装修）</td><td>6</td><td>50% ≤应用比例≤ 80%</td><td>2 ~ 5</td></tr>
<tr><td rowspan="5">装修和设备管线（30 分）</td><td>全装修</td><td>7</td><td>—</td><td>6</td><td>6</td></tr>
<tr><td>装配式装修：干式工法（楼面、地面）</td><td>8</td><td>应用比例≥ 70%</td><td>6</td><td rowspan="4">—</td></tr>
<tr><td>装配式装修：集成厨房</td><td>9</td><td>70% ≤应用比例≤ 90%</td><td>3 ~ 6</td></tr>
<tr><td>装配式装修：集成卫生间</td><td>10</td><td>70% ≤应用比例≤ 90%</td><td>3 ~ 6</td></tr>
<tr><td>装配式装修：管线分离</td><td>11</td><td>50% ≤应用比例≤ 70%</td><td>4 ~ 6</td></tr>
</table>

（2）江苏省标

江苏省现行政策有预制装配率和三板两项政策，表 2-11 是自 2017 年 1 月 23 日开始试行的预制装配率计算规则表之住宅部分。

江苏省装配整体式剪力墙结构预制装配率计算统计表（住宅）　　表 2-11

<table>
<tr><th colspan="2">技术配置选项</th><th>项目实施</th><th>体积或面积</th><th>对应部分总体积或面积</th><th>权重</th><th>比值</th></tr>
<tr><td rowspan="12">主体结构和外围护结构预制构件 Z_1</td><td>预制外剪力墙板</td><td></td><td></td><td></td><td rowspan="12">0.55</td><td rowspan="12">$Z_1=X_1/Y_1 \times 0.55$</td></tr>
<tr><td>预制夹心保温外墙板</td><td></td><td></td><td></td></tr>
<tr><td>预制双层叠合剪力墙板</td><td></td><td></td><td></td></tr>
<tr><td>预制内剪力墙板</td><td></td><td></td><td></td></tr>
<tr><td>预制梁</td><td></td><td></td><td></td></tr>
<tr><td>预制叠合板</td><td></td><td></td><td></td></tr>
<tr><td>预制楼梯板</td><td></td><td></td><td></td></tr>
<tr><td>预制阳台板</td><td></td><td></td><td></td></tr>
<tr><td>预制空调板</td><td></td><td></td><td></td></tr>
<tr><td>PCF 混凝土外墙模板</td><td></td><td></td><td></td></tr>
<tr><td>混凝土外挂墙板</td><td></td><td></td><td></td></tr>
<tr><td>预制混凝土飘窗</td><td></td><td></td><td></td></tr>
</table>

续表

技术配置选项			项目实施	体积或面积	对应部分总体积或面积	权重	比值
主体结构和外围护结构预制构件 Z_1	预制女儿墙					0.55	$Z_1=X_1/Y_1\times0.55$
	合计			X_1	Y_1		
装配式内外围护构件 Z_2	蒸压轻质加气混凝土外墙系统					0.15	$Z_2=X_2/Y_2\times0.15$
	轻钢龙骨石膏板隔墙						
	蒸压轻质加气混凝土墙板						
	钢筋陶粒混凝土轻质墙板						
	合计			X_2	Y_2		
内装建筑部品 Z_3	集成式厨房					0.3	$Z_3=X_3/Y_3\times0.3$
	集成式卫生间						
	装配式吊顶						
	楼地面干式铺装						
	装配式墙板（带饰面）						
	装配式栏杆						
	合计			X_3	Y_3		
创新加分项 S	标准化、模块化、集约化设计	标准化的居住户型单元和公共建筑基本功能单元	1%			总计不超过 5%	
		标准化门窗	0.5%				
		设备管线与结构相分离	0.5%				
	绿色建筑技术集成应用	绿色建筑二星	0.5%				
		绿色建筑三星	1%				
	被动式超低能耗技术集成应用		0.5%				
	隔震减震技术集成应用		0.5%				
	以 BIM 为核心的信息化技术集成应用		1%				
	工业化施工技术集成应用	装配式铝合金组合模板	0.5%				
		组合成型钢筋制品	0.5%				
		工地预制围墙（道路板）	0.5%				
	合计						
预制装配率						$Z_1+Z_2+Z_3+S$	

注：如有其他构件可自行增设。

（3）湖南省标

湖南省自 2018 年 6 月 1 日开始执行《湖南省绿色装配式建筑评价标准》DBJ 43T 332-2018，2019 年 8 月 30 日又发布了补充规定。

湖南省绿色装配式建筑评分表　　表 2–12

评价项			评价要求	评价分值	最低分值
主体结构 Q_1（45 分）	柱、支撑、承重墙、延性墙板等竖向构件	A. 采用预制构件	35% ≤比例≤ 80%	15 ~ 25*	20
		B. 采用高精度模板或免拆模板施工工艺	比例≥ 85%	5	
	梁、板、楼梯、阳台、空调板等构件	采用预制构件	70% ≤比例≤ 80%	10 ~ 20*	
围护墙和内隔墙 Q_2（20 分）	非承重围护墙非砌筑		比例≥ 80%	5	10
	外围护墙体集成化	A. 围护墙与保温、隔热、装饰一体化	50% ≤比例≤ 80%	2 ~ 5*	
		B. 围护墙与保温、隔热、窗框一体化	50% ≤比例≤ 80%	1.4 ~ 3.5*	
	内隔墙非砌筑		比例≥ 50%	5	
	内隔墙体集成化	A. 内隔墙与管线、装修一体化	50% ≤比例≤ 80%	2 ~ 5*	
		B. 内隔墙与管线一体化	50% ≤比例≤ 80%	1.4 ~ 3.5*	
装修和设备管线 Q_3（25 分）	全装修		—	6	6
	干式工法的楼面、地面		比例≥ 70%	4	
	集成厨房		70% ≤比例≤ 90%	3 ~ 5*	
	集成卫生间		70% ≤比例≤ 90%	3 ~ 5*	
	管线分离		50% ≤比例≤ 70%	3 ~ 5*	
绿色建筑 Q_4（10 分）	绿色建筑基本要求		满足绿色建筑审查基本要求	4	4
	绿色建筑评价标识		一星≤星级≤三星	2 ~ 6	
加分项 Q_5	BIM 技术应用		设计	1	
			生产	1	
			施工	1	
	采用 EPC 模式		—	2	

注：1. 表中带"*"项的分值采用"内插法"计算，计算结果取小数点后 1 位，后同。

2. 高精度模板或免拆模板施工工艺是指采用铝合金模板、大钢模板或其他材料免拆模板等施工工艺以达到免抹灰的效果且成型构件平整度偏差不应大于 5mm 的竖向构件成型工艺。

（4）浙江省标

浙江省自2019年8月1日起执行《浙江省装配式建筑评价标准》DB33T1165-2019。

浙江省装配式建筑评分表　　表2-13

评价项			评价要求	评价分值	最低分值
主体结构（Q_1）（50分）	柱、支撑、称重墙、延性墙板等竖向构件	应用预制部件	35%≤比例≤80%	20～30*	20
		现场采用高精度模板	70%≤比例≤90%	5～10*	
		现场应用成型钢筋	比例≥70%	4	
	梁、板、楼梯、阳台、空调板等构件		70%≤比例≤80%	10～20*	
围护墙和内隔墙（Q_2）（20分）	非承重围护墙非砌筑		比例≥80%	5	10
	围护墙	墙体与保温隔热、装饰一体化	50%≤比例≤80%	2～5*	
		采用保温隔热与装饰一体化板	比例≥80%	3.5	
		采用墙体与保温隔热一体化	50%≤比例≤80%	1.2～3.0*	
	内隔墙非砌筑		比例≥50%	5	
	内隔墙	采用墙体与管线、装修一体化	50%≤比例≤80%	2～5*	
		采用墙体与管线一体化	50%≤比例≤80%	1.2～3.0*	
装修和设备管线（Q_3）（30分）	全装修		—	6	6
	干式工法楼面		比例≥70%	6	—
	集成厨房		70%≤比例≤90%	3～6*	
	集成卫生间		70%≤比例≤90%	3～6*	
	管线分离	竖向布置管线与墙体分离	50%≤比例≤70%	1～3*	
		水平向布置管线与楼板和湿作业楼面垫层分离	50%≤比例≤70%	1～3*	

（5）河南省标

河南省自2019年7月1日开始执行《河南省装配式建筑评价标准》DBJ41/T222-2019。

河南省装配式建筑评分表　　表2-14

评价项				评价要求	评价分值	最低分值
主体结构Q_1（50分）	q_{1a}	柱、支撑、承重墙、延性墙板等竖向构件	主要采用混凝土材料或钢-混凝土组合材料	35%≤比例≤80%	20～30*	20
			主要采用钢材或木材	—	30	
	q_{1b}	梁、板、楼梯、阳台、空调板等构件		70%≤比例≤80%	10～20*	
围护墙和内隔墙Q_2（20分）	q_{2a}	非承重围护墙非砌筑		比例≥80%	5	10

续表

评价项				评价要求	评价分值	最低分值
围护墙和内隔墙 Q_2（20 分）	q_{2b}	围护墙与保温（隔热）、装饰一体化		50% ≤比例≤ 80%	2 ~ 5*	10
		围护墙与保温（隔热）一体化		50% ≤比例≤ 80%	1.6 ~ 4*	
	q_{2c}	内隔墙非砌筑		比例≥ 50%	5	
	q_{2d}	内隔墙与管线、装修一体化		50% ≤比例≤ 80%	2 ~ 5*	
		内隔墙与管线一体化		50% ≤比例≤ 80%	1.6 ~ 4*	
装修和设备管线 Q_3（30 分）	全装修			—	6	6
	q_{3a}	干式工法的楼面、地面		比例≥ 70%	6	—
	q_{3b}	集成厨房		70% ≤比例≤ 90%	3 ~ 6*	
	q_{3c}	集成卫生间		70% ≤比例≤ 90%	3 ~ 6*	
	q_{3d}	管线分离		50% ≤比例≤ 70%	4 ~ 6*	
提高与创新加分项 T（6 分）	t_1	BIM 技术	BIM 应包括主体结构、外围护和设备管线系统设计的信息，各阶段统一的信息模型	设计	1	—
				设计和生产	1.5	
				设计—生产—施工	2	
	t_2	承包模式	采用 EPC 工程总承包模式	装配式建筑项目	1	
	t_3	技术创新	有自主装配式建筑技术体系	主持编写国家、行业及我省省标	1	
	t_4	超低能耗	超低能耗建筑	符合设计标准要求	1	
	t_5	绿色施工	非预制构件现浇部分采用高精度模板	比例≥ 70%	1	

（6）山东省标

山东省自 2018 年 11 月 1 日起执行《山东省装配式建筑评价标准》DB37 /T 5127－2018。

山东省装配式建筑评分表　　表 2–15

评价项			评价要求	评价分值	最低分值	
主体结构（50 分）	竖向构件（柱、支撑、承重墙、延性墙板等）	1	20% ≤应用比例≤ 80%	15 ~ 30*	—	20
	水平构件（梁、板、楼梯、阳台、空调板等）	2	70% ≤应用比例≤ 80%	10 ~ 20*	10	
围护墙和内隔墙（20 分）	非砌筑（非承重围护墙）	3	应用比例≥ 80%	5	10	
	一体化（围护墙与保温、隔热、装饰）	4	50% ≤应用比例≤ 80%	2 ~ 5*		
	非砌筑（内隔墙）	5	应用比例≥ 50%	5		
	一体化（内隔墙与管线、装修）	6	50% ≤应用比例≤ 80%	2 ~ 5*		

续表

评价项				评价要求	评价分值	最低分值
装修和设备管线（25分）	全装修		7	—	5	5
	装配式装修	干式工法（楼面、地面）	8	应用比例≥ 60%	5	—
		集成厨房	9	70% ≤应用比例≤ 90%	3 ~ 5*	
		集成卫生间	10	70% ≤应用比例≤ 90%	3 ~ 5*	
		管线分离	11	50% ≤应用比例≤ 70%	3 ~ 5*	
标准化设计（3分）	平面布置标准化		12	—	1	—
	预制构件及部品标准化		13		1	
	节点标准化		14		1	
信息化技术（2分）			15	—	2	—

注：1. 高精度模板内设保温材料现浇一次成型的非承重围护墙体，满足无空腔复合保温结构体系要求且应用比例≥ 80% 时，非承重围护墙非砌筑评价项得 2.0 分。
2. 采用高精度砌块拼装内隔墙且应用比例≥ 80% 时，内隔墙非砌筑评价项得 2.0 分。
3. 围护墙、保温、装饰仅实现两者一体化，评价分值区间应为 1.2 ~ 3.0。
4. 内隔墙、管线、装修仅实现两者一体化，评价分值区间应为 1.2 ~ 3.0。
5. 表中带 * 项的分值采用内插法计算，计算结果取小数点后 1 位。

（7）沈阳市标

沈阳市自 2019 年 1 月 1 日起执行《沈阳市装配式建筑装配率计算细则（试行）》（沈建发 [2018]195 号）。

居住建筑装配率评分表　　表 2-16

指标项		指标要求	指标分值	最低分值
主体结构（50分）	柱、支撑、承重墙、延性墙板等竖向构件	35% ≤比例≤ 80%	20 ~ 30*	10
		15% ≤比例≤ 35%	10 ~ 20*	
	板、楼梯、阳台、空调板等水平构件	50% ≤比例≤ 70%	10 ~ 20*	
		30% ≤比例≤ 50%	5 ~ 10*	
围护墙和内隔墙（20分）	非承重围护墙非砌筑	50% ≤比例≤ 80%	2 ~ 5*	5
	围护墙与保温、隔热、装饰一体化	50% ≤比例≤ 80%	2 ~ 5*	
	内隔墙非砌筑	30% ≤比例≤ 50%	2 ~ 5*	
	内隔墙与管线、装修一体化	50% ≤比例≤ 80%	2 ~ 5*	
装修和设备管线（30分）	全装修	—	6	6
	干式工法楼面、地面	50% ≤比例≤ 70%	4 ~ 6*	—
	集成厨房	70% ≤比例≤ 90%	3 ~ 6*	
	集成卫生间	70% ≤比例≤ 90%	3 ~ 6*	
	管线与主体结构分离	50% ≤比例≤ 70%	3 ~ 6*	

续表

指标项		指标要求	指标分值	最低分值
加分项（23 分）	预制混凝土夹心保温外墙板	35% ≤比例≤ 80%	4 ~ 6*	—
		15% ≤比例≤ 35%	2 ~ 4*	
	预制楼板厚度≥ 70mm 应用	30% ≤比例≤ 70%	1 ~ 3*	
	标准化预制构件应用	30% ≤比例≤ 40%	1 ~ 2*	
	结构开间 6m 及以上面积占比	比例≥ 50%	1	
	预制市政、景观构件应用	比例≥ 50%	1	
	预制施工临时道路板应用	比例≥ 50%	1	
	地下室楼板采用叠合楼板或空腔楼盖	比例≥ 50%	1	
	定型装配式模板应用	比例≥ 70%	1	
	BIM 技术应用	按阶段应用	1 ~ 3*	
	信息化管理	按阶段应用	1 ~ 2*	
	EPC 总承包管理模式		2	

2.3 装配式建筑方案的成本分析步骤

通过对比装配式建筑的认定标准、评级标准，我们可以这样总结：装配式建筑，首先是装配式建筑评分表中各个评价项的合理组合。要控制装配式建筑的增量成本，或者往大了说要取得在装配式建筑的成本优势，我们需要使用价值工程，结合项目目标来进行多层次、多方案的技术组合，并进行经济性比较。

针对装配式建筑的成本策划，主要是以下六大选择的技术经济分析和评价过程。每一项选择均需要综合考虑项目财务、销售、进度、质量、成本、安全等各个目标，还要结合项目所在地的市场资源情况（图 2-9）。

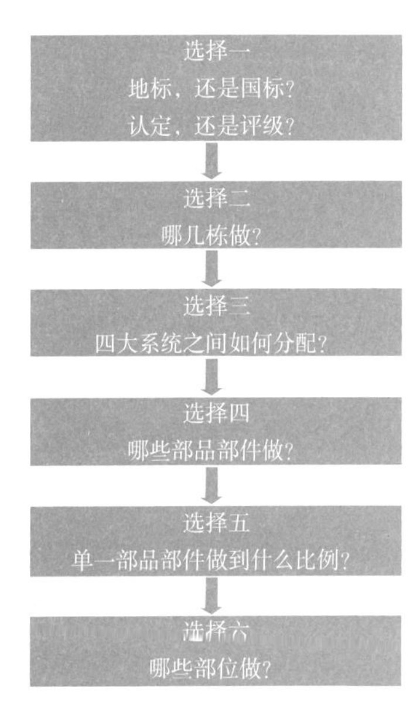

图 2-9　装配式方案的成本分析步骤

1. 是做装配式建筑认定，还是做评级？

即只是做一般的装配式建筑认定评价，还是要在此基础上参加装配式建筑的等级评价；或者说是哪些建筑做认定、哪些参与评级？

如果只做装配式建筑的认定评价，那么这个技术组合和经济评价就相对简单。按《装配式建筑评价标准》GB/T 51129（以下简称《标准》）中第 3.0.3 条规定“装配率不低于 50%”，属于门槛级的强制标准已有 36 分，另外 14 分可以自主选择——竖向结构，如果没有地方强制要求或满足相应的奖励条件，可以首先排除；这 14

分基本上在内外墙与装配式装修之间进行选择。

而如果这个项目要进行装配式建筑的等级评价，以获得国家或地方的奖励。那么，有两点更高的要求：

（1）按《标准》第 5.0.1 条的规定“主体结构竖向构件中预制部品部件的应用比例不低于 35%”，而如果只是认定而不评级则无此要求；

（2）进行装配式建筑等级评价的门槛是装配率 60%，比装配式建筑的认定标准高出 10%。

从长远来看，逐渐提高装配率是趋势，现行的达到 50% 装配率就认定为装配式建筑是过渡性安排，建议企业长远考虑，综合筹划，积极参加装配式建筑评级。

以 2019 年价格信息为基础进行测算，装配式混凝土建筑参加装配式建筑 A 级、AA 级、AAA 级评级，对应的建安成本增量数据估算如表 2-17 所示。

不同等级装配式建筑的建安成本增量概况表（单位：元 /m²）　　表 2–17

评价项	认定	A 级装配式	AA 级装配式	AAA 级装配式
装配率	≥ 50%	≥ 60%	≥ 76%	≥ 91%
成本增量	约 450	约 550	约 650	约 800
递增	—	100	100	150

2. 哪些单体做装配式建筑？

在同一项目中，选择哪些单体建筑做装配式建筑，哪些不做？这一选择主要是针对装配化率指标不是 100% 要求的城市或拿地项目。例如上海从 2016 年起外环内项目装配化率要求 100%，大连核心区从 2018 年 6 月 1 日后拿地的项目对装配化率要求 100% 等，这样的城市或区域就没有这一项选择。

现阶段的经验做法是：

（1）不要影响项目第一期开盘的楼栋和展示区的工程进度。在可以选择的情况下，房地产开发项目要避开首开区，为做装配式预留足够的缓冲时间。在没有装配式项目经验和成熟的团队的情况下，项目的第一期开工、开盘的楼栋不要做装配式建筑，或者争取对第一期项目先只做低预制率，以降低难度、减轻压力。

（2）不要选择标准化程度低、装配难度大的楼栋。在可以选择的情况下，选择楼层高（例如 15 层以上）、户型少（以 10 万 m²2 ~ 3 个户型）、外立面规整、简洁的楼栋。

（3）不要选择场地狭小，构件运输和吊装困难的楼栋。需要结合项目总平图和总体开发计划，复核预制构件的运输和吊装条件，避免出现施工困难导致措施费失控。

（4）尽量选择建筑标准和品质更高的单体建筑来做装配式。例如精装修交付的建筑，精装标准更高的建筑、绿色建筑、被动式低能耗建筑、百年建筑等，这样的建筑更适合做装配式建筑。但管理难度也相对更大。

3. 三大指标项之间如何分配？

装配式建筑的评价指标如何在三大类指标中进行分配？主体结构分配多少？围护墙和内隔墙分配多少？装修和设备管线分配多少？

这一项选择中，基于目前预制构件标准化低、生产成本高的现状，采取"确保装配率、降低预制率"的思路有利于减轻施工难度、降低总体增量成本，结构部分尽量少做，非结构部分尽量多做。从装配代价上来看，非结构部分的装配代价相对小。

在精装项目中，特别是精装由集团统一管控的企业，在策划阶段特别要注意及时组织营销与装配式方案的协调会议。一是争取将矛盾和冲突点及早地暴露出来，前置问题的解决，以避免精装方案定得太晚而制约装配式设计和优化；二是尽可能结合装配式评价标准来策划装修方案，例如实施内隔墙与管线一体化，可以同时获得内隔墙非砌筑和一体化两项得分，成本增量极低。

具体需要结合当地资源和成本情况，计算出各项的装配代价，作为决策的经济性参考。在 2.4.1 节有相关分析和成本测算。

4. 选择哪些部品部件做装配？

在满足当地评价指标中最低限值要求，一般按照以下先后顺序进行选择：

（1）优先做创新和加分项。

创新加分项，在这里指各地方在国标基础上因地制宜增加的评分项，一般都有得分上限。创新加分项，一般都可纳入建筑工业化的范畴。有的城市是在国标评价表的后面增加了"其他项"、"创新加分项"（表 2-11 江苏省、表 2-15 山东省），有的城市是直接融入了评价标准的三大项中（表 2-12 湖南省、表 2-13 浙江省、表 2-16 沈阳市），有的城市是单独出了补充说明文件。

例如在江苏省的预制装配率指标政策下，创新加分项一般都是对工程影响极小，且因其权重是 1，单位增量成本相对于结构装配成本来讲较低。因而，一般应优先多应用、多拿分。虽然对工程影响小，但实施中需要提前考虑，难度较大。例如江苏省的加分项中的"装配式临时围墙"，如果要采用，需要在拿地后做工地围墙时就要考虑使用预制围墙而不是传统的围墙方式。

需要注意的是，在河南省的评价标准中有例外——评价标准的条文解释："只有满足装配式建筑的基本评价要求时，才统计提高与创新加分项得分值。"即在装配式建筑评级时才能使用创新加分项。各地创新和加分项见表 2-18。

各地创新和加分项一览表　　表 2-18

序号	创新和加分项	说明
1	EPC 总承包	有助于降低装配式成本增量
2	以 BIM 为核心的信息化技术集成应用	有助于降低装配式成本增量

续表

序号	创新和加分项	说明
3	标准化的居住户型单元和公共建筑基本功能单元	设计容易做到，有助于降低装配式成本增量
4	标准化门窗	设计容易做到，有助于降低装配式成本增量
5	绿色建筑	有相应的绿色建筑成本增量
6	被动式超低能耗技术集成应用	结合被动房项目使用
7	隔震减震技术集成应用	应用案例较少
8	装配式铝合金组合模板	在高层建筑中有助于实现免抹灰和降低成本增量
9	组合成型钢筋制品	桁架钢筋一般属于此项
10	工地预制围墙	成本低于传统砖砌围墙
11	预制市政、景观构件的应用	预制围墙（案例 6）、井盖、景观小品等

（2）优先考虑能拿奖励的部品部件。

对有奖励政策的构件进行技术经济分析，优先考虑。例如南通海安的外墙预制构件不计算建筑容积率，最多可以获得 3% 的容积率奖励，如果住宅销售均价在 10000 元 /m^2 左右，则相当于最多可以获得 300 元 /m^2 以内的奖励。

（3）优先做非预制构件。

例如结合全装房或成品房来多做内装部品，具有工程影响小、增量成本低的优势；而内外围护墙体采用 ALC 条板的增量成本相对预制构件低，且有利于提高工程进度和工程质量。

（4）不得以才做预制构件。

图 2-10　立体异形构件一

图 2-11　立体异形构件二

在非做不可的情况下才考虑预制构件，且在预制构件范围内，优先考虑施工难度小、进度影响小、装配代价小的构件。外立面构件难于室内构件，竖向构件难于水平构件，功能多的构件难于功能单一的构件；三维构件难于平面构件。但这些经验总结并非绝对的，即使再难的构件，只要有足够多的重复数量，成本一样低，例如楼梯。

立体异形构件外形复杂、模具消耗量大、生产难度大、运输效率低、安装效率低、综合成本高。如图 2-10、图 2-11 所示。

平板构件的外形简单、模具消耗量小、生产难度小、运输效率高、安装效率高、综合成本低。如图 2-12、图 2-13 所示。

优先对哪一类部品部件进行装配，受多因素影响，例如市场资源是否有、技术上是否可实施、经济上是否可以承受等，此外还要结合项目所适用的装配考核指标、技术体系、奖励政策，以及是否采用外立面装饰一体化技术来提升项目质量和档次等多因素综合考虑。

图 2-12　平板构件一

图 2-13　平板构件二

（5）单一部品部件选择什么体系？做到什么比例？

在部品部件层面，进行体系和比例的选择与平衡。例如楼板，可以选择的结构方案至少有以下 6 种（表 2-19）。

楼板结构方案　　表 2-19

序号	楼板的结构方案	应用案例
1	现浇板	绿地重固大开间住宅项目
2	桁架钢筋叠合板	在装配式建筑中普遍使用
3	钢筋桁架楼承板（图 2-14、图 2-15）	上海瑞安翠湖三期住宅
4	预应力混凝土钢管桁架叠合板（万斯达 PK 板）	淄博万科翡翠书苑
5	叠合预应力空心楼板（SP 板）	上海佘北家园榆叶苑
6	预应力双 T 板叠合板（双 T 板）	上海颛桥万达广场、上海李尔亚洲总部大楼、上海临港重装备产业园

关于上述方案对应的成本情况，理论上讲预应力预制构件的成本普遍低于非预应力，但需要用到适合它的项目中才能发挥经济价值，预应力构件的优势是可以大跨度、无支撑，标准化生产、效率高、成本低。例如双 T 板，对于跨度大、层高较高的公建项目较适合；SP 板，对于大开间住宅项目比较适合，用在小开间住宅就发挥不了优势，反而会因板较厚而增加成本（图 2-16 ~ 图 2-19）。

上述 6 个方案，单一从成本角度来看，在传统的住宅项目中现浇板方案是最经济的；而在水平板应用装配式的要求下，我们有四个选项，现阶段我们普遍选择的是钢筋桁架叠合板方案，因为大多是住宅项目、开间不大；方案 4“预应力混凝土钢管桁架叠合板”是山东万斯达的专利产品，字面即可见差异，一是施加了预应力，最小板厚 35mm，二是钢筋桁架改成了钢管桁架，省混凝土、省钢筋、还

图 2-14　钢筋桁架楼承板施工现场

图 2-15　钢筋桁架楼承板施工现场

图 2-16　上海城建建设实业集团大开间住宅样板楼

图 2-17　上海城建建设实业集团生产线

图 2-18　上海颛桥万达广场双 T 板施工现场

图 2-19　双 T 板预制构件

提高强度和应用跨度、减轻自重，据企业介绍相对于钢筋桁架叠合板可以降低成本 40 元 /m^2 以上，可以免支撑或省去大部分支撑费用。

而 SP 和双 T 板，则多用于大跨度项目，如民用建筑中的商业广场、写字楼等。上海颛桥万达广场，在设计前期由上海天华 PC 团队对双 T 叠合板和钢筋桁架叠合板 + 次梁两种预制方案进行了经济性对比，结果表明在同样的楼盖面积下，双 T 板方案的每平方米造价比钢筋桁架叠合板低 15% 左右，避免了现浇结构的高支模成本，同时构件总数大幅减少，没有叠合次梁顶筋和主次梁节点的安装作业，施工效率高（图 2-18、图 2-19）。

（6）哪些部位做 PC？

在同一构件或部品部件上进行楼层、部位等具体位置的选择。这里主要是在满足规范限制条件的前提下考虑方便生产、运输、安装和成本因素。

> 《装配式混凝土建筑技术标准》GB/T 51231
>
> 5.1.7 高层建筑装配整体式混凝土结构应符合下列规定：
>
> 1 当设置地下室时，宜采用现浇混凝土；
>
> 2 剪力墙结构和部分框支剪力墙结构底部加强部位宜采用现浇混凝土；
>
> 3 框架结构的首层柱宜采用现浇混凝土；
>
> 4 当底部加强部位的剪力墙、框架结构的首层柱采用预制混凝土时，应采取可靠技术措施。

1）竖向部位的选择

要点一：优先选择标准层，避免选择非标层、屋顶层。

在《装配式建筑成本管理》2.0 版中，崔强先生对于不同业态、不同预制率下 PC 起始楼层有这样的归纳，详见表 2-20。

不同业态、不同 PC 率下的施工起始楼层　　表 2-20

业态	15%	30%	40%
叠加别墅	一层	一层	一层
洋房	标准层	二层	一层
高层	标准层	标准层	标准层

①叠加别墅：

因为本身施工层数较低，一般在四层左右，PC 指标难以均衡，因此无论 PC 率是 15%、30%、40% 均需从一层开始施工。很难优化。

②多层洋房：

多层洋房如有标准层，在 15% 的 PC 率下可考虑标准层施工，30%PC 率下可考虑二层以上开始施工，40%PC 率下指标难以平衡只能从一层开始施工。

③高层公寓：

因层数高，且标准层数量多，指标容易平衡，因此无论 PC 率是 15%、30%、40% 均可考虑从标准层开始施工。

上述经验总结是一般性做法，需要结构项目特点和需要进行调整，同时新技术的出现也在逐渐解决规范的限制。例如在底层有规范限制一般不会预制竖向承重构件，但模壳体系（图 3-20）的出现，解决了这一问题，底层也可以做装配式，且成本增量较少。

要点二：从顶层往底层进行选择。

为了给前期的 PC 设计和生产争取更多时间进行缓冲和优化，选择构件楼层时从顶层往底层进行选择。这里会面临一个进度与成本的平衡问题，在相同的预制体积下，一般会有以下两种方案，需要根据项目需求进行选择（表 2-21）。

构件预制楼层选择的方案对比　　表 2-21

方案	方案 1	方案 2
举例	预制楼层为 2 ~ 25 层 预制的层数比较多，24 层	预制楼层为 4 ~ 25 层 预制的层数比较少，22 层
设计	构件种类比较少	构件种类相对多
进度	2 层以前构件必须到场 留给前期准备的时间 比较紧张	4 层以前构件必须到场 留给前期准备的时间 比较宽松
成本	模具套数相对少 成本低	模具套数相对多 成本高

同时，还要区别不同的构件进行预制楼层选择上的区别对待。水平构件，一般从

1层开始做PC，例如楼梯、楼板、阳台等；竖向构件，一般从标准层开始进行做PC。

2）横向部位的选择

在建筑物横向，在各个方向的外立面中，优先选择造型简单的外立面，避免选择复杂的外立面。例如侧立面、背立面的立面一般比较规整和简洁；而正立面因建筑效果的需要一般造型相对复杂、用材相对高档，预制构件的成本增量一般相对较大，施工难度也较大。

3）在每个平面或立面构件选择时，尽量不选择非标构件、异形构件。

面对上述6大选择，至少需要考虑以下3个因素后进行综合分析：

①各项选择在项目本身、规范本身上的限制条件。

例如，SP板、双T板、PK板等预应力构件的生产企业目前还比较少，即使是适合用可能也会因距离远而难以实现或运输时间太长、成本太高；土地合同中对开发项目的装配化率规定100%，那么在楼栋上就没得选，避开首开区的策略就用不上；某些项目是特殊项目、地标项目，外立面造型复杂，如果用现浇反而难度更大、成本更高，这种情况下可能预制构件更适宜。

②结合奖励政策来测算相应的成本投入和其他负面影响。

如果相应的投入和产出对项目有利，对装配式的发展有利，就需要优先考虑满足奖励政策，甚至争取奖励政策。

例如，上海很多项目都在满足规定之外积极实施了外墙保温一体化预制，获得3%以内的容积率奖励，按上海的销售均价粗算即可获得1500元/m^2以上的奖励，远超过应用该技术而产生的成本增量，甚至远超过整个装配式的成本增量。以奖励3%容积率计算，只要销售价格在16000元/m^2左右，奖励面积的收益即可覆盖480元/m^2的成本增量。

③需要考虑各方案对应的工期、质量、成本、营销、财务等方面的影响和约束。

例如，上述每一次、每一个选项，都对应着不同的成本影响，或增量、或减量，在目前的大部分情况下是增量。总体的成本控制思路是越前端的选择越重要；在当下现场施工的人工成本还不算很高的情况下，一是在满足单体建筑装配率的情况下尽可能做低预制率；二是在预制率一定的前提下尽量选择平面构件，避开三维立体构件。

2.4 基于性价比的装配式方案评价指标

装配式建筑的各项方案分析和优化，都要同时进行技术性和经济性两项分析，在成本对比的同时，更要评估各个方案对工程进度、质量、安全、使用与维护等多方面的利弊，做综合目标的风险分析和平衡，避免因小利而出大问题。

以下介绍经济性分析的评价指标和应用案例。

2.4.1　装配代价和性价比

1. 装配代价的概念和计算式

装配代价，即依据装配式建筑评分表，每拿 1 分，各个部品部件所分别需要支付的成本增量，单位：元 / (m^2 · 分)。

装配代价的计算，涉及两个因素，如图 2-20 所示。

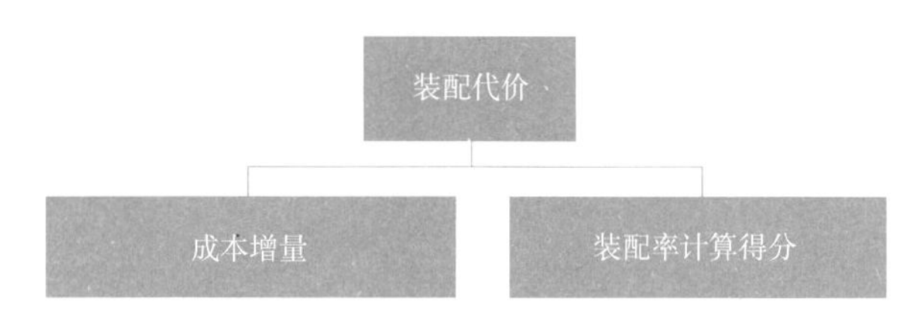

图 2-20　装配代价的两个因素

装配代价的计算式为：

$$\text{装配代价}=\frac{\text{成本增量（部品部件装配后的平米成本增量）}}{\text{按评价标准所获得的相对分值}}$$

装配代价与成本增量的关系是：成本增量，是绝对值；装配代价，是相对值。

装配代价与价值工程的关系是：装配代价的倒数，即是价值工程中的性价比，计算式如下：

$$\text{装配性价比}=\text{价值}=\frac{\text{功能}}{\text{成本}}=\frac{\text{按评价标准所获得的相对分值}}{\text{成本增量}}$$

2. 装配代价的计算案例

以国标为例，以表 1-9 中某项目成本增量测算数据为基础，计算该项目的装配代价如图 2-21 所示。该项目的竖向构件每拿到 1 分需要支出成本增量为 9.5 元 /m^2，水平构件相对于竖向构件低 19%。

计算过程如表 2-22 所示。

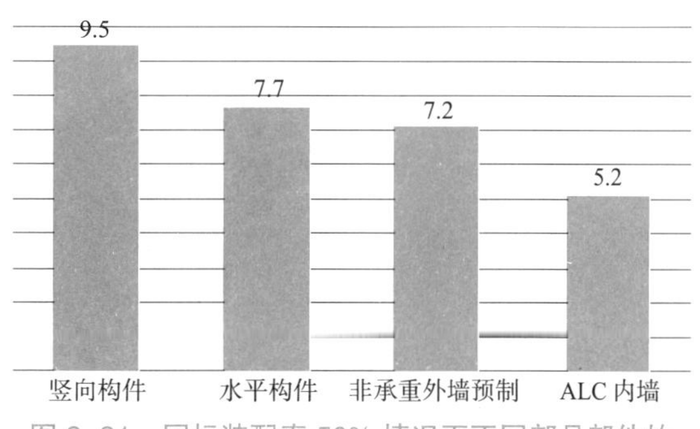

图 2-21　国标装配率 50% 情况下不同部品部件的装配代价

某项目装配代价计算表　　表 2-22

序号	费用项目	成本增量（元 /m²）	装配率得分	装配代价 [元 /（m²·分）]	性价比 [分 /(元·m²)]
1	主体结构	297	34 分	8.7	0.11
1.1	竖向构件	189	20 分	9.5	0.11
1.2	水平构件	108	14 分	7.7	0.13
2	围护墙和内隔墙	62	10 分	6.2	0.16
2.1	非承重外墙	36	5 分	7.2	0.14
2.2	ALC 内墙	26	5 分	5.2	0.19
3	装修和设备管线	—	6 分		
3.1	全装修	—	6 分		
3.2	设备管线	—	0 分		
合计		359	50 分	7.2	0.14

注：表 2-22 中装配率得分为相对得分，说明详 2.2.2 之计算装配率的要点 2。

其他部品部件也可以按此方法分析其“装配代价”。例如干式工法，如果装修设计为实木或复合地板，属于干式工法，基本没有成本增量，装配代价 =0。受限于技术难度和市场资源，类似这样的分项做得并不多，随着市场逐渐成熟，这些领域将为装配式建筑降本增效发挥更大作用。

在上述计算表中之所以没有分析精装修，一是因为精装修是装配式建筑评价的强制项，二是精装修是否有成本增量的评价所受影响因素较多。理论上来讲，做精装与不做精装没有绝对意义上的成本增量。但目前在两种情况下确实会产生成本增量，一是由于做精装会增加了工程投资、会延长工期，从而产生财务成本和管理成本的增量；二是由于做精装后，如果不能相应上调销售单价，会导致实际上产生了成本增量。

2.4.2　不同部品部件的成本增量分析

这里对常用的预制构件进行了计算和分析（图 2-22）。

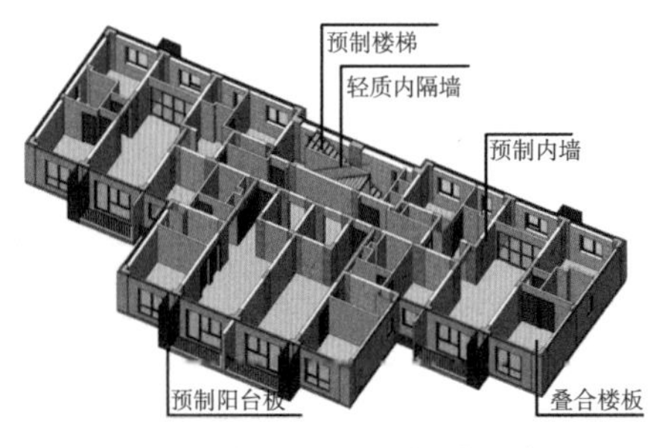

图 2-22　标准层预制构件示意图

计算某个部品部件的成本增量，涉及两个因素（图 2-23）。

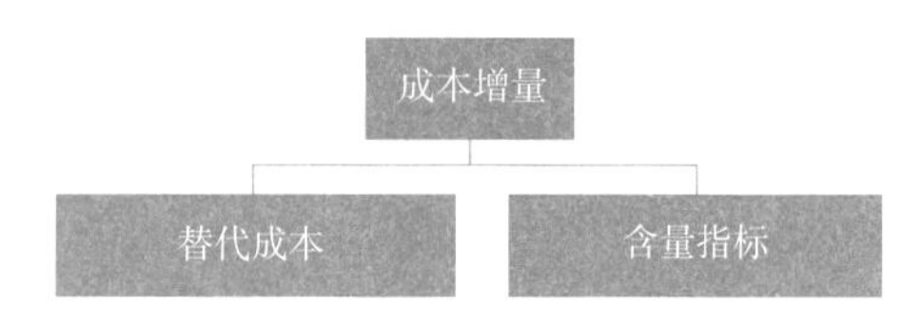

图 2-23　成本增量的两个因素

（1）部品部件的替代成本

替代成本是某一部品部件在装配后的总成本与传统方式的总成本之差，一般以实物单价表示，例如混凝土构件、轻质隔墙板等以体积单价表示。计算方式如下：

$$部品部件的替代成本=\frac{预制后综合成本-传统方式的综合成本}{传统方式的构件体积}$$

替代成本与成本增量的关系是，替代成本是绝对值，成本增量是相对值，成本增量是替代成本乘以地上建筑面积混凝土含量。

例如表 2-23 中叠合楼板的替代成本 $=\frac{6833948-5209266}{2229}$ =729 元 /m³

本节测算了以下五种部品部件的替代成本，如图 2-24、表 2-23。

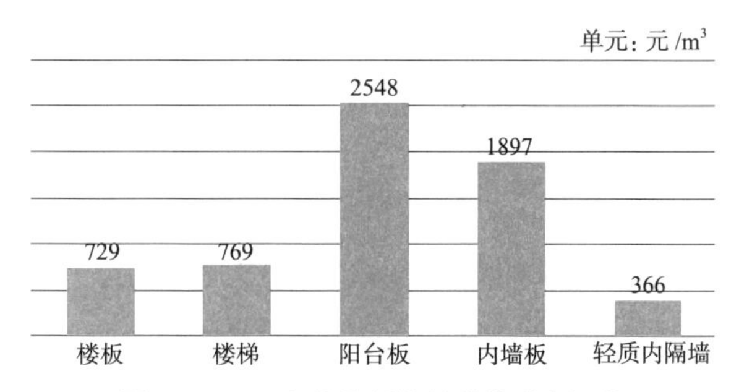

图 2-24　五大部品部件的替代成本汇总

五大部品部件的替代成本汇总表　　表 2-23

构件名称	单位	楼板	楼梯	阳台板	内墙板	轻质隔墙
传统设计	元 /m³	2337	3248	2073	2253	1114
装配式设计	元 /m³	2635	4017	4620	4150	1523
替代成本	元 /m³	729	769	2548	1897	366
增量比例	—	13%	24%	123%	84%	39%

续表

构件名称	单位	楼板	楼梯	阳台板	内墙板	轻质隔墙
成本增量	元/m^2	116	3	15	116	19

注意：因装配式前后，体积工程量有差异，因此替代成本不是综合单价差，而是总价差除以原设计的工程量，详见后面的各构件计算表格。

上述仅是部品部件在立方米体积成本这一单一维度的增量，在选择中还要结合当地的装配率计算规则，以性价比（或装配代价）来进行优先排序。

（2）含量指标

含量指标，即某部品部件的实物工程量按地上建筑面积摊分所得到的平米含量指标。

例如某项目楼板的混凝土含量为 $0.116m^3/m^2$（表 2-24）。注意此处的混凝土含量是原设计现浇结构的混凝土含量，不是装配式拆分设计之后的混凝土含量。

某项目混凝土构件的含量指标　　表 2-24

构件类型	楼梯	楼板	阳台板	外墙	内墙	梁	其他（含二次结构）	合计
混凝土（m^3/m^2）	0.004	0.116	0.006	0.060	0.061	0.043	0.033	0.32
比重	1%	36%	2%	19%	19%	13%	10%	100%

注：表中数据来源于本书【案例 2】。

（3）成本增量

某部品部件的成本增量 = 该部品部件替代成本 × 地上建筑面积含量，例如下面应用面积比例为 70% 的叠合楼板：

该项目楼板预制的成本增量为：

成本增量 = 729 元 /m^3 × $0.11m^3/m^2$=80 元 /m^2。

以下分别介绍这 5 个部品部件的替代成本测算过程，在案例 2 中另有针对具体案例的成本测算分析。

1. 叠合楼板

应用叠合楼板，现场施工可以大幅减少室内脚手架，提供更多的工作面；质量精度高，可以免抹灰，减少现场湿作业，解决了传统施工中顶棚表面不平整、抹灰后易空鼓开裂的质量通病，节省了二次抹面的工序，缩短了主体结构的施工工期（图 2-25）。

图 2-25　桁架钢筋叠合楼板（双向板）

在楼板的预制比例为 70% 投影面积、楼板厚度由原 100mm 预制后变为 120mm 时，现浇楼板改成桁架筋叠合板（以双向板为例）的替代成本是：按原现浇混凝土体积计算为 729 元 /m³（表 2-25）。

楼板的替代成本测算表　　表 2-25

序号	部位	单位	装配式构件（全部）			传统施工（全部）		
			工程量	单价	合价	工程量	单价	合价
	楼板	m^3	2594	2635	6833948	2229	2337	5209266
1	PC 构件	m^3	834	3983	3322579			
2	现浇钢筋	t	161	6386	1031211	217	6200	1346950
3	现浇混凝土	m^3	1759	755	1328367	2229	733	1633628
4	现浇模板	m^2	7217	67	483185	22287	65	1448647
5	脚手架或支撑	m^2	22287	15	334303	22287	25	557172
6	板底薄抹灰	m^2	22287	10	222869	22287	10	222869
7	结构自重增加	m^2	22287	5	111434			
分析	差异	m^3	365	298	1624682			
	折合投影面积	m^2	22287	73	1624682			
	折合预制体积	m^3	834	1948	1624682			

按体积计算时的分母是原设计的现浇楼板体积，而不是预制后的“现浇 + 预制”体积，原因在于预制后的总体积是一个变数，可能多于原体积，也可能等于原体积，按原现浇设计体积进行衡量相对比较稳定。

2. 楼梯

楼梯是标准化程度最高的构件。

预制楼梯，由于在工厂室内生产和使用反打技术，免除了现场支模困难、制作工艺复杂等问题，将防滑条、滴水线等二次装饰内容在工厂内一次性完成，且构件的平整度高、观感度好，减少现场找平层抹灰湿作业。减少现场模板和钢筋、混凝土浇筑的施工时间，增加了施工通道（图 2-26）。

即楼梯的替代成本约 769 元 /m³。计算明细详见表 2-26。

图 2-26　预制楼梯（板式）

楼梯的替代成本测算表　　表 2–26

序号	部位	单位	装配式构件（单块）			传统施工（单块）		
			工程量	单价	合价	工程量	单价	合价
楼梯		m^3	0.676	4017	2715	0.676	3248	2196
1	PC 构件	m^3	0.676	4017	2715			
2	现浇钢筋	t				0.098	6200	608
3	现浇混凝土	m^3				0.676	733	496
4	现浇模板	m^2				6.104	65	397
5	脚手架	m^2				12.000	25	300
6	面层抹灰	m^2	0	0	0	13.200	30	396
分析	折合预制体积	m^3	0.676	769	520			
	折合投影面积	m^2	5.000	104	520			

3. 阳台板

复杂构件转移至工厂提前制作，有利于减少现场施工量和降低施工难度，提高工程质量，符合装配式的理念。构件生产时可以自带滴水线，有效地解决了传统工艺的渗漏问题。但造型复杂，在重复率不高的情况下成本增加较多（图 2-27）。

图 2–27　预制阳台（梁板式）

即阳台的替代成本为 2548 元 /m^3，计算明细详见表 2-27。

阳台的替代成本测算表　　表 2–27

序号	部位	单位	PC 构件（单块）			传统施工（单块）		
			工程量	单价	合价	工程量	单价	合价
阳台（梁板式）		m^3	1.259	4620	5815	1.259	2073	2609
1	PC 构件	m^3	1.259	4379	5512			
2	现浇钢筋	t				0.115	6200	713

续表

序号	部位	单位	PC 构件（单块）			传统施工（单块）		
			工程量	单价	合价	工程量	单价	合价
3	现浇混凝土	m^3				1.259	733	923
4	现浇模板	m^2				8.500	70	595
5	脚手架或支撑	m^2	6.200	25	155	6.200	25	155
6	抹灰	m^2	7.438	20	149	7.438	30	223
分析	折合投影面积	m^2	6.200	517	3207			
	折合预制体积	m^3	1.259	2548	3207			

小结：

对楼板、楼梯、阳台这 3 个水平构件的替代成本进行汇总，如图 2-28、图 2-29 所示。

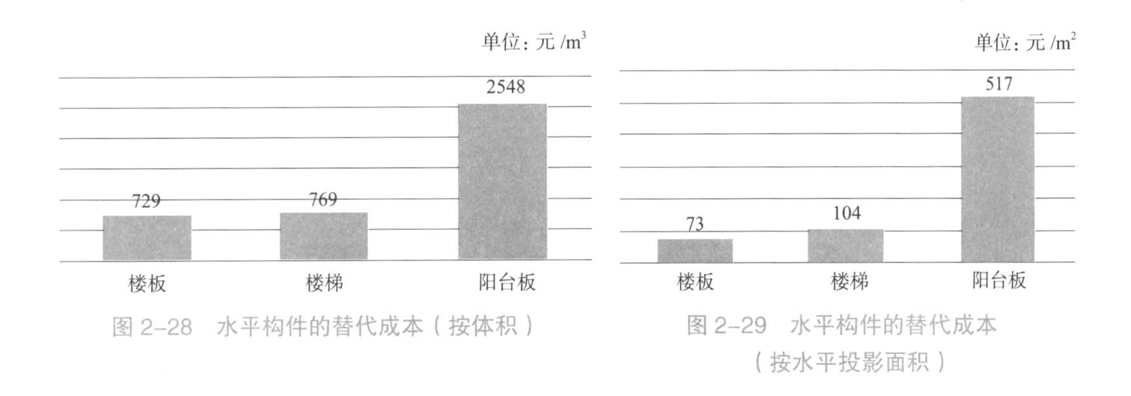

图 2–28　水平构件的替代成本（按体积）

图 2–29　水平构件的替代成本（按水平投影面积）

4. 内墙板（整块板）

内墙板相对于外墙板，因不涉及外立面和保温做法，预制生产和施工相对容易（图 2-30）。

图 2–30　预制内墙板

钢筋混凝土内墙板的替代成本为 1897 元 /m^3。计算明细详见表 2-28。

内墙板的替代成本测算表　　表 2-28

序号	部位	单位	装配式构件（单块）			传统施工（单块）		
			工程量	单价	合价	工程量	单价	合价
内墙		m^3	1.320	4150	5478	1.320	2253	2974
1	PC 构件	m^3	1.320	4000	5280			
2	现浇钢筋	t		6386	0	0.132	6200	818
3	现混凝土	m^3		755	0	1.320	733	968
4	现浇模板	m^2		67	0	13.200	65	858
5	脚手架或支撑	m^2		15	0		25	0
6	抹灰	m^2	13	15	198	13	25	330
分析	差异	m^3	0.000	1897	2504			
	折合预制体积	m^3	1.320	1897	2504			

5. 内隔墙

轻质隔墙条板是内隔墙非砌筑的墙体材料之一（图 2-31、图 2-32）。

图 2-31　内隔墙非砌筑

图 2-32　空心条板

轻质内隔墙的替代成本为 366 元 /m^3。计算明细详见表 2-29。

轻质隔墙板的装配代价测算表　　表 2-29

序号	部位	单位	轻质隔墙板（某单体）			传统施工（某单体）		
			工程量	综合单价	合价	工程量	综合单价	合价
轻质内隔墙		m^3	2152	1523	3276805	2213	1114	2465958
1	200 厚	m^3	1600	1300	2079506	1088	500	544209
2	100 厚	m^3	552	1400	773249	395	500	197302

续表

序号	部位	单位	轻质隔墙板（某单体）			传统施工（某单体）		
			工程量	综合单价	合价	工程量	综合单价	合价
3	构造柱和圈梁	m^3	0	0	0	730	1200	876348
4	找平层抹灰	m^2	28270	15	424050	28270	30	848100
分析	折合投影面积	m^2	14135	57	810847			
	折合预制体积	m^3	2213	366	810847			

需要注意的是，轻质隔墙由传统设计的砌块变为装配式的条板后，部分墙体的厚度变小，导致体积工程量变小约 8%，因而成本增量不是两种材料的体积单价差，而是略有减少。

以下是关于装配式方案策划和成本增量计算案例：

【案例 1】山东省装配率指标的实施方案分析

【案例 2】山东省某住宅项目的预制构件成本增量分析

【案例 1】山东省装配率指标的实施方案分析

2018 年 2 月 1 日，国标《装配式建筑评价标准》GB/T 51129-2017 正式实施，2018 年 11 月 1 日，山东省《装配式建筑评价标准》DB37/T 5127-2018 正式执行，要求装配式建筑的装配率最低 50%（评分表详见表 2-8）。笔者作为济南市房地产业协会建筑节能与产业专委会成员，收集了济南市 2018 年 2 月 1 日至 11 月 1 日期间的近 190 个项目的装配式建筑报审方案，并对其中 25 个典型项目进行数据分析，以期找到目前装配式建筑最优实现方案。

（1）主体结构得分项

按照评价标准的要求，主体结构需要满足最低分 20 分的强制要求，根据我们统计的上述 25 个项目案例，有如下规律：

1）25 个项目中，100% 的项目选择了主体结构水平构件应用比例最大化（图 2-33）。

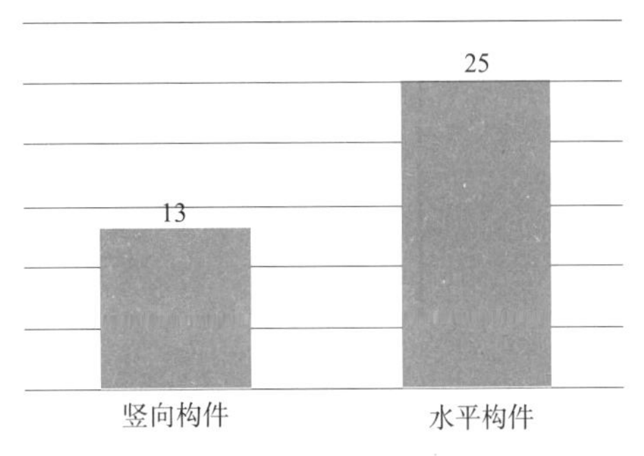

图 2-33　主体结构预制构件选择的数量统计

2）13 个项目在选择主体结构水平构件的同时，也选择了竖向装配式评价项，且应用比例按最低 35% 设计，取得 20 分即可。即 50% 的项目选择了主体结构竖向构件应用比例最小化（图 2-33）。

在装配率评价得分方面，主体结构得分中，61% 的得分来源于水平构件预制，39% 的得分来源于竖向构件（图 2-34）。

开发商优选主体水平构件得分，当无法满足主体结构得 20 分的要求时，才选择最低应用比例的竖向构件，主要原因如下：

1）水平预制构件施工方便，安全性高，不需要额外检测；水平预制构件最容易满足少规格、多组合的标准化设计原则，因而增量成本最少。装配式建筑中，水平预制构件成本增量可以控制在 100 元 /m^2 以内，开发商接受的程度较高，利于大面积的推广；预制水平构件的设计难度不大，有利于装配式建筑不成熟地区的技术推广；与传统的现浇设计理论无异，只是需要根据计算数据进行简单拆分，同时参照图集，可以大大减少设计人员培训、图审等后期的投入。

2）主体竖向构件作为设计、施工、制作安装最复杂的部分，成本增量最高，仅外墙预制部分（含灌浆套筒）的成本增加便高于 200 元 /m^2，远远高于其他部品部件的成本，且外墙预制最容易产生工程质量风险，如外墙渗水、热桥、灌浆不密实等问题。

对于绝大多数开发商而言，不愿意优先用“竖向构件预制”，最希望通过预制水平构件获得 20 分的最低限值要求。那么仅仅通过水平构件预制而获得 20 分是否有可能？下面我们通过两个具体项目的案例进行探讨：

案例一：济南地区，33 层住宅项目，剪力墙结构，底部加强层 4 层（现浇）。单体标准层平面如图 2-35 所示。

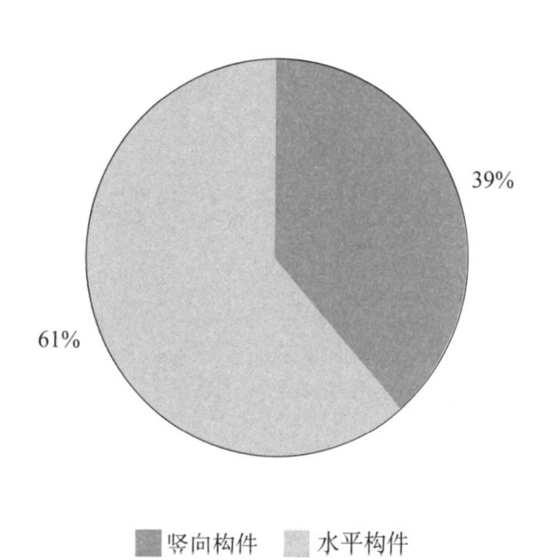

图 2-34　主体结构构件选用得分情况统计

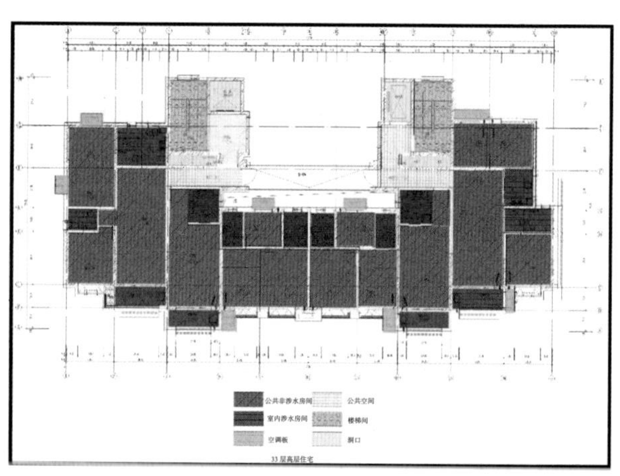

图 2-35　某 33 层住宅标准层平面图

水平构件预制面积如表 2-30 所示。

33 层标准层各功能空间水平预制构件投影面积表　　表 2-30

序号	部分	户内非涉水房间（儿童房、主次卧）	户内非涉水房间（客餐厅）	户内涉水房间面积（厨房、卫生间）	户内涉水房间面积（阳台）	空调板
1	左边户	26.68	27.5	11.24	4.42	2.94
2	左中户	24.54	24.4	7.37	3.74	2.22
3	右中户（镜像）	24.54	24.4	7.37	3.74	2.22
4	右边户	25.91	26.1	8.81	4.42	2.34
户内汇总		101.67	102.4	34.79	16.32	9.72
5	公共空间	47.83	—	—	—	—

注：上述面积均为水平投影面积。

水平构件预制应用比例如表 2-31 所示。

33 层标准层水平构件应用比例统计　　表 2-31

序号	应用部位	应用面积比例	考虑现浇层之后折减应用比例
A	户内非涉水房间 + 楼梯间 + 空调板	75.88%	73.58%
B	A+ 前室	83.66%	81.12%
C	A+ 前室 + 阳台	88.88%	86.19%

案例二：济南地区，18 层住宅项目，剪力墙结构，底部加强层 3 层（现浇），标准层平面图如图 2-36 所示。

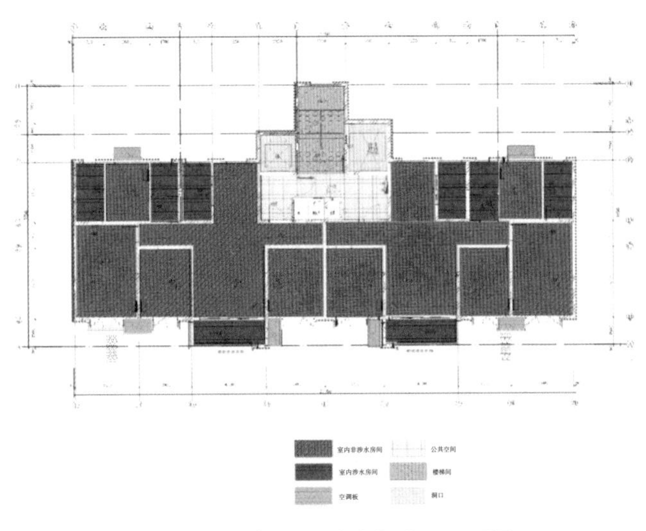

图 2-36　某 18 层住宅标准层平面图

水平构件预制面积如表 2-32、表 2-33 所示。

18 层标准层各功能空间水平预制构件投影面积表　　表 2-32

序号	部位	户内非涉水房间（儿童房、主次卧）	户内非涉水房间（客餐厅面积）	户内涉水房间（厨房、卫生间）	户内涉水房间（阳台）	空调板
1	左边户	47.63	36.4	15.22	5.3	2.1
2	右边户（镜像）	47.63	36.4	15.22	5.3	2.1
户内面积汇总		95.26	72.8	30.44	10.6	4.2
3	公共空间	26				

18 层标准层各功能空间水平预制构件投影面积　　表 2-33

序号	应用部位	应用面积比例	考虑现浇层之后折减应用比例
A	户内非涉水房间 + 楼梯间 + 空调板	71.98%	67.98%
B	A+ 前室	82.85%	78.24%
C	A+ 前室 + 阳台	87.28%	82.35%

分析上述两个案例，可以发现如下规律：

楼层高度越高，水平构件的应用比例得分越高，表现在同一预制水平构件的应用比例 33 层建筑＞ 18 层建筑＞ 10 层建筑；考虑到现浇结构加强层不宜预制的规范要求，要想达到 80%（拿到 20 分的要求）的应用比例要求，难度不小，但不排除能达到的可能性。

小结：

1）主体构件得分项中，按照目前开发商的装配式建筑选择思路，应最大化获得水平预制构件的得分，水平预制构件的得分项选用顺序：楼板＞楼梯＞空调板＞电梯前室＞阳台板。一般不建议选择卫生间、厨房等处的楼板来预制，存在渗水隐患，除非整体沉箱预制和其他措施；也不建议选择入户前室等管线较多的部位，除非管线分离。

2）要想通过水平预制构件获得 20 分的最低要求，应选用高层建筑，且户型面积应较大，否则较难做到水平预制比例 80% 的要求。

3）如果无法通过水平构件获得 20 分，建议优选内部剪力墙进行预制，预制比例满足国标最低要求即可，不建议优先选用外部剪力墙，因为防水、保温构造处理较为复杂，且有隐患。

（2）围护墙与内隔墙得分项

根据上述 25 个项目案例，内隔墙非砌筑共有 25 个项目选用，非承重围护墙非砌筑共有 21 个项目选用，围护墙与保温、装饰一体化仅有 3 个项目选用，内隔墙管线装修一体化仅有 5 个项目选用（图 2-37）。

25 个项目中，围护墙与内隔墙中四个评分项总得分的应用比例，如图 2-38 所示。

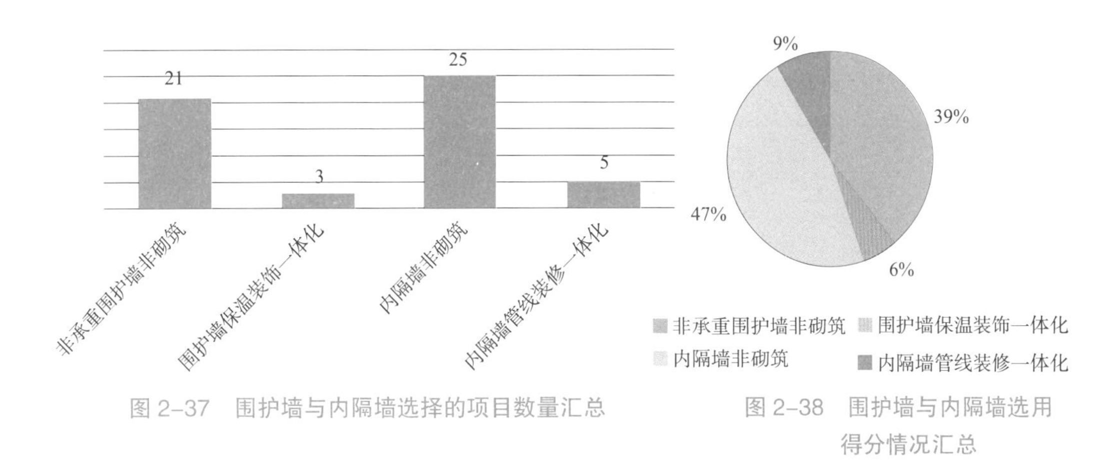

图 2-37　围护墙与内隔墙选择的项目数量汇总

图 2-38　围护墙与内隔墙选用得分情况汇总

由此可见，在围护墙与内隔墙得分项中，开发商优选内隔墙非砌筑＞非承重围护墙非砌筑＞内隔墙管线装修一体化＞围护墙与保温、隔热一体化。

小结：

1）内隔墙非砌筑与非承重围护墙非砌筑得分相对较为容易，市场上产品较为常见，如 ALC 墙板、石膏基空心条板、复合夹心条板等，条板的应用比较成熟且成本增加可控（内外墙条板的成本增量可以控制在 100 元 /m^2 左右）；内隔墙管线装修一体化和围护墙与保温、隔热一体化选项产品较为单一、成本较高，且不太成熟，开发商选择的积极性不高，建议少用。

2）建议在围护墙与内隔墙得分项中获得最低 10 分的要求即可，即采用内隔墙非砌筑与非承重围护墙非砌筑得分。在当地技术力量还不成熟的情况上，暂不建议优先采用或者附加采用内隔墙管线装修一体化和围护墙与保温、隔热一体化得分。同时要注意外墙应用条板在工程案例中有出现质量问题的情况，需要对材料性能和施工进行重点预控。

（3）装修和设备管线分项

全装修属于必选项，此处不再过多解读（图 2-39），装配式装修属于鼓励项，按当地要求执行即可，我们讨论一下其他四项的得分选择。

图 2-39　装配式装修示意图（图片由和能人居科技集团提供）

在上述 25 个案例中，管线分离有 13 个项目选择、集成卫生间和干式工法楼地面的有 10 个项目选择，选择集成厨房的仅有 2 个项目（图 2-40）。

25 个项目中，装修和设备管线中四个评分项总得分的应用比例，如图 2-41 所示。

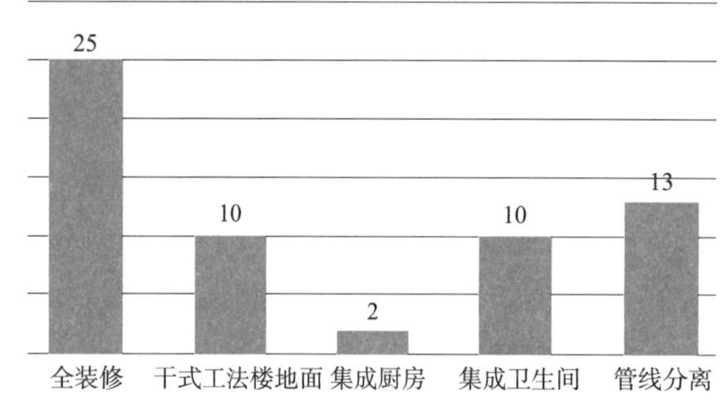

图 2-40　装修和设备管线选择项目数量汇总

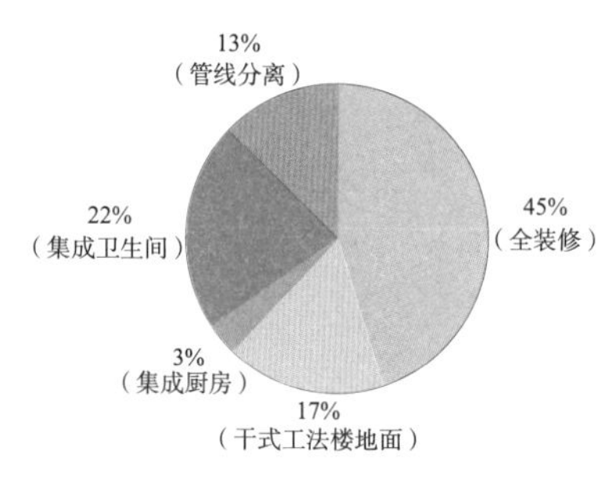

图 2-41　装修和设备管线选用得分情况汇总

由此可见，在装修和设备管线分项中，开发商优选集成卫生间＞干式工法楼地面＞管线分离＞集成厨房。

在住宅项目中，能否仅做户内非涉水房间（应用比例＞ 70%）干式工法楼地面获得全分，我们依然用案例一、二、三的数据统计，如表 2-34 所示。

非涉水房间干式地暖应用比例统计表　　表 2-34

建筑层数	应用比例	
33 层建筑	65%	此处非涉水房间为：主次卧、书房、儿童房、客餐厅
18 层建筑	70%	
10 层建筑	68%	

干式工法楼地面达到 70% 的应用比例是比较难的，但是在大户型的项目中有可能做到，需要单独测算。

另外，《装配式建筑评价标准》GB/T 51129 中，各评分项并非独立存在，而是可以重复得分，比如我们采用干式工法楼地面时，同时可以获得管线分离得分，我们以上述案例一中的户型统计了一下设备管线的长度，如表 2-35 所示。

设备管线的长度统计表　　表 2-35

序号	项目	长度（m）	占比
1	给排水	46.40	2.47%
2	（太阳能）冷暖水	193.56	10.32%
3	地暖管线	909.10	48.48%
4	强电照明	529.16	28.22%

续表

序号	项目	长度（m）	占比
5	弱电	196.92	10.50%
合计		1875.14	100%

设备管线工程量占比分析见图 2-42。

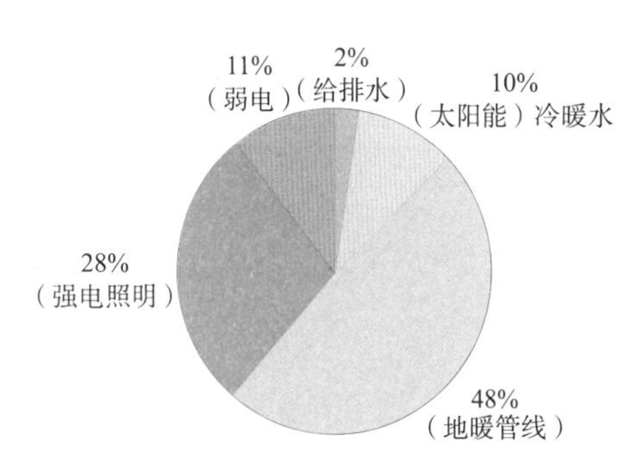

图 2-42　设备管线工程量占比分析

通过表 2-35 可以看到，当采用干式地暖楼地面时，地暖管线的应用比例接近 50%，可以获得管线分离的得分，这也可以解释为什么诸多开发商会优选干式工法楼地面选项。

小结：

1）此项属于开发商乐于拿分的选项，建议可以选择集成卫生间、干式工法楼地面、集成厨房三项拿分。

2）全装修属于必选项，应充分利用全装修一项获得其他分项的得分，比如全装修要求卫生间安装到位，集成卫生间满足全装修要求，且可以获得集成卫生间分项得分。

3）从成本角度而言，集成卫生间的成本增量可以控制在 10 元 /m^2 以内（按单套 8000 元考虑，扣掉原卫生间的防水、吊顶、墙地砖等成本）；根据标杆企业测算，干式楼地面的成本增量可以控制在 30 元 /m^2 以内；在干式楼地面做法的基础上，现实现管线分离的成本增加可以忽略不计。

（4）总结

在现有的技术条件下，满足装配式建筑评价标准的选择方向很多，从成本增量及部品部件成熟度上考虑，探讨实现装配式评价标准的要求非常有意义。

从 25 个项目案例中的数据统计中可以得到开发商对于装配式各部品部件的组合方案（表 2-36）。

各项目对各部品部件的装配式组合方案汇总表　　表 2-36

<table>
<tr><th colspan="2">评价项</th><th>评价分值</th><th colspan="2">最低分值</th><th colspan="2">平均得分</th></tr>
<tr><td rowspan="2">主体结构（50 分）</td><td>竖向构件</td><td>15 ~ 30*</td><td>—</td><td rowspan="2">20</td><td>11.6</td><td rowspan="2">30</td></tr>
<tr><td>水平构件</td><td>10 ~ 20*</td><td>10</td><td>18.4</td></tr>
<tr><td rowspan="4">围护墙和内隔墙（20 分）</td><td colspan="2">非砌筑（非承重围护墙）</td><td>5</td><td rowspan="4">10</td><td>4.2</td><td rowspan="4">11</td></tr>
<tr><td colspan="2">一体化（围护墙与保温、隔热、装饰）</td><td>2 ~ 5*</td><td>0.6</td></tr>
<tr><td colspan="2">非砌筑（内隔墙）</td><td>5</td><td>5.0</td></tr>
<tr><td colspan="2">一体化（内隔墙与管线、装修）</td><td>2 ~ 5*</td><td>0.9</td></tr>
<tr><td rowspan="5">装修和设备管线（25 分）</td><td colspan="2">全装修</td><td>5</td><td>5</td><td>5</td><td rowspan="5">13</td></tr>
<tr><td rowspan="4">装配式装修</td><td>干式工法（楼面、地面）</td><td>5</td><td rowspan="4">—</td><td>2.2</td></tr>
<tr><td>集成厨房</td><td>3 ~ 5*</td><td>0.4</td></tr>
<tr><td>集成卫生间</td><td>3 ~ 5*</td><td>2.8</td></tr>
<tr><td>管线分离</td><td>3 ~ 5*</td><td>1.6</td></tr>
</table>

1）在山东省装配式建筑评价标准的前提下，在主体结构装配上，最大化地实现水平构件得分，最小化地实现竖向构件的得分，有利于控制成本；

2）在围护墙和内隔墙上，最小化实现一体化得分；

通过对已有项目案例的统计分析和总结，在绝大多数开发商选择的装配式建筑方案的基础上，在装配式建筑方案的选择上采取“跟随策略”，并进一步再探索、再优化，有利于减少不必要的试错性成本。

【案例 2】山东省某住宅项目预制构件的成本增量分析

（1）工程概况（表 2-37）

山东省某项目概况表　　表 2-37

工程地点	山东省
拿地时间	2014 年 10 月
完工时间	2018 年 10 月
规划业态	小高层住宅、低密度住宅
用地面积	19.17 万 m^2
建筑面积	30.4 万 m^2 其中：地上 19.14 万 m^2，地下 11.26 万 m^2
价格信息	C30 混凝土材料价格：315 元 /m^3； 钢筋的材料综合价格：2530 元 /t

整个项目分三期开发，如表 2-38 所示。

山东省某项目分期建设概况表 表2-38

序号	分期	地上建筑面积（m^2）	产品名称	是否产业化	建设时间
1	一期	141845	20栋11层小高层	×	
	I标	112872	14栋11层小高层	×	2015.5～2017.4
	II标	28973	6栋11层小高层	√	2017.5～2018.10
2	二期	29835	类独别墅	×	
	I标	13512	类独别墅	×	2015.10～2017.4
	II标	16322	类独别墅	√	2016.6～2017.9
3	三期	19765	双拼别墅	×	2016.4～2017.11
合计		191445			

（2）装配式要求及设计方案

该项目于2014年拿地，根据文件要求，建筑产业化技术建造的建筑面积比例不低于20%，采用建筑产业化技术建造的工程项目建筑单体预制装配率应不低于45%，且采用预制外墙面积不低于外墙总面积的60%。

1）装配化率计算明细（表2-39）

山东省某项目装配化率计算明细表 表2-39

对比项		产业化建造建筑面积比例	项目总的地上建筑面积（m^2）	产业化建造的地上建筑面积（m^2）
装配式建筑比例	政府文件要求	20%	191，681	38，336
	设计实际做到	23.66%	191，445	45，295

备注：产业化建筑面积包括一期II标段28973m^2，二期II标段16322m^2。

2）为了满足整体项目产业化的要求，一期II标段6栋小高层（剪力墙结构）采用2～10层楼梯、2～11层楼板、4～11层外墙采用预制构件，建筑单体预制装配率为50.45%。

依据2014年10月下发的《建筑单体预制装配率计算规则》计算明细详见表2-40。

山东省某项目建筑单体装配率计算明细 表2-40

序号	构件类型	部位	装配率取值系数			应用比例（i）（应用楼层/总层数）	装配率计算值（装配率取值系数×i）
			框架框剪	剪力墙√	框架核心筒		
1	柱		15%		10%		
2	梁		20%		20%		
3	楼（阳台）	2～11层	30%	30%	30%	77.30%	23.19%
4	楼梯	2～10层	5%	5%	5%	100.00%	5.00%

续表

序号	构件类型	部位	装配率取值系数			应用比例（*i*）（应用楼层/总层数）	装配率计算值（装配率取值系数 ×*i*）
			框架框剪	剪力墙√	框架核心筒		
5	外墙（含梁、柱）	4～11层	20%	35%	10%	63.60%	22.26%
6	内墙（含梁、柱）		10%	30%	25%		
7	整体卫生间		10%	10%	10%		
8	整体厨房		15%	15%	15%		
建筑单体预制装配率 *S*=（1+2+3+4+5+6+7+8）							50.45%

各预制构件设计情况见表2-41。

山东省某项目各预制构件的设计情况　　表2-41

序号	构件名称	构件数量	构件种类	重复次数	单构件平均体积（m^3）	总体积（m^3）
1	楼梯	18	1	18	0.7	13
2	楼板	400	20	20	0.4	164
3	外墙板	112	7	16	2.2	250
合计		530	28	19	0.8	427

山东省某项目原现浇设计方案的结构设计指标见表2-42。

山东省某项目原现浇设计方案的结构设计指标　　表2-42

构件类型	楼梯	楼板	阳台板	外墙	内墙	梁	其他（含二次结构）	合计
钢筋（kg/m^2）	0.38	10.09	0.52	8.69	7.51	13.23	1.50	41.92
混凝土（m^3/m^2）	0.004	0.116	0.006	0.060	0.061	0.043	0.033	0.32
模板（m^2/m^2）	0.03	1.03	0.10	0.62	0.74	0.53	0.23	3.28

（3）各构件的增量成本分析

分析楼梯、楼板、外墙3个构件成本增量（表2-43、表2-44）。

山东省某项目剪力墙结构（装配率50.45%）的成本增量汇总表　　表2-43

序	构件名称	现浇结构	产业化结构	成本增量（元/m^2）	装配率得分	装配代价[元/（分·m^2）]
1	楼梯	100mm现浇混凝土	120mm预制楼梯	4	5.00	0.70
2	楼板	平均120mm	平均140mm	50	23.19	2.15

续表

序	构件名称	现浇结构	产业化结构	成本增量（元 /m²）	装配率得分	装配代价［元 /（分 · m²）］
3	外墙	混凝土外墙（200 厚或 160 厚）+ 外保温	200+75+50 夹芯保温	224	22.26	10.05
合计				277	50.45	5.49

山东省某项目预制构件增量成本分析　　表 2–44

序	构件名称	工程量	单价差（元 /m³）			预制构件应用所占比例	成本增量（元 /m²）	假设预制构件应用所占比例均为 100%	成本增量（元 /m²）
			现浇混凝土结构	装配式	单价差				
1	楼梯	13	1692	2625	934	100%	4	100%	4
2	板	163	1172	2750	1577	77%	50	100%	64
3	外墙	205	1668	3585	1917	64%	224	100%	352
小计		382	1457	3195	1737	—	277	—	420

结论：

1）在预制构件应用所占比例相同的情况下，预制构件设计优先选择构件的顺序为①楼梯；②板；③外墙。本项目案例的预制构件应用比例依次是楼梯 100%、板 77%、外墙 64%。

2）各项目经分析得出的增量分析结果可能有所不同，原因很多：①预制构件应用所占的比例；②预制构件单价；③现浇混凝土结构时构件价格；④预制构件混凝土及配筋含量；⑤原现浇混凝土结构设计方案。

3）该住宅项目在单体预制率为 50.45% 时的成本增量预估值为：$4 \times 100\%+64 \times 77\%+352 \times 63.6\%=277$ 元 /m²

山东省某项目装配式设计方案的结构工程量指标　　表 2–45

构件类型		楼梯	楼板	阳台板	外墙（含暗柱）	内墙（含暗柱）	梁	其他（含二次结构）	合计
钢筋（kg/m²）	现浇	0.38	10	0.52	8.69	7.51	13.23	1.50	42
	预制	0.52	12	0.75	10.51	7.51	13.23	1.50	46
	增加	0.14	2	0.23	1.81	0.00	0.00	0.00	4
钢筋（kg/m³）	现浇	93	87	82	145	124	307	46	130
	预制	112	93	110	123	124	307	46	127
	增加	19	6	28	–21	–0	–0	0	–3

续表

构件类型		楼梯	楼板	阳台板	外墙（含暗柱）	内墙（含暗柱）	梁	其他（含二次结构）	合计
混凝土（m^3/m^2）	现浇	0.0041	0.1156	0.0064	0.0602	0.0607	0.0431	0.0328	0.323
	预制	0.0046	0.1294	0.0068	0.0854	0.0608	0.0431	0.0328	0.363
	增加	0.0005	0.0138	0.0005	0.0253	0.0001	0.0000	0.0000	0.040
模板（m^2/m^2）	现浇	0.03	1.03	0.10	0.62	0.74	0.53	0.23	3.28
	预制	0.01	0.46	0.00	0.42	0.74	0.53	0.23	2.39
	增加	−0.02	−0.57	−0.10	−0.20	0.00	0.00	0.00	−0.89

表 2-45 可以作为限额设计调整钢筋、混凝土含量的参考。山东省某项目结构工程量汇总分析表见表 2-46。

山东省某项目结构工程量汇总分析表　　表 2-46

构件名称	楼梯	楼板	内外墙（含暗柱）	梁	其他（含二次结构）	合计
预制体积（m^3）	13	163	205	0	0	382
现浇体积（m^3）	8	461	309	197	150	1125
总体积（m^3）	21	624	514	197	150	1506
预制比例	63%	26%	40%	0%	0%	25%
预制贡献率	3%	43%	54%	0%	0%	100%
地上面积（m^2）	4579	4579	4579	4579	4579	4579
混凝土含量（m^3/m^2）	0.0046	0.1362	0.1123	0.0430	0.0328	0.329

分析过程如下：

1）楼梯

①单方成本差异分析（表 2-47）

楼梯成本增量统计表　　表 2-47

序号	项目内容	单位	工程量	综合单价	合价
1	直形楼梯厚度 100mm 现浇混凝土强度等级：C30	m^3	11.16	590	6583
2	钢筋制作及材料费	kg	1355	3.53	4781
3	楼梯模板	m^2	51	50	2527
4	水泥砂浆楼梯面（含水泥面踏步防滑条）	m^2	51	99	4990
现浇楼梯小计（1+2+3+4）		m^3	11.16	1692	18881
5	预制楼梯混凝土强度等级：C30，120mm 厚	m^3	13.32	2250	29970
6	预制钢筋甲供材料费	kg	1977	2.53	5000

续表

序号	项目内容	单位	工程量	综合单价	合价
预制楼梯小计（5+6）		m^3	13.32	2625	34970

说明：楼梯共 18 个，仅测算斜段部分构件的成本差异，未含休息平台

②成本测算明细（表 2-48）

楼梯成本差异分析　　表 2–48

序号	对比项	现浇结构		PC 结构		差值（PC 结构 – 现浇结构）	
		总量	单方	总量	单方	总量	单方
1	体积（m³）	11.16	0.0024	13.32	0.0029	2.16	0.0005
2	钢筋工程量（kg）	1355	0.3	1977	0.4	622	0.1
3	造价（元）	18881	4.12	34970	7.64	16089	4

注：①测算范围为内 2 ~ 10 层所有与楼梯相关项目，其中预制楼梯为 2 ~ 10 层楼梯；

②原现浇楼梯为 100mm 厚，预制构件楼梯为 120 厚。

③楼梯增量成本的原因分析

a. 预制楼梯单价比现浇楼梯单价高；

b. 混凝土含量增加：预制构件高于现浇构件 20%，增加的原因是原现浇混凝土楼梯为 100mm 厚，产业化楼梯为 120mm。

c. 钢筋含量预制构件高于现浇构件 33%，增加的原因是混凝土含量增加，相应的钢筋含量增加。

d. 预制构件免抹灰，免模板带来的成本减少不能弥补以上三个因素引起的成本增加。

④增量成本控制措施：

a.PC 构件设计优化：原现浇楼梯为 100mm 厚，预制构件楼梯为 120 厚，如果预制楼梯设计仍为 100 厚，混凝土含量不会增加，可减少成本增量。该措施可在设计阶段进行控制。

b. 减少预制构件价格与现浇混凝土构件的单价差异，可以通过提高模具周转次数来降低预制楼梯的生产成本。

2）楼板

①两种建造方式的成本测算（表 2-49）

楼板构件费用分析　　表 2-49

序	项目内容	单位	工程量	综合单价	合价
1	平板混凝土强度等级 C30	m^3	449	458	205487
2	现浇构件钢筋制作及材料费	kg	37874	3.53	133654
3	模板	m^2	3740	50	187000
现浇混凝土板【含钢筋】费用小计（1+2）		m^3	449	1172	526142
4	平板 C30 现浇混凝土板	m^3	351	458	160765
5	现浇混凝土板模板	m^2	857	50	42825
6	现浇构件钢筋制作及材料费	kg	29036	3.53	102466
7	叠合板预制底板	m^3	163	2465	401821
8	预制构件钢筋甲供材料费	kg	18331	2.53	46374
预制楼板小计（4+5+6+7+8）					754250
	其中：预制板【含钢筋】（7+8）	m^3	163	2750	448195

②单方成本差异分析（表 2-50）

楼板成本差异分析　　表 2-50

序号	对比项	现浇结构		PC 结构		差值（PC 结构—现浇结构）	
		总量	单方	总量	单方	总量	单方
1	体积（m³）	448.80	0.098	514.12	0.112	65.32	0.014
2	钢筋工程量（kg）	37874	8.271	47367	10.344	9493	2.073
3	造价（元）	526142	114.89	754250	164.71	228109	50

注：①测算范围为 2 ~ 11 层所有与板相关项目，其中预制板为 2 ~ 11 层板部分构件；

②原现浇混凝土板厚（mm）=100、120、150，平均 120mm；部分改为叠合板后平均 140mm；

③现浇混凝土板底支模板、搭设满堂脚手架，预制构件板底按不支模板、搭设独立支撑考虑。

③楼板增量成本的原因分析：

a. 预制楼板单价比现浇楼梯单价高；

b. 混凝土含量预制构件高于现浇构件；

c. 钢筋含量预制构件高于现浇构件；

d. 预制楼板免模板带来的成本减少不能弥补以上三个因素引起的成本增加。且施工单位因为之前无预制构件施工经验，在施工中叠合部处仍铺设模板，没有实现免模板施工，因此模板的费用没有节省，增加费用约计 30 元 /m^2。

④增量成本控制措施：

a.PC 构件设计优化，详本书【案例 5】；

b. 提前策划，实现该有的减量成本。叠合板处可节省模板和满堂脚手架，否则将增加约 30 元 /m^2。

3）墙

①两种建造方式的成本测算（表 2-51）

剪力墙成本增量分析表　　表 2-51

序号	项目内容	单位	工程量	综合单价	合价
1	现浇混凝土墙 C30 现浇混凝土（160 或 200 厚）	m^3	166	510	84514
2	现浇混凝土墙模板	m^2	1956	50	97793
3	砌体墙（外围护）（160 或 200 厚）	m^3	91	482	43998
4	梁混凝土（外围护）（160 或 200 厚）	m^3	44	480	20909
5	梁混凝土模板（外围护）	m^2	597	50	29850
6	外墙保温（混凝土外墙）：大模内置，含热镀锌网（竖向燕尾槽聚苯板 70 厚；25 厚胶粉聚苯颗粒找平；10 厚抗裂胶浆内配热镀锌电焊网（塑料锚栓双向间距 500 锚固））	m^2	487	146	71163
7	外墙保温（加气混凝土砌块墙）：大模内置，含热镀锌网（竖向燕尾槽聚苯板 70 厚；25 厚胶粉聚苯颗粒找平；10 厚抗裂胶浆内配热镀锌电焊网（塑料锚栓双向间距 500 锚固））	m^2	1137	150	170483
8	现浇构件钢筋制作及材料费	kg	32824	3.53	115833
9	外墙内侧抹灰 内墙抹灰		1817	35	63385
现浇方式小计					697928
现浇混凝土墙构件费用小计（1+2+3+4）		m^3	209	1668	348899
1	现浇混凝土墙 C30 现浇混凝土 200 厚	m^3	77	510	39238
2	现浇混凝土墙模板	m^2	799	50	39932
3	砌体墙	m^3	75	482	35960
4	梁混凝土	m^3	64	480	30643
5	梁混凝土模板（外围护）	m^2	670	50	33500
6	现浇构件钢筋制作及材料费	kg	30031	3.53	105977
7	预制外墙 C30【200 厚预制混凝土内叶板 +75 厚挤塑聚苯板 +50 厚预制混凝土外叶板】	m^3	249	3680	917897
8	预制钢筋甲供材料费	kg	16491	2.53	41719
9	外墙保温:（1）部位：非预制外墙且不与预制连接部位（2）做法：①基层墙体界面处理；② 20 厚 1∶3 水泥砂浆找坡层；③胶粘剂；④ 85 厚 HT 无机保温板；⑤ 6 ～ 8 厚抹面胶浆中间压入热镀锌电焊网	m^2	735	282	207335
10	外墙保温:（1）部位：非预制外墙且与预制连接部位（2）做法：①基层墙体界面处理；② 20 厚 1∶3 水泥砂浆找坡层；③胶粘剂；④ 85 厚 HT 无机保温板；⑤ 6 ～ 9 厚抹面胶浆中间压入热镀锌电焊网	m^2	164	298	48862
11	保温：75 厚挤塑聚苯板 +50 厚预制混凝土外叶板（现浇混凝土外墙处）	m^3	18	3824	69788

续表

序号	项目内容	单位	工程量	综合单价	合价
12	面砖外墙部位（预制外墙面砖墙面做法）：增加8厚抹面胶浆＋热镀锌电焊网【预制大墙面及预制墙窗侧口】	m^2	917	62	57195
13	外墙拼缝：预制外墙横竖缝处理改性硅烷密封胶一道，具体做法如下：8厚改性硅烷密封胶预制墙板处	m	732	45	32960
14	瓷砖外墙拼缝：面砖外墙横竖缝处理增加硅酮密封胶一道，具体做法如下：5厚硅酮密封胶（米黄色）预制墙外面砖处	m	807	31	25012
15	外墙内侧抹灰	m^2	1032	35	36000
16	装配式方式小计（6+7+8+9+10+11+12+13）				1722017
17	其中：预制墙板	m^3	268	3585	959616

②单方成本差异分析（表2-52）

剪力墙成本增量分析表　　表2–52

序	对比项	现浇结构		PC结构		差值（PC结构—现浇结构）	
		总量	单方	总量	单方	总量	单方
1	体积（m^3）	209	0.05	346	0.08	137	0.03
2	钢筋工程量（kg）	32824	7	46522	10	13698	3
3	造价（元）	697928	152	1722017	376	1024088	224

注：①测算范围为4～11层所有与外墙相关项目，其中预制外墙为4～11层外墙部分构件；
②现浇混凝土外墙搭设模板及外架，预制外墙按不支模板、不搭设外架考虑。

③外墙增量成本的原因分析

a.预制外墙单价比现浇单价高；

b.预制构件的混凝土含量高于现浇构件；

c.预制构件的钢筋含量高于现浇构件；

d.施工单位因为之前无预制构件施工经验，在施工过程仍是传统建筑的外架，没有实现节省。

④增量成本控制措施

a.通过优化设计，控制结构含量增加值，通过优化节点做法减少模具用量；

b.在设计优化的基础上还要减少PC构件的变更，如果实际施工图纸较招标图纸PC构件差异较大，会因模具的周转次数变化引起模具费用变化，引起施工的索赔；

c.计算外墙单块构件的最大重量，合理进行塔式起重机型号的选择。

第3章

设计管理

从规划方案做起，我们才有可能通过努力设计一个成本不增加的装配式建筑。

——叶浩文

◆ 导读：本章简要介绍装配式建筑的设计管理层次、管理流程差异及各阶段成本管理要点，分析了在设计中常见的方案对比和结构设计的限额指标差异，并以案例进行辅助分析。

建筑产业化的核心是生产工厂化，生产工厂化的前提是设计标准化。设计管理是装配式建筑项目实施的龙头，对建设项目的成本管理、质量管理、进度管理、安全管理等起到基础性和决定性的作用。

3.1 装配式建筑设计层级和成本影响分析

设计合理，成本才有可能合理。在设计环节，成本管理者的首要任务是判断所在项目的装配式设计管理水平和控制方式，并据此制定与之相适应的成本管理对策。

1. 装配式设计管理的 5 个层级

在住房和城乡建设部住宅产业化促进中心编著的《大力推广装配式必读——技术•标准•成本与效益》中指出，装配式混凝土结构建筑的设计水平和控制方式分为 5 个层级，如图 3-1 所示。

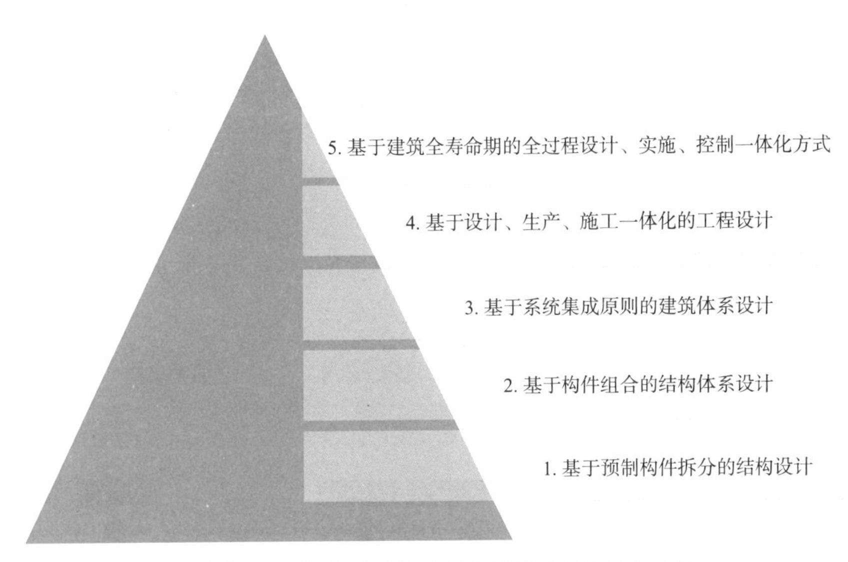

图 3–1　装配式设计水平和控制方式的 5 个层级

第 1 级为基础级，第 5 级为最高层级，这 5 个层级分别对应由大到小的成本管理风险。

2. 5 个层级对成本的影响及对策（表 3–1）

5 个层级的设计水平对比表　　表 3-1

序号	设计的 5 个层级	特点	成本管理风险	对策
1	基于预制构件拆分的结构设计	以符合现行国家标准和政策为目标	（1）风险最大； （2）一般是强拆分、后拆分，被动式设计，成本管理一般是被动甚至失控状态； （3）结构安全和建筑使用可能存在隐患，导致运维成本较高	（1）提前进行招投标，尤其是设计单位的招标； （2）聘请顾问，专家引路
2	基于构件组合的结构体系设计	以满足结构安全、经济合理为目标	一般是局限于结构系统，忽略了另外三大系统的平衡，可能导致成本增量较高	提前进行技术策划和方案对比
3	基于系统集成原则的建筑体系设计	以满足建筑适用性、合理性为目标	一般是局限于设计专业的统筹，忽略了设计之后的生产、施工	（1）提前进行生产和施工的招投标； （2）加强生产、施工与设计的组织协调力度
4	基于设计、生产、施工一体化的工程设计	以满足建造全过程质量、效率为目标	一般局限于建造全过程，忽略了建造之后的使用、拆除和再生	请物业运营管理单位提前介入前期技术策划和设计协同
5	基于建筑全寿命期的全过程设计、实施、控制一体化方式	以满足建筑全寿命期性能、品质、经济性为目标	（1）风险最小； （2）是未来的发展方向，对应于全寿命期成本管理理念	请物业运营管理单位提前介入前期技术策划和设计协同

3.2 装配式建筑设计流程和各阶段成本管理要点

装配式建筑的设计流程较传统现浇建筑要求设计工作更全面、更综合、更精细，装配式设计贯穿于整个设计全过程，较传统建筑设计流程多出了两个节点：技术策划、深化图设计。

装配式建筑的设计管理流程按建设项目的装配化率大小有两种情况：

图 3-2 是项目中的装配式建筑相对比较少，仍以传统设计管理流程为主线。

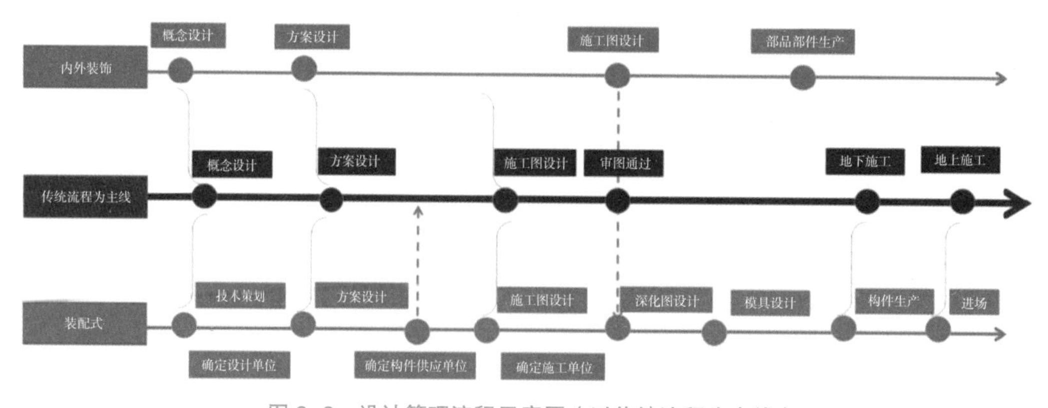

图 3-2　设计管理流程示意图（以传统流程为主线）

图 3-3 是项目中的装配式建筑相对比较多，或全部是装配式建筑，以装配式建筑设计管理流程为主线。

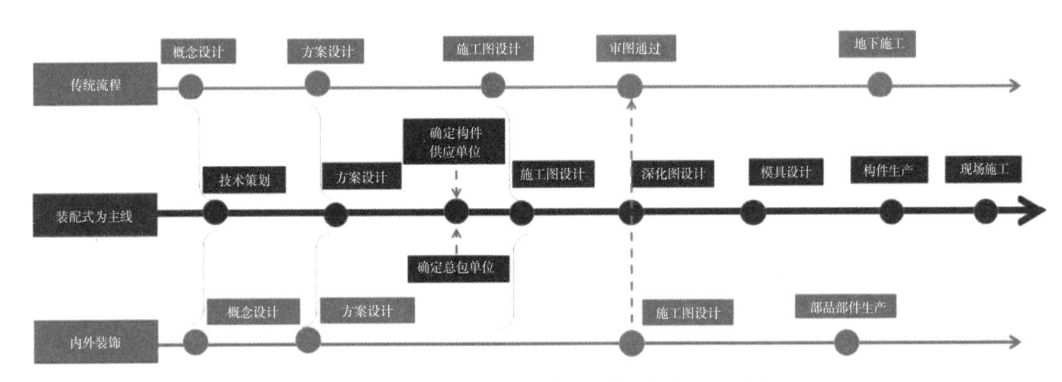

图 3-3　设计管理流程示意图（以装配式流程为主线）

以下从成本角度分述各阶段的管理要点：

1. 技术策划阶段成本管理要点

技术策划阶段奠定了成本管理的方向和基调，是对装配式建筑成本影响最大的阶段，核心工作是做好方案对比分析和决策。详见表 3-2。

技术策划阶段的成本管理要点　　表 3-2

类别	成本管理要点
政策	（1）提前预售的可行性论证； （2）争取政策奖励或补贴的可行性论证； （3）政策奖励或补贴对项目销售利润率的影响分析
技术	（1）装配率或预制率指标的影响分析； （2）装配式建筑的可行性分析； （3）标准化设计的实施方案； （4）结构体系和预制构件的选择； （5）内装体系的标准和方案选择； （6）外围护方案的选择，是否保温一体化，是否装饰一体化等； （7）主要施工措施的选择； （8）复核是否满足项目总体目标的要求
安全	（1）免内架、免外架的可行性论证； （2）地下室顶板用作道路和堆场的可行性论证
质量	（1）装配式各个技术路径的质量风险分析； （2）预制竖向构件的质量风险分析； （3）外立面保温、装饰一体化设计的质量风险分析； （4）生产、施工的可行性分析，是否易建并质量可控
进度	（1）预制方案与当地资源供应的匹配性分析； （2）竖向构件预制对进度的影响分析； （3）外立面构件预制对进度的影响分析； （4）装配式方案对项目建设周期的影响评估

续表

类别	成本管理要点
成本	（1）是否聘请装配式专项咨询单位等； （2）装配式专项设计单位的选择方案、定标时间； （3）户型、套型、标准化构件数量的优化分析； （4）外立面造型的优化分析； （5）装配式策划方案的成本对比分析； （6）当地资源供应的调研和分析； （7）成本增量的动态估算及对目标成本和利润的影响分析

2. 方案设计阶段成本管理要点

方案设计阶段应根据技术策划要点，落实项目批文中对于装配式建筑的规划设计要求。详见表 3-3。

方案设计阶段成本管理要点　　表 3-3

类别	成本管理要点
政策	（1）针对提前预售，重点注意跟进办理预售所需配合事项； （2）针对政策奖励，重点注意跟进相关后续事项，例如建筑面积的重新核算与调整，并相应调整目标成本； （3）配合完成相应的流程和材料等准备工作
技术	（1）装配率或预制率指标的实施方案； （2）标准化设计在建筑平面、立面上的 PC 化实施方案； （3）主要结构构件的设计方案选型，包括是否选择叠合体系、模壳体系、预应力构件等； （4）内装施工方案的选择，普通内装还是装配式内装，是否选择集成式部品部件等； （5）预制构件的部位选择，非标层是否预制、非结构构件是否预制等； （6）主要施工措施的技术方案和优化，是否使用铝模、免外架、免内架等技术体系； （7）复核是否满足技术策划要求
安全	（1）免内架、免外架设计的安全技术措施； （2）地下室顶板用作道路和堆场的安全技术措施
质量	（1）所选用技术路径的质量风险和防范措施，重点关注招标环节的技术要求，例如叠合板密拼缝方案时的防裂措施； （2）有竖向构件预制时，重点关注连接方式的质量风险和防范措施，涉及连接材料、质量检验试验的招采工作； （3）有外立面构件预制时，重点关注外立面接缝处理的质量风险和防范措施，以及相应的成本问题； （4）外保温方案的质量风险分析，重点关注外保温方案与内装或外装方案的协同问题可能导致的质量风险
进度	（1）当地资源供应不能满足预制方案时，需要提前制定招采方案和预留足够的成本费用； （2）有竖向构件预制时，需要关注结构工期的延长可能导致总包招标条件的变化； （3）有外立面构件预制时，需要关注对外立面标段的招标范围和工期的影响

续表

类别	成本管理要点
成本	（1）重点关注和推动户型数量、柱网尺寸等关键参数的标准化和优化。户型数量越少越经济，不能减少户型数量的，力求减少各个功能间的规格数量； （2）推动对外立面造型的优化，提高标准化设计程度，提高生产效率和施工效率，减少模具材料用量； （3）重点关注装配式实施方案中需要跟进落实的其他合同，例如 BIM 应用、绿色建筑、预制围墙等； （4）制定合理的限额设计指标和优化设计激励措施，在规划方案报建前推动和组织装配式专项设计单位和咨询单位参与前期设计和优化； （5）多个预制方案的成本测算和对比分析； （6）预制构件的种类，估算工程量和标准化程度； （7）成本增量的动态估算及对目标成本和利润的影响分析

3. 施工图设计阶段成本管理要点

落实方案设计阶段制定的技术措施，并协同建筑、设备、内装等专业进行预制构件设计与优化。详见表 3-4。

施工图设计阶段成本管理要点　　表 3–4

类别	成本管理要点
政策	（1）提前预售的经济效益总结； （2）有容积率奖励的项目，要复核最终建筑面积，并调整相应成本数据
技术	（1）跟进设计的前置条件，促进精装、门窗等需要二次设计的专业及早完成提资； （2）主要结构构件的设计优化和精细化，减少构件种类； （3）内装方案与结构方案、机电方案的整体协同； （4）主要施工措施方案与总承包单位的协同与优化，促进总包单位及早提资，特别是铝模方案、叠合板的支撑体系； （5）主要配件的方案比选，需要关注外立面密封胶的耐用年限； （6）复核是否满足方案设计要求
安全	（1）落实免内架、免外架设计的安全技术措施； （2）地下室顶板用作道路和堆场的安全技术措施； （3）总包单位塔吊方案的选择
质量	（1）有竖向构件预制时，重点关注外立面洞口、造型等方面是否符合标准化设计要求； （2）设备管线的预留预埋位置是否优化，以更适合构件预制生产和安装的需要； （3）集成设计构件的质量保证措施，例如外立面门窗、保温、装饰等处的成本保护措施在设计中是否落实； （4）落实免模板、免抹灰设计的相关技术措施
进度	（1）出图进度和深度是否满足施工图审图和招标节点的要求； （2）单层构件种类、数量、重量是否优化，连接方式是否优化； （3）阳台、飘窗等外立面预制构件的结构方案是否优化
成本	（1）统计单层构件种类和数量，匡算模具重复次数，高于限额指标要求的返回设计单位修改或跟进优化； （2）组织咨询公司复核施工图设计是否优化，并协同落实优化事项； （3）全面复核设计合同的限额指标落实情况，并组织优化协调会议； （4）关注主要配件的方案选择对成本的影响，关注密封胶的一次性使用成本与维修成本的平衡； （5）成本增量的动态估算及对目标成本和利润的影响分析

4. 深化设计阶段成本管理要点

深化设计阶段是生产前的最后一个节点，直接决定了构件生产的质量和进度，核心工作是围绕生产和施工便利的精细化设计。详见表 3-5。

深化设计阶段成本要点　　表 3–5

类别	成本管理要点
政策	—
技术	（1）深化设计前核查与其他单位的交圈事项是否落实； （2）提前核查模具设计方案； （3）主要预制构件的设计优化管理； （4）复核是否满足施工图设计要求
安全	（1）落实免内架、免外架设计的安全技术措施； （2）落实构件支撑体系的深化节点与现场施工措施的碰撞检查
质量	（1）构件连接节点的设计方案； （2）各类预留预埋的设计优化与检查，例如设备、装修、幕墙、生产工艺、安装工艺等需要预留预埋； （3）外保温、外门窗等设计细节优化与检查； （4）“错漏碰缺”质量通病的专项检查； （5）成品保护措施部位和材料的精细化设计； （6）配合组织提资单位进行联合会审
进度	（1）总价包干招标的项目，需要跟进深化设计的出图进度，并协调解决深化设计问题； （2）阳台、飘窗等预制构件的深化节点是否满足生产和现场安装要求，是否易建； （3）复杂节点的施工顺序模拟和示意图
成本	（1）跟进模具设计和优化，确认模具重复次数和模具用钢量两项指标，以及可重复使用模具的管理； （2）组织咨询公司、构件生产厂、相关的施工单位复核深化设计是否优化，复核预留预埋是否正确，并协同落实优化事项； （3）确认深化设计后混凝土与钢筋的用量指标； （4）成本增量的动态估算及对目标成本和利润的影响分析

3.3 装配式建筑四大系统的设计方案对比分析

在进行四大系统不同方案的对比、分析、决策过程中，一要技术经济相结进行分析；二要全面考虑各个维度的影响；三要注意各个方案之间的交叉价值，例如管线分离与外墙内保温做法之间的正向促进作用。

3.3.1　结构系统的分析

装配式建筑根据主要受力构件和材料的不同可以分为装配式混凝土结构建筑、装配式钢结构建筑、装配式木结构建筑、装配式钢 - 混凝土组合结构建筑等。我国装配式建筑结构体系主要应用的是装配式混凝土结构，其次是装配式钢结构，装配式木结构应用最少。而对结构体系的选择直接决定了装配式建筑的适应性和经济性。

1. 装配式钢结构

图 3–4　钢结构高层住宅项目

装配式钢结构作为装配式建筑三大结构体系之一，钢结构建筑天然就是符合装配式建筑特点的结构形式。但钢结构建筑在发达国家占 40% 以上，而国内占比不到 5%。

2016 年 2 月，中共中央国务院《关于进一步加强城市规划建设管理工作的若干意见》（中发〔2016〕6 号）提出发展新型建造方式：大力推广装配式建筑，积极稳妥推广钢结构建筑。

2019 年 3 月 27 日，住房城乡建设部公布《建筑市场监管司 2019 年工作要点》，开展钢结构装配式住宅建设试点，在试点地区保障性住房、装配式住宅建设和农村危房改造、易地扶贫搬迁中，明确一定比例的工程项目采用钢结构装配式建造方式。

图 3–5　住宅内部钢结构

2019 年 7 月 ~ 9 月，山东省、湖南省、四川省、河南省、江西省、浙江省和青海省相继出台了《结构装配式住宅建设试点实施方案》，装配式钢结构迎来了快速发展的阶段。

钢结构建筑在我国已经有多年的发展经验，技术成熟，但因钢结构建筑成本高，钢结构并没有在房地产开发项目（特别是住宅建筑）中得到大面积的应用，但在多个城市均有钢结构住宅项目的案例实践，绿城集团开创房地产高端项目应用钢结构的先河。如图 3-4、图 3-5 所示的上海建工五建集团施工的某高层住宅项目。

钢结构与钢筋混凝土结构的对比详见表 3-6。

钢结构与混凝土结构的技术性对比　　表 3–6

名称	混凝土结构	钢结构
进度	工序复杂，工期较长	工序简单，连接方便，施工快，总工期可以缩短 1/3 以上
质量	技术成熟、耐久性好	工厂生产，质量可控度高；抗震性能高，建筑品质高；但耐火性能相对差
使用	结构形式灵活，适用于不同建筑功能，但结构笨重，在使用剪力墙结构时容易导致室内空间分隔固化、不灵活	可以大开间设计，空间布置灵活，户内面积使用率高，有利于实现全寿命期使用的灵活性；但钢结构框架柱有露梁露柱的问题，与装修设计协调不好容易占用室内空间
维护	后期维护简单、维护费用少	耐火性差、耐腐蚀性差，防火防腐需要持续性处理，后期维护成本高
成本	建安成本低	体系复杂，集成要求高；结构成本和内装成本较高，通过工期缩短可以降低财务成本和管理成本

续表

名称	混凝土结构	钢结构
节能	扬尘多、建筑垃圾多、噪声大 农民工需求多	施工过程安全，90% 工厂制造。节约材料、建筑结构自重轻，钢材或钢构件可循环使用，再生利用率高，全寿命期成本低
适用范围	适用于大部分常规建筑	适用于装配率高、建造标准高的建筑，适用于大开间、大跨度、层高比较高等建筑

随着装配率指标的逐渐提高，钢结构与钢筋混凝土的成本差异逐渐缩小，在装配率 60% 以上后，基本持平。如果再考虑建造工期缩短后的综合成本优势，钢结构优于钢筋混凝土结构。同时，在理论上，高装配率的装配式建筑可以发挥一栋抵两栋甚至三栋的工业化效果，例如一栋装配率 90% 的模块化建筑，建筑面积 10000m^2，其工业化效果相当于 20000m^2 的装配率 45% 的建筑，这一点在房企拿地上具有一定优势。

【案例 3】轻钢结构做低层装配式建筑具有优势

钢结构建筑尽管在我国已经发展多年，但由于完成的工程数量较少，在我国始终不占主流地位，装配式钢结构建筑在我国还处于起步阶段，而在发达国家则有广泛应用。

本文案例为沈阳市某楼盘商业项目，主要介绍该项目的技术应用和创新应用——新型装配式钢结构围护体系，并分析其成本和技术优势。钢结构轻质板装配式建造体系，为整体装配，具有干法全季节施工，轻质快建缩短整体工期，保温与建筑同寿命，装配率高，成本可控等优势。建筑面积成本指标为 1600 元 /m^2 左右，略高于传统钢筋混凝土建筑的成本，而低于装配式混凝土建筑的成本（图 3-6）。

钢结构轻质板装配式建造体系是在传统钢结构装配式的基础上，运用标准化的设计理念通过将部品部件通用化，将装配式建筑的四大系统（建筑结构系统、外围护系统、设备与管线系统、内装系统）高度集成，构建新形式的装配式钢结构建造体系。主要标准部件包括：主体结构采用箱型钢柱、H 型钢梁，钢楼梯，钢骨架新型轻质楼面板，钢骨架新型轻质保温一体屋面板。外围护结构采用钢骨架新型轻质保温一体外墙板（图 3-7、图 3-8）。

图 3-6　项目建成后的实景图

（1）项目概况（表 3-7）

该商业项目采用整体装配式钢结构，在深化设计阶段就邀请原主体设计单位和生产单位参与，以提供相关的技术支持，使得设计建造一体化的装配式建筑营造策略在本项目中得到全面的实现。

图 3-7　项目施工现场图一

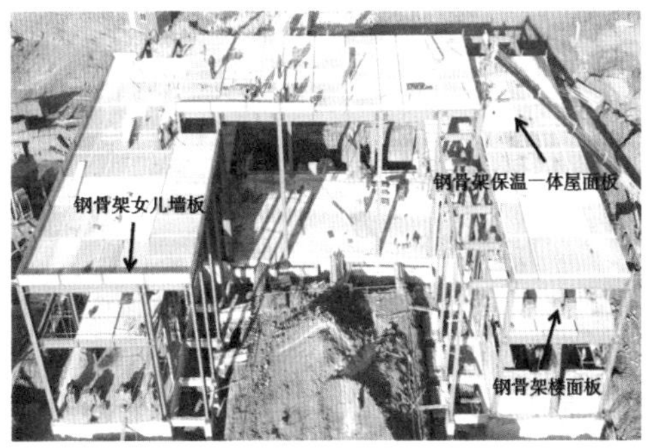

图 3-8　项目施工现场图二

工程概况表　　表 3-7

建设地点	位于沈阳市
开工日期	2018 年 8 月
结构形式	主体结构为钢框架结构
建筑面积	3094m^2
总高度	15.4m
建筑层数	3 层

通过相关的 BIM 技术手段，结合装配式建筑部品部件的产品特点，对建筑的标准化构件以及相关的连接节点进行深化设计，特别是对该项目的钢骨架新型轻质楼面板、钢骨架新型轻质保温一体屋面板、钢骨架新型轻质保温一体墙面板系统深化设计时，在满足设计要求的同时减少板块的种类以及简化节点类型，从而极大程度上使施工更便捷、项目建造成本更低（图 3-9）。

图 3-9　项目主体结构完工后

（2）技术应用情况

钢结构轻质板装配式建造体系，技术应用情况：

1）主体结构

主体结构选用装配式建筑中最具有节能环保特征的钢结构，节点设计时采用螺栓连接，具有“轻、快、好、省”的优势。同时，采用钢柱 + 外挂墙板的安装方式使新型围护系统与钢结构配合更紧密完美结合（图 3-10）。

图 3-10　外挂板施工现场

2）BIM 技术的应用

在 EPC 模式下，通过方案策划、BIM 引导、XSTEEL 建模，在设计阶段即参与并配合设计单位进行深化设计，在采购阶段，联合设计、施工，形成前置标准化选样定样流程，将全周期设计、深化、生产加工周期控制在 1 个月左右（图 3-11）。

3）装配化装修

该项目采用了装饰和结构一体化的集成外墙板和屋面板，质量效果比传统工艺要好，成本也可控。

图 3–11　项目 BIM 模型图

4）屋面板和墙板与保温一体化

屋面、外墙板的保温层是一次浇筑完成，将大部分制作转入工厂，减少了施工扰民，利于环境保护；板材原料为环保材料在大型工厂里加工而成，出厂时经过严格检测，质量有保证，室内室外均可使用。

（3）创新应用情况

钢结构轻质板装配式建造体系，创新应用情况：

1）轻质快建，缩短整体工期

钢边框轻质板自重 600 ~ 800kg/m^3，重量仅为混凝土楼板 2500kg/m^3 的 1/3。而且施工简单，安装速度快，较传统混凝土施工可缩短整体项目工期 60% 左右。钢结构轻质板装配式建造体系广泛应用于地产的售楼处、商业，快建快装使售楼处或商业能够尽快投入运营，加快资金回收。

2）装配率高

根据《沈阳市装配式建筑装配率计算细则（试行）》要求钢结构装配式建造体系装配率可达 90% 左右，可以在项目总体装配率不变的情况下适当降低其他单体建筑的装配率，有利于降低成本（表 3-8）。

装配式建筑装配率计算表　　表 3–8

评价指标项		指标要求	指标分值	分值
主体结构	柱、支撑、承重墙、延性墙板等竖向构件	35% ≤比例≤ 80%	20 ~ 30*	30
	板、楼梯、阳台、空调板等水平构件	50% ≤比例≤ 70%	10 ~ 20*	20

续表

评价指标项		指标要求	指标分值	分值
主体结构	预制梁或叠合梁构件	50% ≤比例≤ 80%	5 ~ 10*	10
围护墙和内隔墙	非承重围护墙非砌筑	50% ≤比例≤ 80%	2 ~ 5*	5
	内隔墙非砌筑	30% ≤比例≤ 50%	2 ~ 5*	5
装修和设备管线	全装修	—	5	5
	干式工法楼面、地面	50% ≤比例≤ 70%	3 ~ 5*	5
加分项	预制混凝土夹心保温外墙板	35% ≤比例≤ 80%	4 ~ 6*	6
	预制楼板厚度≥ 70mm 应用	30% ≤比例≤ 70%	1 ~ 3*	3
	BIM 技术应用	按阶段应用	1 ~ 3*	2
	信息化管理	按阶段应用	1 ~ 2*	2
合计				93

注：表中带“*”项的分值采用“内插法”计算，计算结果取小数点后 1 位。

$$装配率\ P=\left(\frac{Q_1+Q_2+Q_3}{100-Q_5}+\frac{Q_4}{100}\right)\times 100\%$$

$$=\left(\frac{60+10+10}{100}+\frac{13}{100}\right)\times 100\%=93\%$$

根据《沈阳市装配式建筑装配率计算细则（试行）》计算钢结构装配式建造体系装配率可达 93%，应用于配套商网及公共建筑、住宅等可提高整体项目的装配率。

3）干法作业、全季节施工

现场快速安装 100% 干法作业，可全季节施工，受恶劣天气影响小，不会因为天气原因影响整体工期。

4）保温层与建筑同寿命

和传统外贴保温板使用寿命为 15 年左右相比，钢骨架新型轻质保温一体板的保温层在工厂内一次制作完成，保温层可以做到与建筑同寿命。

此外，还有免抹灰、免支模、免砌筑、免外架、无现场湿作业、无钢筋绑扎工序、抗震性能好、易于维护等优势。

（4）成本分析

对该项目的钢结构装配式建造体系进行了系统的成本测算，其建筑面积造价指标为 1624 元 /m^2，报价包含主体钢框架的制作、运输、安装，钢骨架新型轻质保温一体屋面板、钢骨架新型轻质楼面板和钢骨架新型轻质保温一体外墙板的制作运输安装，板间勾缝、外墙外立面及造型。

本项目成本构成如下（外地项目根据项目地点不同会有所浮动，图 3-12、表 3-9）：

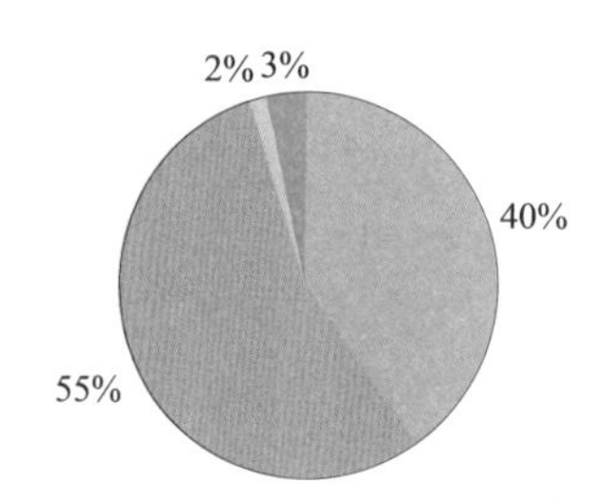

图 3-12 成本构成分析示意图

项目成本构成明细表 表 3-9

序号	名称	单位	工程含量	综合单价（元）	建筑面积单价（元/m²）	权重
1	钢结构工程	kg	70.14	9.29	652	40%
2	外墙板、屋面板、楼板	m²	1.48	603	892	55%
2.1	楼板	m²	0.65	420	273	17%
2.2	屋面板	m²	0.35	541	189	12%
2.3	墙面板	m²	0.48	635	305	19%
2.4	辅材	m²	1.48	60	90	6%
2.5	勾缝人工费	m²	1.48	24	36	2%
3	其他零星保温	m²	0.16	164	25	2%
3.1	女儿墙内侧保温	m²	0.08	133	10	1%
3.2	楼梯间砖墙面保温	m²	0.08	194	15	1%
4	措施费	m²	1.00	54	54	3%
合计		m²	1.00	1624	1624	100%

工程造价明细详见表 3-10。

工程造价明细表 表 3-10

序号	名称	单位	数量	单价（元）	合价（元）	说明
1	材料费	元	—	—	3194606	
1.1	钢结构	t	217	6500	1407770	Q345B 钢材，含钢量 70kg/m²，含材料、制作、油漆
1.2	高强度螺栓	t	217	150	32487	
1.3	地脚螺栓	套	206	50	10300	
1.4	钢骨架新型轻质楼板	m²	2011	247	496742	140mm
1.5	钢骨架新型轻质保温一体屋面板	m²	1083	347	375766	140mm+100mm 保温
1.6	钢骨架新型轻质保温一体墙面板	m²	1485	410	608899	140mm+100mm 保温
1.7	钢骨架新型轻质保温一体板辅材	m²	4579	50	228956	含勾缝
1.8	女儿墙内侧保温	m²	238	45	10690	30mm，含保温、钢丝网、胶泥、网格布

续表

序号	名称	单位	数量	单价（元）	合价（元）	说明
1.9	楼梯间砖墙面保温	m^2	242	95	22996	100mm，含保温、钢丝网、胶泥、网格布
2	运输费	元	—	—	113240	
2.1	钢结构	t	217	100	21658	沈阳市内
2.2	钢骨架新型轻质板	m^2	4579	20	91582	沈阳市内
3	安装费	元	—	—	705810	
3.1	钢结构	t	217	700	151606	
3.2	钢结构防火涂料费	t	217	155	33570	
3.3	地脚锚栓	套	206	45	9270	
3.4	钢骨架新型轻质楼板	m^2	2011	80	160888	
3.5	钢骨架新型轻质保温一体屋面板	m^2	1083	80	86632	
3.6	钢骨架新型轻质保温一体墙面板	m^2	1485	95	141086	
3.7	勾缝人工费	m^2	4579	20	91582	
3.8	女儿墙内侧及砖墙面保温	m^2	480	65	31176	
4	措施费	m^2	3094	45	139230	
5	直接工程费（1+2+3+4）	元	—	—	4152887	
6	管理费（5×3%）	项	1	3.0%	124587	
7	利润（5×8%）	项	1	8.0%	332231	
8	税金（5+6+7）×9%	项	1	9.0%	414873	
9	合计（5+6+7+8）	元	—	—	5024578	

说明：1. 不含板内预埋电线管费用；2. 不含总包管理费。

【案例 4】装配式钢结构与传统混凝土结构的方案对比分析

说明：本案例是在拿地后的方案设计阶段进行的技术经济对比，引用须注意调整。

（1）案例背景（表 3-11）

工程概况表　　表 3-11

时间	2017 年
城市	湖南省
用地面积	$8030m^2$
建筑面积	总建筑面积为 $57398m^2$（其中地上 $43420m^2$，地下 $13978m^2$），其中：商业 $9200m^2$、办公 $7660m^2$、公寓 $26560m^2$
计容面积	$43343m^2$
建筑高度	商业：20m，地上 5 层 写字楼：78m，地上 19 层 公寓：74m，地上 21 层 以上各业态均有 2 层地下室

（2）方案对比

该项目的可选方案有两个：

方案一：装配式钢结构（拟采用本地企业的装配式钢结构建筑系统）

方案二：传统混凝土结构

装配式建筑是国家大力发展项目，国家及各省市均出台了一系列的鼓励和优惠政策，故经济性对比需要在常规的开发成本基础上增加政策优惠金额的抵扣。

考虑政策优惠前：钢结构单方成本指标高 662 元 /m^2（即高 9%）。

考虑政策优惠后：钢结构单方成本指标高 405 元 /m^2（即高 5%）。

如图 3-13、表 3-12 所示。

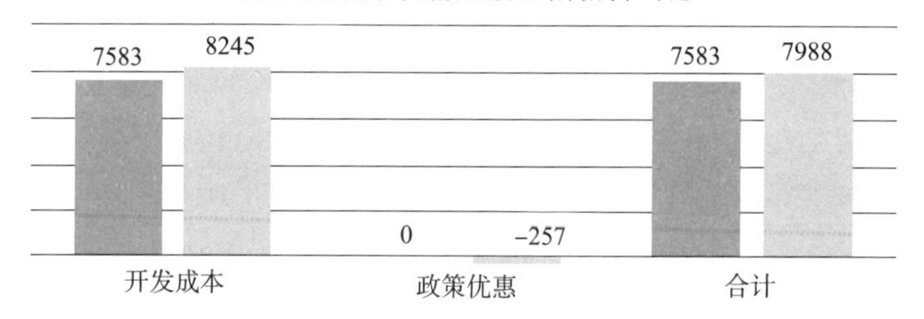

图 3-13　装配式钢结构与传统钢筋混凝土结构开发成本对比柱状图

两种结构经济性对比　　表 3-12

费用项目	传统混凝土结构		装配式钢结构		成本差额	指标差额	差额
	成本（万元）	单方指标（元 /m^2）	成本（万元）	单方指标（元 /m^2）	（钢 – 混凝土）	（钢 – 混凝土）	百分比
开发成本	32924	7583	35800	8245	2876	662	9%
政策优惠	0	0	–1115	–257	–1115	–257	100%
合计	32924	7583	34685	7988	1761	405	5%

注：1. 本案例中所有的单方指标均是按地上建筑面积计算。

2. 工程内容包括传统建筑商业 + 写字楼的所有功能。

1）开发成本对比

钢结构主要贵在建安成本上，单方指标贵 1213 元 /m^2，贵 36%，其他各项费用均相对节省。开发成本各费用组成占比图如图 3-14 所示，开发成本对比见表 3-13。

开发成本对比表　　表 3–13

序号	费用项目	传统混凝土结构		装配式钢结构		成本差	指标差	差额
		成本（万元）	单方（元 /m²）	成本（万元）	单方（元 /m²）	（钢 – 混凝土）	（钢 – 混凝土）	百分比
1	土地价款	9394	2164	9394	2164	0	0	0%
2	前期费用	1400	322	1190	274	–210	–48	–15%
3	配套工程费	793	183	652	150	–141	–32	–18%
4	建安工程费	14684	3382	19950	4595	5266	1213	36%
5	开发间接费	574	132	339	78	–235	–54	–41%
6	营销费用	1737	400	1453	335	–284	–65	–16%
7	财务费用	4342	1000	2822	650	–1520	–350	–35%
合计		32924	7583	35800	8245	2876	662	9%

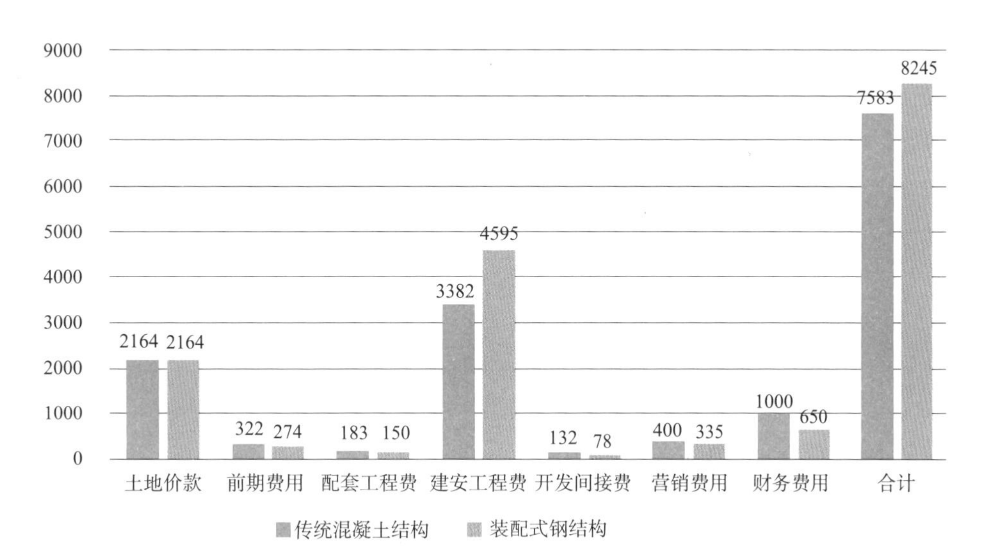

图 3–14　装配式钢结构与传统钢筋混凝土结构全成本单方对比柱状图

上述测算是在方案设计阶段进行的成本估算，详细说明如下：

①前期费用：

包含勘察、设计、报批报建、监理与咨询服务等费用，参照某已完工项目的成本，结合长沙市同类楼盘与行政收费标准确定。

②配套工程费：

包含小区高低压配电、天然气、夜景亮化、小区道路及分布式能源接驳等费用。配套费的节省主要是夜景亮化、分布式能源接驳费用。

③建安工程费：

包含建筑工程（含基础）、精装修及设备安装、水电、消防、暖通、智能化等费用。

参照同类型已竣工的某项目数据和相关成本指标。需要说明的是，这里在对比两种结构方案的建安成本时，尚未能考虑不同基础方案的成本差异，钢结构由于自重相对小，其地基与基础成本略低于传统钢筋混凝土结构。

钢结构较传统钢筋混凝土结构的建安成本高36%的原因在于：钢结构的钢材用量较大且综合单价较高，特别是相比日本等发达国家，我国钢结构产业链还未打通钢铁厂家与钢结构施工企业这两个关键环节，建筑用钢材需要二次加工，提高了加工成本。

④开发间接费：

包含建设方管理费、样板间、售楼处、前期物业管理费等费用。

⑤营销费用：

装配式钢结构暂以300元/m^2估算，传统混凝土结构暂按总销售额4亿的3%估算。

⑥财务费用：

参照某项目的财务成本数据，结合本项目具体情况估算。装配式钢结构工期缩短，按短一年考虑，可节省资金成本约2800万元、节省管理费用约300万元。同时，如果考虑增值税抵扣差异（钢结构的原材料成本占比较高，可以大量抵扣增值税；而传统钢筋混凝土结构的人工砂石等票据抵扣率较低），钢结构还有进一步的成本优势。

2）政策优惠分析

依据《湖南省推进住宅产业化实施细则》（湘政办发[2014]111号文），该项目实行装配式钢结构可获得约1115万元的补贴或优惠（表3-14）。

采用装配式钢结构项目政府优惠补贴费用　　表3-14

单位：万元

序号	贴补项目	费用	备注
1	容积率补贴	300	第12.1条：奖励5%的容积率；可增加面积约2165m^2，获得溢价按300万元估算
2	报建费用优惠	400	第13.1条：报建费中涉及基础设施配套费等政府非税收入的可按非税收入缓减免程序办理审批手续后实行减半征收
3	政府购房补贴	400	第14条：凡购买预制装配率达到30%的产业化商品房项目的消费者可享受首套房购买政策，可异地申请住房公积金贷款，住房公积金贷款首付比例为20%。获得溢价按400万元估算
4	节约招标费用	15	第15条：具有专利或成套住宅产业化技术体系的住宅产业化集团或企业总承包实施住宅产业化项目，按《中华人民共和国招标投标法实施条例》第九条第（一）、（二）款规定，设计施工可以不进行招标
合计		1115	

同时需要关注和考虑最新的补贴政策，以供公司全面决策。例如本项目所在城市于2017年12月9日出台了长政办函[2017]177号文（2018年1月1日实施）中第4.2条明确：对实施装配式建筑且预制装配率达到50%（含）以上的商品房项

目，政府部门给予 100 元 /m^2 的资金补贴。若该项目在 2018 年之后施工，则可获得 43420 × 100=434 万元补贴。

（3）结论

通过技术与经济两方面的对比分析，可知本项目案例中采用装配式钢结构和传统钢筋混凝土结构这两种方案的结论为：

1）综合考虑政策优惠和补贴金额后，装配式钢结构的开发成本高出传统现浇混凝土结构 9%（其中：建安成本高 36%）；且工期短，资金回笼快，资金成本低，可以解决开发商的资金压力问题。

2）全寿命期成本相对更低，符合可持续发展战略。节能环保，钢结构建筑的拆除成本低、污染少，且钢材可以 100% 回收利用、可再生利用率高。

装配式钢结构方案在目前来说成本略高，但综合考虑本项目为城市中心地段的地标性建筑，以及可以申报示范性装配式钢结构建筑，钢结构方案的性价比相对高。

2. 装配式混凝土结构

装配式混凝土结构体系分为装配整体式框架结构、装配整体式框架 - 现浇剪力墙结构、装配整体式框架 - 现浇核心筒结构、装配整体式剪力墙结构和装配整体式部分框支剪力墙结构。依据我国国情，目前应用最多的是装配整体式剪力墙结构，装配整体式框架结构也有一定的应用。对比分析详见表 3-15。

装配整体式框架结构、剪力墙结构、框剪结构的对比表　　表 3–15

项目	装配整体式框架结构	装配整体式剪力墙结构	装配整体式框架剪力墙
设计	具有开敞的大空间和相对灵活的室内布局，但室内梁柱外露；连接节点单一、简单，连接可靠，容易满足“等同现浇”的设计概念；预制率可以达到较高水平，适合建筑工业化发展	空间灵活度一般，房间空间完整，几乎无梁柱外露，整体性和刚度好	兼有剪力墙和框架的特点，布置灵活，可以实现大空间，有利于室内空间的个性化改造
构件生产	构件种类少、数量少，工业化程度高，标准化高，生产速度快	构件种类多、数量多，工业化程度较低，生产速度较慢	剪力墙现浇，框架预制，具有框架结构的优点
运输吊装	单个构件重量较小，吊装方便，运输吊装受限制小	单个构件重量较大，运输吊装受限制大	同框架结构
现场施工	连接简单，预制和现浇的连接面少，现场湿作业少、施工进度快	连接复杂、湿作业多、施工进度慢	同框架结构
经济性	混凝土用量少，主体结构自重轻，成本相对低	较差	较好
技术条件	国外应用多，技术成熟	国外应用不多，国内应用时间较短，相关的研究和经验较少	技术成熟
适用高度	适用于低层、多层	适用于多高层，适用高度高	适用高度较高
适用范围	适用于公寓、办公、酒店、学校等建筑，住宅需要考虑适用高度和精装修	适用于居住建筑	广泛应用于居住建筑、商业建筑、办公建筑、工业厂房等

框架结构、框架剪力墙结构体系做装配式的成本增量相对低，主要原因是混凝土和钢筋用量相对少，技术成熟、构造简单，预制构件的生产和施工都相对便利。剪力墙结构做装配式，连接面多、复杂、进度慢（图 3-18）。但我国的房地产住宅项目普遍使用的是剪力墙结构，可以做到毛坯交房时室内不露梁、不露柱，客户满意度相对高。框架结构，在精装交房项目中一般通过结构与装修的协同设计，以及大开间、大跨度的设计理念、结合预应力构件的使用，已经可以规避露梁露柱等问题，可以实现更好的空间使用效果。框架结构、框架剪力墙结构体系做装配式的居住建筑案例包括沈阳万科春河里、南京万科上坊保障房、龙信集团龙馨家园老年公寓等（图 3-15 ～图 3-17）。我国第一栋高层装配式框架结构的建筑是 1959 年建成的北京民族饭店，经过改造后还在使用中。

在剪力墙结构体系中，还有双皮墙、模壳墙等创新体系，均有其独特的优势。美好集团、宝业集团、三一筑工的双皮墙（图 3-19），因同一片墙的预制部分只有 50%，可以流水线生产，加上不需要套筒灌浆等成本高的连接方式等原因综合成本较低；上海衡煦生产的模壳构件（图 3-20），额外增加免拆除的外模板，全现浇混凝土施工，对结构设计无影响，可以节省拆分设计时间；可以用于底层、屋顶层，相对于全预制的剪力墙，综合成本较低。

图 3-15　沈阳万科春河里项目（框架核心筒结构）

图 3-16　龙信集团龙馨家园老年公寓

图 3-17　某框架剪力墙结构项目

图 3-18　剪力墙住宅项目施工现场

图 3-19　双皮墙

图 3-20　模壳墙

3. 主要结构构件的设计分析

（1）楼梯

预制楼梯是最能体现装配式结构综合优势且代价最低的构件。预制楼梯工厂提前预制生产，生产质量好、精度高，现场安装质量、效率大大提高，节约了工时、人力，避免楼梯间脚手架影响通行，免抹灰。

预制楼梯按结构形式可分为板式楼梯和梁板式楼梯，对比分析详见表 3-16。

预制板式楼梯与预制梁式楼梯对比表　　表 3–16

对比项	预制板式楼梯	预制梁式楼梯
现场照片		
设计	设计简单；主要由预制梯段板组成，梯段板受力，厚度大，自重较大	设计相对复杂；主要由预制踏步板和预制斜梁组成，预制斜梁受力，梯段板厚度小，可减轻自重
使用	底部平整，观感好	底部有梁，观感相对差
生产进度	灵活性强、生产简单、进度快	占用空间大、生产较复杂，进度慢
生产成本	楼梯跨度小时成本较低	楼梯跨度大时成本较低
施工进度	施工简单、施工进度快	施工较难，预制斜梁钢筋需与主体结构连接，施工进度较慢
施工质量	好	好
施工成本	低	高
综合成本	较小跨度时经济性好	较大跨度时经济性好
适用范围	适用于较小楼梯跨度	适用于较大楼梯跨度

（2）阳台

预制阳台板为悬挑构件，按构件形式分为叠合板式阳台、全预制板式阳台和全预制梁式阳台。三种形式的预制阳台对比分析详见表 3-17。

三种形式的预制阳台对比表　　表 3–17

对比项	叠合板式阳台	全预制板式阳台	全预制梁式阳台
照片			

续表

对比项	叠合板式阳台	全预制板式阳台	全预制梁式阳台
设计	设计复杂；主要由预制底板和后浇叠合层组成，预制阳台板沿房屋开间方向设置桁架钢筋，上皮受力钢筋在后浇叠合层伸出	设计简单；主要由预制悬挑板组成，预制阳台板上下皮伸出钢筋，上皮受力钢筋在主体后浇部分内锚固	设计简单；主要由预制梁和预制板组成，预制梁上下皮纵向受力钢筋伸出，预制梁钢筋在主体后浇部分内锚固
使用	阳台底部平整，装修中一般不做吊顶	阳台底部平整，装修中一般不做吊顶	阳台底部不平，装修中一般做吊顶
生产进度	生产简单，甩筋较短，进度快	生产较复杂，甩筋较长，进度较快	生产复杂，甩筋较短，进度慢
生产成本	低	较高	高
施工进度	施工复杂、需要后浇叠合层、施工周期长	施工简单、吊装效率高	施工复杂、吊装效率低
施工质量	需后浇叠合层，质量较好	好	与周边构件的接缝宽度容易产生偏差
施工成本	自重小、运输吊装方便，成本低	自重较大、运输吊装受限制较大，成本较高	自重大、运输吊装受限制大，成本高
综合成本	较小跨度时经济性好	较小跨度时经济性好	较大跨度时经济性好
适用范围	适用于较小悬挑长度	适用于较小悬挑长度	适用于较大悬挑长度

（3）剪力墙

以外墙为例，常用的预制剪力墙主要有三种，实心墙、叠合墙以及相应的夹芯保温墙。对比分析详见表 3-18。

三种常用预制剪力墙的对比分析　　表 3–18

对比项	预制实心剪力墙	夹心保温剪力墙	双面叠合剪力墙
现场照片			
设计	设计简单；通过套筒灌浆连接、浆锚搭接连接或者浇筑预留后浇区等方式与主体结构连接；可以结合反打做外立面装饰一体化	设计相对复杂；由内叶板、保温材料、外叶板、拉结件组成，外叶板不参与受力计算，集围护、保温、防水、防火等功能于一体	设计简单；由内外钢筋混凝土预制墙板组成（可以夹保温层），两片预制板通过钢筋桁架连接，上下层间的钢筋不直接连接，通过中间夹层内现浇混凝土插筋连接
使用	无明显影响	无明显影响	无明显影响
生产进度	固定台模生产，效率较低，生产速度较快	固定台模生产，工艺复杂，效率低，生产速度慢	流水线自动化生产，生产效率高，生产速度快

续表

对比项	预制实心剪力墙	夹心保温剪力墙	双面叠合剪力墙
生产成本	较低	高	低
施工进度	需搭设外脚手架，施工进度慢	施工现场减少外墙保温施工，可以免外架，施工难度小，施工进度较快	重量低，施工快；外立面免模板施工，施工进度快
施工质量	外保温层耐久性差，容易脱落，施工安全性差	保温和防火的安全性和可靠性好；但在寒冷地区冷热桥问题多	叠合墙空腔内后浇混凝土质量是控制重点
施工成本	一般	工艺复杂，施工效率低，施工成本高	重量轻，施工措施费低；施工效率高，施工成本低
综合成本	一般	高	低
适用范围	适用高度受限制小	部分城市可以有政策奖励	适用高度受限制

（4）柱

框架柱是框架结构的主要预制构件之一。常用的两种预制柱对比详见表 3-19。

不同结构形式中柱构件的主要类型　　表 3-19

对比项	预制混凝土实心柱	预制混凝土空心柱
工程照片		
设计	设计简单；柱子纵筋通过套筒灌浆连接、浆锚搭接连接等方式连接	设计相对复杂；由纵筋和箍筋围合，且通过四周预制混凝土层形成上下贯通的空心柱，生产时柱纵筋外伸一定长度，通过可调组合钢筋连接套筒等方式进行柱底纵向钢筋连接；实现柱及梁柱核心区后浇混凝土免支模板
生产进度	标准化高，生产进度较快	需采用离心法生产，生产进度较慢
生产成本	单位成本较低	单位成本较高
施工进度	自重大，运输吊装受限制大，施工进度慢	重量轻，运输与安装方便，大量节省模板与支撑，施工进度快
施工质量	施工质量控制难度大	模壳内后浇混凝土，质量控制难度小
施工成本	连接成本高，施工效率低，施工成本高	低
综合成本	高	低
适用范围	无限制	无限制

（5）梁

预制混凝土梁根据制造工艺和施工方法的不同分为预制实心梁、预制叠合梁、莲藕梁三类，常用的两种预制梁的对比分析详见表 3-20。

预制叠合梁、莲藕梁的对比分析　　表 3-20

对比项	预制叠合梁	莲藕梁
现场照片		
设计	设计较复杂；叠合梁便于和预制柱及叠合楼板连接，使结构整体性增强	设计复杂；节点区域预制，避免了节点区钢筋相互交叉的问题
生产进度	生产工艺较复杂，进度相对慢	生产精度要求高，工艺复杂，进度相对慢
生产成本	自重较小，生产成本较高	自重大，生产成本高
施工进度	现场湿作业多，施工进度慢	精度要求高，运输和吊装较为困难，对塔吊的吊装能力要求高，难度大，熟练后施工进度较快
施工质量	后浇部分钢筋布置比较困难，后浇混凝土需采取保证质量	好
施工成本	低	对施工能力要求高，吊装效率高，但需要较大的吊车
综合成本	低	现阶段的综合成本较高
适用范围	适用于装配整体式混凝土结构，应用较多	国内应用较少

（6）楼板

楼板是装配式建筑所有预制构件中应用最普遍的构件。叠合板是一种预制装配和现浇混凝土相结合的整体板，是在预制混凝土板上部后浇混凝土而形成的整体受弯构件。叠合板根据预制板接缝构造、支座构造、长宽比分为单向受力叠合板和双向受力叠合板，两种叠合板的对比分析详见表 3-21。

单向叠合板与双向叠合板的对比分析　　表 3-21

对比项	单向叠合板	双向叠合板
现场照片		

续表

对比项	单向叠合板	双向叠合板
设计	设计简单；板与板之间无后浇带，叠合板区域免模板，板厚相对大	设计相对复杂；板与板之间有后浇带 200 ~ 300 宽，整体性较好，抗双向弯矩能力强，板厚相对小
使用	板底接缝处缝宽明显，需要抗裂处理，抹灰后容易有细微裂缝，客户敏感	板底基本无裂缝，不影响客户观感
生产进度	相对快	相对慢。有外出的胡子筋，钢筋网不能用自动焊工艺，生产比较麻烦
生产成本	相对低	生产效率低，成本相对高
施工进度	施工方便，吊装快	后浇带部分需要重新支模或吊模、钢筋、浇混凝土，后浇带部位钢筋易碰撞，施工安全性差，施工难度较大
施工质量	平整度容易控制	现浇带和叠合板底容易出现不平整，效果不佳，需要凿平处理
施工成本	低	高
综合成本	低	高
适用范围	公共建筑 或装修有全部吊顶、有管线分离的住宅建筑	居住建筑 特别是对裂缝敏感的建筑，例如毛坯房或没有全部吊顶的精装房

上述适合范围也并非绝对，例如以下两项创新产品就很好地解决了单向板的裂缝问题：

1）【案例 5】中的单向板后浇小拼缝方案（图 3-21）。

2）锦萧科技的创新产品——密拼双向板方案（图 3-22）。

图 3-21　单向板后浇小拼缝

图 3-22　密拼双向板

以下对叠合板的应用案例进行成本分析：

攻克装配式建筑推进中的人才关、技术关、成本关，首先建议从各个构件的基本知识点着手。在装配式建筑起步的地区，推广成熟可靠的水平预制构件（预制楼梯、楼板、阳台板、空调板）是目前装配式建筑发展的必由之路。

图 3-23　双向板设计时有现浇板带

而在水平预制构件中，楼板是目前装配式建筑中应用最为广泛的构件，应用量最大、占比最高。本篇以水平构件中的楼板为例，从设计的角度系统性分析成本影响。

（1）预制楼板市场接受度较高的四大原因

在装配式混凝土建筑中，预制楼板的市场接受度较高、应用最广泛，经分析主要有以下四方面原因：

1）楼板构件的预制混凝土部分占比较高。混凝土含量 0.436m^3/m^2，其中板含量为 0.11m^3/m^2，板混凝土占比 25%。以 40% 的预制率项目为例，板预制部分占比 18%。

2）预制楼板施工方便，安全性高，不需要额外检测。单向板受力简单，而双向板之间通过后浇层连接为一个整体，后浇层的宽度仅需要满足楼板锚固长度即可，楼板整体浇筑完成后不需要进行额外的连接检测，安全系数高（图 3-23）。

3）预制楼板最容易满足少规格、多组合的标准化设计原则，因而增量成本最少。装配式建筑中，桁架叠合板的成本增量可以控制在 40 ～ 70 元 /m^2 以内，开发商接受的程度较高，利于大面积的推广。根据一线标杆房企的测算，当户型实现标准化后，通过户型的少规格、多组合，其桁架叠合板的成本增量可控制在 10 ～ 20 元 /m^2。

4）预制楼板的设计难度不大，有利于装配式建筑不成熟地区的技术推广。与传统的现浇板设计理论无异，只是需要根据现浇板计算数据进行楼板的简单拆分，同时参照图集 15G366-1《桁架钢筋混凝土叠合板》，可以大大减少设计人员培训、图审等后期的投入。

（2）影响预制楼板增量成本的四大因素

目前市场上应用的预制楼板有多种，本文以目前使用最广泛的桁架钢筋叠合板（以下简称“桁架板”）为例，从设计角度分析导致预制楼板增量成本四大因素。

1）用钢量增加

一般桁架钢筋叠合板合理的最小厚度为 130mm=60mm（预制层）+70mm（现浇层）。

①当采用单向板时，其跨厚比不大于 30，此时跨度为 3.9m；

②当采用双向板时，其跨厚比不大于 40，此时跨度为 5.2m（图 3-24）。

普通住宅项目，其板跨基本上控制在 2.5 ～ 4m，局部的客厅餐厅有可能做到 5m 以上，因而绝大部分的楼板配筋以构造配筋为主。

我们以 3m 板跨为计算数据，现浇板时设计 100mm 厚 C30 混凝土结构，桁架叠合板设计 130 厚 C30 混凝土结构，板均采用 HRB400 钢筋。均以最小配筋率、构造配筋设计来考虑，可以得到：当楼板跨度较小即板配筋以构造设计时，楼板含钢量增加 30%（表 3-22）。

钢筋用量对比表　　表 3–22

序号	楼板类型	板厚	最小配筋率 max{0.15、$45f_t/f_y$}	每延米配筋面积（mm^2/m）
1	现浇板	100	0.179%	179
2	桁架叠合板	130	0.179%	233
桁架叠合板较现浇板含钢量增加				30%

注：最小配筋率要求来源于《混凝土结构设计规范》GB 50010-2010（2015 年版）第 8.5.1 条。

根据经验数据，普通的剪力墙住宅项目，其楼板的含钢量占比约 25% ~ 30%，标准层楼板含钢量约 8 ~ 10kg/m^2，当采用桁架叠合板时其标准层楼板配筋 10 ~ 13kg/m^2，较普通楼板高 25% ~ 30%。

另外，桁架筋的增加带来桁架叠合楼板整体含钢量的增加，为 1.8kg ~ 2.5kg/m^2（见图 3-25），占到预制桁架板含钢量的 40% ~ 50%（表 3-23）。

钢筋桁架规格及代号表　　表 2–23

序号	桁架规格代号	上弦钢筋公称直径（mm）	下弦钢筋公称直径（mm）	腹杆钢筋公称直径（mm）	桁架设计高度（mm）	桁架每延米理论重量（kg/m）
1	A80	8	8	6	80	1.76
2	A90	8	8	6	90	1.79
3	A100	8	8	6	100	1.82
4	B80	10	8	6	80	1.98
5	B90	10	8	6	90	2.01
6	B100	10	8	6	100	2.04

注：数据来源于：15G366-1《桁架钢筋混凝土叠合板》。

图 3–24　四边出筋的双向板

图 3–25　桁架钢筋图

此外，桁架筋对用工量的影响也非常大。以某项目为例，3#、5# 楼单体一样，3# 楼为装配式楼栋（预制楼梯、叠合板）、5# 楼为传统现浇，标准层面积 582m^2。根据统计，3# 标准层电气配管用时 17 工时，5# 楼标准层电气配管用时 10 工时，工时增加的原因主要为：预制板设置桁架上弦钢筋，竖向布置空间变小导致施工难度加大，某些部位需要截断或配管加弯绕行。

2）楼板厚度增加、建筑自重增加

当楼板的厚度由 100mm 增加到 130 厚时，其楼板重量增加 30mm 厚，即荷载增加 $0.78kN/m^2$（即 $0.03m \times 26kN/m^3$（混凝土和钢筋的平均自重）），当建筑高度为 33 层时，因桁架叠合板厚度增加导致自重增加了（33−4）$\times 0.78=22.62kN/m^2$（注：4 为顶层屋面和底部加强区不做桁架叠合板的层数），即整个建筑物的自重比现浇时增加了 1.5 ~ 2 层。据经验测算，此时建筑建安成本增加 5% ~ 10%（如果考虑自重增加对地基基础的影响，成本还要增加）。

3）拆分设计方案的经济性

原则上桁架板的模数越少即拆分后所带来的模具损耗越小，根据万科集团测算，如将构件模板周转次数由 60 ~ 70 次提高到 100 次，则模具的费用能降低 80 ~ 100 元 $/m^3$。同时，桁架板能不通过现浇带连接时，尽量采用一块预制大板，这样可以降低因现浇带搭接所带来的施工支撑浪费。

桁架板的拆分设计还应考虑运输的影响，一般国内运输车辆主要以重型半挂牵引车为主，其整车尺寸为：长 12 ~ 17m，宽 2.4 ~ 3m，高不超过 4m，所以桁架叠合板的最大经济宽度不宜超过 2.4m，跨度不超过 6m。当跨度超过 6m 时，应采用 PK 预应力叠合板。

4）桁架板的接缝形式的经济性

目前常用的桁架板，按接缝设计分为分离式（单向板）、整体式（双向板）。分离式接缝只有两端出胡子筋，整体式接缝在板四周出挑胡子筋。胡子筋影响后期梁柱钢筋绑扎，也是目前饱受诟病的地方，胡子筋出挑越少，施工效率越高。原则上对顶板裂缝控制不严格的项目，如公建项目、SI 住宅（顶板吊顶）可以采用分离式接缝，提高后期预制楼板的安装效率，当住宅项目采用分离式接缝设计时，需做构造加强措施减少后期的底板裂缝（图 3-26）。

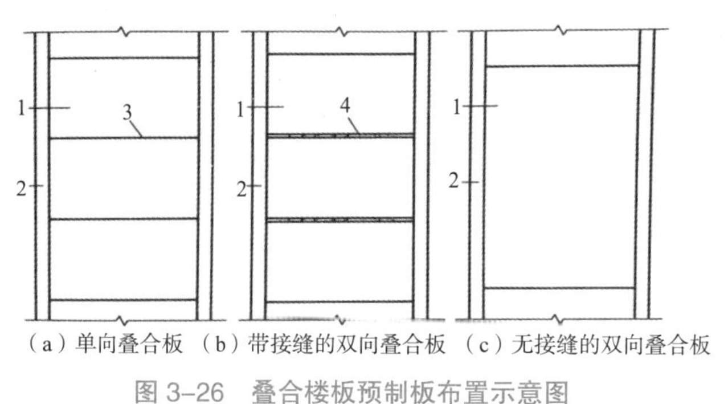

（a）单向叠合板 （b）带接缝的双向叠合板 （c）无接缝的双向叠合板

图 3–26 叠合楼板预制板布置示意图

1—预制板；2—梁或墙；3—板侧分离式接缝；4—板侧整体式接缝

据统计，标准层为 600m^2 左右时，当采用现浇板和双向叠合板时，标准层中叠合板的木工用时可以降低 20% ~ 30%；而采用叠合单向板时木工用时在双向叠合板的基础上再次降低 50% 左右。

【案例 5】桁架钢筋混凝土叠合板在设计中的成本优化案例分析

（1）工程概况

大连市某住宅项目，该项目位于大连市装配式建筑核心区，地上 34 层，地上建筑面积 13800m^2，剪力墙结构，单体装配率要求 50% 并实现全装修。

（2）装配式设计方案

根据《大连市人民政府办公厅关于进一步推进装配式建筑发展的实施意见》（大政办发 [2018]72 号）和《大连市装配式建筑装配率计算方法（试行）》的相关要求，进行装配式建筑设计及单体装配率计算。

本项目采用的装配式建筑技术包括：

1）主体结构竖向构件采用高精度免抹灰模板施工工艺。

2）水平构件采用预制叠合楼板、预制楼梯。

3）围护墙和内隔墙系统中，非承重围护墙采用非砌筑围护墙，内隔墙采用免抹灰内隔墙并实现内隔墙与管线一体化。

4）装修和设备管线系统中，本项目全部实行全装修，采用集成厨房和集成卫生间技术。

本项目单体装配率为 50.5%，具体计算详见表 3-24。

装配式建筑单体装配率计算表　　表 3-24

<table>
<tr><th colspan="5">评价项</th><th rowspan="2">体积面积
个数</th><th rowspan="2">总体积
总面积
总个数</th><th rowspan="2">应用
比例</th><th rowspan="2">评价
分值</th><th rowspan="2">合计 Q
（最低分）</th></tr>
<tr><th>指标项</th><th>分类</th><th>序号</th><th colspan="2">施工工艺和构件类型</th></tr>
<tr><td rowspan="2">主体结构
（50 分）</td><td>竖向构件</td><td>1</td><td colspan="2">采用高精度免抹灰模板施工工艺</td><td>3174.3</td><td>3174.3</td><td>100%</td><td>7</td><td rowspan="2">Q_1=25.4（20）</td></tr>
<tr><td>水平构件</td><td>2</td><td colspan="2">楼板、楼梯采用预制构件</td><td>11071.9</td><td>14122.9</td><td>78.4%</td><td>18.4</td></tr>
<tr><td rowspan="3">围护墙和
内隔墙
（20 分）</td><td>围护墙</td><td>3</td><td colspan="2">非承重围护墙非砌筑</td><td>4648.2</td><td>4818.2</td><td>96.5%</td><td>5</td><td rowspan="3">Q_2=11.1（10）</td></tr>
<tr><td rowspan="2">内隔墙</td><td>4</td><td colspan="2">内隔墙免抹灰</td><td>15946</td><td>19822</td><td>80.4%</td><td>4</td></tr>
<tr><td>5</td><td colspan="2">内隔墙与管线一体化</td><td>13219.2</td><td>19822</td><td>66.7%</td><td>2.1</td></tr>
<tr><td rowspan="3">装修和设
备管线
（30 分）</td><td rowspan="3">装修</td><td>6</td><td colspan="2">全装修</td><td></td><td></td><td>100%</td><td>6</td><td rowspan="3">Q_3=14（6）</td></tr>
<tr><td>7a</td><td rowspan="2">集成厨房</td><td>地面采用薄贴工艺</td><td>649.4</td><td>649.4</td><td>100%</td><td>2</td></tr>
<tr><td>7b</td><td>装修、设备等全部安装到位</td><td>136</td><td>136</td><td>100%</td><td>2</td></tr>
</table>

续表

评价项					体积面积个数	总体积总面积总个数	应用比例	评价分值	合计 Q（最低分）
指标项	分类	序号	施工工艺和构件类型						
装修和设备管线（30分）	装修	8a	集成卫生间	地面采用薄贴工艺	911.2	911.2	100%	2	Q_3=14（6）
		8b		装修、设备等全部安装到位	204	204	100%	2	
装配式建筑单体装配率合计									50.5%

注：1. 装配式建筑单体装配率 =（Q_1+Q_2+Q_3）/（100−Q_4）×100%；

2. 本项目 Q_4=0。

本项目楼面、屋面板采用桁架钢筋混凝土叠合板，厚度见表 3-25。

不同部位的叠合板厚度　　表 3–25

部位	预制底板厚度	后浇层厚度	总厚度	备注（原现浇设计厚度）
楼面	60mm	70mm	130mm	100mm
屋面	60mm	100mm	160mm	120mm

预制板之间采用后浇小接缝的单向板设计，标准层预制底板的具体布置详见图 3-27。

图 3–27　装配式建筑标准层预制底板布置图

在单体装配率计算中，水平构件采用预制构件的应用比例和计算分值详见表 3-26。

水平预制构件的应用比例　　　　表 3–26

楼号	楼层	预制构件水平投影面积（m^2）	各楼层构件的水平投影总面积（m^2）	应用比例	计算分值
X 号楼	1 层顶	332	432.1	78.4%	18.4
	2 ~ 33 层顶	32 × 324.4	32 × 411.6		
	34 层顶	310.2	442.1		
	局部出屋面层顶	48.9	77.5		
	小计	11071.9	14122.9		

（3）设计要点分析

叠合楼板设计主要包括预制板的拆分、板缝拼接形式的选择这两个问题，以下对注意事项及遇到的问题分析如下。

1）板缝方案

叠合楼板可分为两种，一是无拼缝、密缝拼缝、后浇小拼缝的单向受力板；二是无拼缝、后浇整体式拼缝的双向受力板。本项目采用单向板后浇小拼缝方案。

对于房间的长宽比满足双向板的条件，当按单向板设计时，应考虑后浇叠合层对各预制板块之间受力的协调作用，楼板支座负筋宜按单向板受力和双向板受力进行包络设计。

单向板后浇小接缝与双向板后浇整体式拼缝对比见表 3-27。

叠合板板缝拼接方案对比　　　　表 3–27

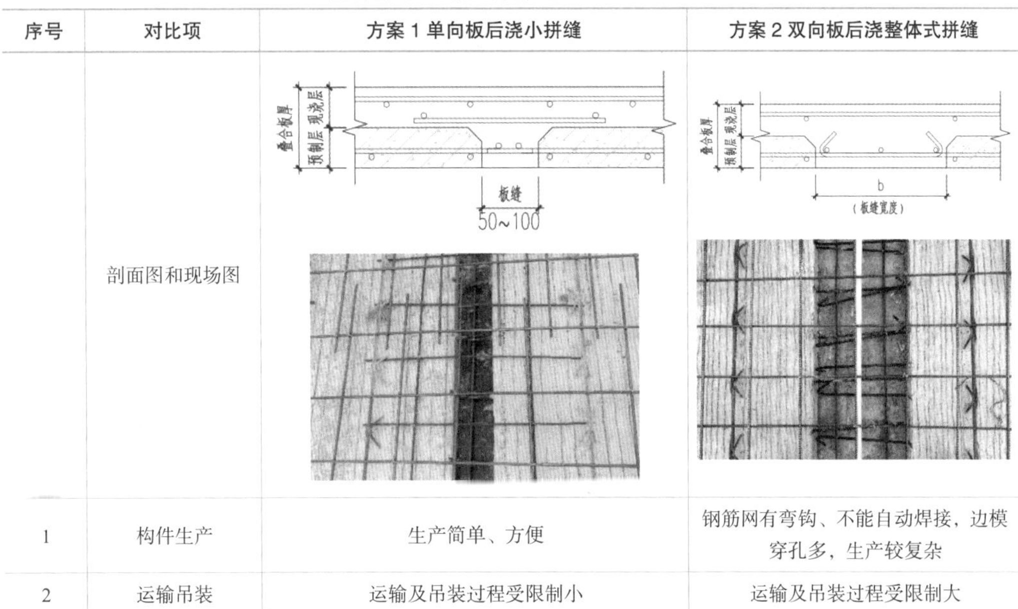

序号	对比项	方案 1 单向板后浇小拼缝	方案 2 双向板后浇整体式拼缝
	剖面图和现场图		
1	构件生产	生产简单、方便	钢筋网有弯钩、不能自动焊接，边模穿孔多，生产较复杂
2	运输吊装	运输及吊装过程受限制小	运输及吊装过程受限制大

续表

序号	对比项	方案 1 单向板后浇小拼缝	方案 2 双向板后浇整体式拼缝
3	施工进度	叠合板区域可以免模板，可以采用支撑 + 托板，避免满堂脚手架，现场模板和后浇混凝土工作量小，施工速度快	现场模板和后浇混凝土工作量大；施工速度慢
4	经济性	较小楼板跨度时经济性好	较大楼板跨度时经济性好
5	适用性	适用于较小楼板跨度	适用于较大楼板跨度

2）拆分方案

预制底板的拆分，应遵循少规格、多组合的原则，通过合理布置、方案对比来优化预制板块的宽度类型，从而减少楼板的规格种类，减少模板的规格，实现标准化生产，降低生产价格。

预制底板的宽度主要受限于运输条件、吊装条件，进行拆分设计时应充分考虑预制底板的经济性。根据《装配式混凝土结构技术规程》JGJ 1-2014 中的要求，桁架钢筋距板边不应大于 300mm，间距不宜大于 600mm，当预制底板宽度大于 1800 ~ 2400mm 之间时，钢筋桁架均为 4 根。钢筋桁架在预制底板中占钢筋总含量的 40% ~ 50%，因此在预制底板中充分利用钢筋桁架，会取得较好的经济性。

不同宽度预制底板的模板图详见图 3-28、图 3-29。

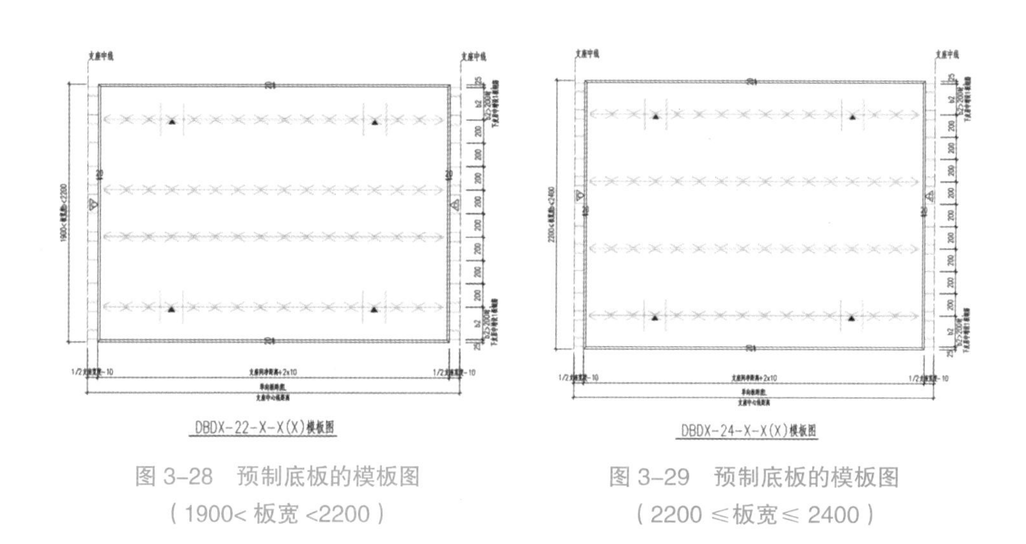

图 3-28　预制底板的模板图（1900< 板宽 <2200）

图 3-29　预制底板的模板图（2200 ≤板宽≤ 2400）

厚度为 60mm 的预制单向板底板，桁架钢筋占预制底板钢筋总量的比重见图 3-30。

以 3000mm 跨度、厚度为 60mm 的预制单向板底板，不同宽度的钢筋含量进行对比见图 3-31 及表 3-28。

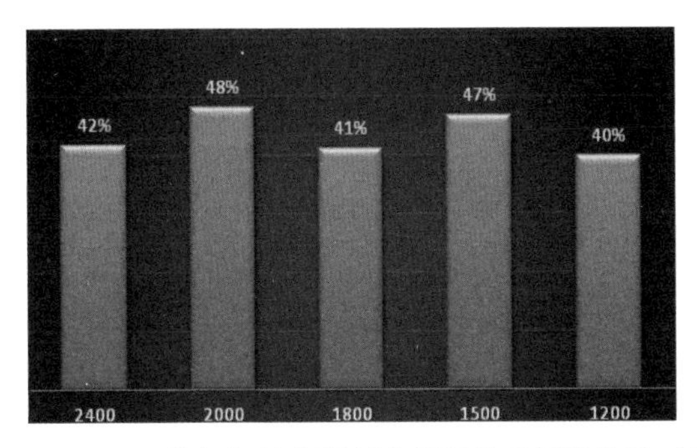

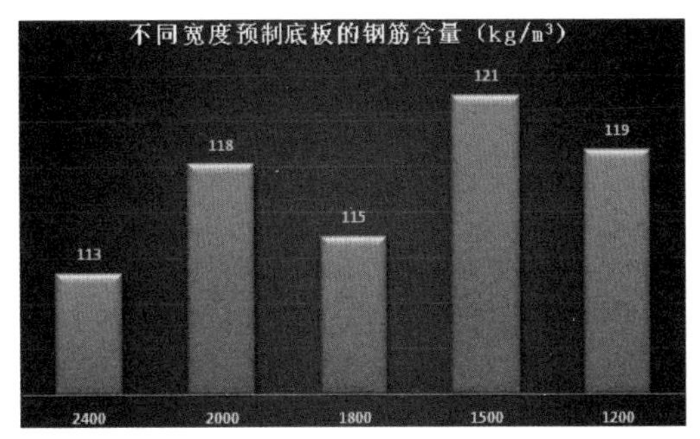

图 3-30　桁架钢筋占预制底板钢筋总量的比重对比　　图 3-31　不同宽度预制底板钢筋含量对比

不同宽度预制底板的钢筋含量计算明细表　　表 3-28

序号	项目	单位	DBD67 楼板宽度				
			3024	3020	3018	3015	3012
1	板宽度	mm	2400	2000	1800	1500	1200
2	预制底板面积	m^2	6.768	5.64	5.076	4.23	3.384
3	桁架钢筋重量	kg	19.15	19.15	14.36	14.36	9.574
4	受力钢筋重量	kg	11.85	8.295	9.48	7.11	7.11
5	分布钢筋重量	kg	14.98	12.45	11.19	9.29	7.39
6	钢筋总重量	kg	45.98	39.9	35.03	30.76	24.1
7	每平方米钢筋含量	kg/m^2	6.79	7.07	6.9	7.27	7.12
8	预制底板混凝土体积	m^3	0.406	0.338	0.305	0.254	0.203
9	每立方米钢筋含量	kg/m^3	113.3	118.1	114.9	121.1	118.7

根据表 3-28 可知：

①桁架叠合板的宽度接近或等于 600 模数时桁架布置越经济。

②在①的前提下，板宽度越大、钢筋含量越低。叠合板宽度为 2400mm 时的钢筋含量最低，比宽度 1500mm 的预制底板钢筋含量降低 $7.8kg/m^3$，比宽度 1200mm 的预制底板钢筋含量降低 $5.4kg/m^3$。

本项目除屋面层外预制底板的设计用钢量平均为 $118kg/m^3$，其中宽度接近或等于 600 模数的预制底板工程量占比 63%，含钢量平均值为 $114kg/m^3$。详见表 3-29。

不同宽度的预制底板钢筋含量表　　表 3-29

序号	叠合板规格（mm）				总数量（块）	总面积（m^2）	总体积（m^2）	钢筋总用量（kg）	钢筋含量（kg/m^3）
	模板类型	宽	长	厚					
1	1	1120	2620	60	66	194	12	1452	125
2	2	1200	2720	60	66	215	13	1507	117
3		1200	3120	60	66	247	15	1755	118

续表

序号	叠合板规格（mm）				总数量（块）	总面积（m^2）	总体积（m^2）	钢筋总用量（kg）	钢筋含量（kg/m^3）
	模板类型	宽	长	厚					
4		1420	2620	60	66	246	15	1571	107
5	3	1420	3120	60	66	292	18	1855	106
6		1420	3320	60	66	311	19	1948	104
7	4	1500	2720	60	66	269	16	1926	119
8		1500	3120	60	66	309	19	2243	121
9	5	1520	3120	60	66	313	19	2253	120
10		1520	3320	60	66	333	20	2354	118
11	6	1600	3120	60	66	329	20	2289	116
12	7	1720	3120	60	132	708	43	4611	108
13		1720	3320	60	66	377	23	2627	116
14		1800	1120	60	132	266	16	1955	122
15		1800	2620	60	132	623	37	4318	116
16	8	1800	3020	60	66	359	22	2428	113
17		1800	3120	60	132	741	44	5106	115
18		1800	3320	60	132	789	47	5329	113
19	9	1820	3020	60	66	363	22	2379	109
20	10	2020	1120	60	66	149	9	2956	330
21		2020	2720	60	66	363	22	2504	115
22	11	2120	2420	60	66	339	20	2402	118
23	12	2220	2280	60	66	334	20	2234	111
24		2400	1320	60	132	418	25	2978	119
25	13	2400	2720	60	66	431	26	2876	111
26		2400	3120	60	66	494	30	3351	113
27	14	2420	2420	60	66	387	23	2706	117
合计				60	2178	10199	612	71912	118

3）钢筋桁架设计对工程成本的影响

在钢筋桁架设计时，应考虑与底部钢筋位置关系、顶部钢筋位置关系、钢筋保护层厚度及设备管线的穿管空间。钢筋桁架与预制底板钢筋位置关系主要有两种情况：

情况 1：桁架下弦钢筋与主要受力钢筋布置在最下层，布置情况与受力情况一致，但工厂预制时次方向受力钢筋或分布钢筋需穿过钢筋桁架，造成施工不便。

情况 2：次方向受力钢筋或分布钢筋布置在最下层，桁架下弦钢筋与主要受力钢筋布置在上面，施工方便，但布置方式与受力情况不一致，在楼板钢筋计算时，应考虑保护层厚度的增加，有可能会增加受力钢筋的配筋量。

以最常见的 60mm 厚预制底板 +70mm 厚后浇叠合层、A80 桁架钢筋为例。

最外层钢筋保护层厚度为 15mm，按次方向受力钢筋或分布钢筋布置在最下层，次方向受力钢筋或分布钢筋直径为 8mm，桁架钢筋凸出预制板的高度为 15+8+80−60=43mm，在预制板上的桁架中可穿 20 ~ 25mm 电气预埋管。考虑支座负筋保护层厚度 15mm，桁架钢筋上部可放置钢筋的高度：130−60−43−15=12mm，另一方向支座负筋或分布钢筋需穿过桁架钢筋。

如桁架下弦钢筋与主要受力钢筋布置在最下层，桁架钢筋凸出预制板的高度为 15+80−60=35mm，在预制板上的桁架中理论上仅可穿 20mm 电气预埋管，考虑支座负筋保护层厚度 15mm，桁架钢筋上部可放置钢筋的高度：130−60−35−15=20mm，桁架钢筋可兼做支座负筋的马凳筋。

预制底板设计时，应考虑叠合层内电气管线的情况，合理布置预制底板内桁架钢筋的位置，保证电气管线布置的顺利实现，减小现场施工难度。如桁架钢筋位置不合适，楼板上电气管线交叉较多，70mm 厚后浇叠合层不满足管线布置的要求，因此将增加后浇叠合层的厚度，增加了建设成本。施工现场预制底板上电气管线布置详见图 3-32。

因建筑功能需要，建筑中有降板、连廊等特殊部位需要预制底板与周边梁底部一平的情况，因梁与板的保护层厚度不同，以及梁纵筋的影响，如不采取措施，预制底板外伸受力钢筋在现场伸入梁内施工较困难，影响现场施工效率，增加人工成本。以梁下部纵筋直径为 16mm，箍筋直径为 8mm 为例，梁下部钢筋总高度为 20+8+16=44mm，预制底板伸出钢筋的高度 15+8=23mm（考虑次方向受力钢筋或分布钢筋在最下层），两者相差 21mm，导致预制底板外伸钢筋无法伸入梁内。设计时应充分考虑现场施工的可行性，通过适当抬高预制底板标高或适当调整预制底板外伸钢筋高度以保证现场施工的顺利实现，叠合板端参考做法见图 3-33。

图 3-32 现场预制底板上电气管线布置图

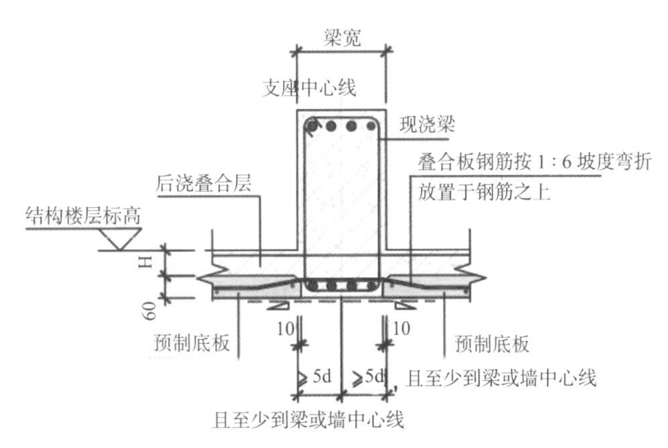

图 3-33 叠合板端（中间支座）支座做法

3.3.2 外围护系统和内隔墙系统的设计分析

外围护系统是由建筑外墙、屋面、外门窗及其他部品部件等组合而成，用于分隔建筑室内外环境的部品部件的整体。外围护系统一般由外墙（幕墙）、屋面、外门窗三大部分组成，满足结构、围护、保温隔热、防水、防火、隔声等性能要求。外围护系统的设计应符合模数化、标准化的要求，并满足建筑立面效果、制作工艺、运输及施工安装的条件。

非承重围护墙按照在施工现场有无骨架组装的情况，其主要包括预制外墙类、现场组装骨架外墙类和建筑幕墙类。预制非承重外墙板包括预制混凝土外墙挂板、蒸压加气混凝土板、复合夹芯条板等；现场组装骨架类包括金属骨架组合外墙体系和木骨架组合外墙体系等；建筑幕墙类包括天然石材、金属板、玻璃、人造石材、复合板材幕墙等。

常用的内隔墙可以分为预制混凝土内隔墙和轻质龙骨隔墙板两类。预制内隔墙分为预制普通混凝土内隔墙、预制轻质混凝土内隔墙、蒸压加气混凝土内隔墙、装饰混凝土内隔墙和预制其他轻质内隔墙（如木丝水泥等）。

外围护系统中影响外立面方案的成本主要有三种要素：门窗、保温、外饰面（图 3-34）。

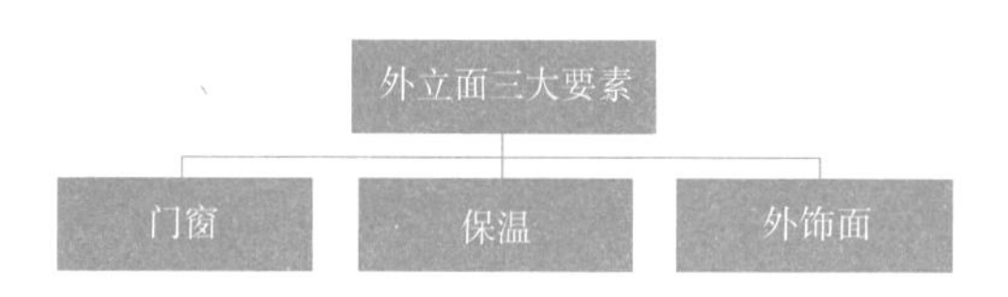

图 3–34　外立面设计的三大要素

1. 门窗

关于外立面门窗工程，主要涉及两个问题：

（1）窗框是先预埋，还是后安装（表 3-30）？

窗框预埋与后安装方案对比表　　表 3–30

对比项	方案 1 预埋	方案 2 后安装
现场图片		
管理	对管理要求高	一般

续表

对比项	方案 1 预埋	方案 2 后安装
安全	更安全	一般
质量	质量高，特别是防水质量“零渗漏”，减少客户投诉风险	一般
进度	生产效率低，生产进度慢；施工进度快，现场减少了框安装	一般
成本	生产成本高，同时会有成品保护成本；框面积大于洞口面积，增加成本，但会减少缝隙处理成本	预制后装企口和预埋件会增加模具成本
维护	门窗更换比较困难	门窗更换相对容易
其他	使用塑钢门窗受限，国内生产的大多数塑钢窗由于易变形，一般不能预埋	对门窗材质无限制
小结	更适合装配式	一般

在进度上，预埋方式会导致前期时间较紧，需要更为周密的策划和协调，例如门窗的提前招标、生产、供货。但后期在施工现场的工作量减少，利于缩短总体工期。预埋方式对项目管理能力有较高的要求。

在质量上，预埋方式具有优势，但同时也产生了相应的质量风险，即一旦预埋的窗框出现损伤，处理、更换会产生相应成本，因而成品保护非常重要。如图 3-35、图 3-36。

图 3–35　预埋窗框

图 3–36　预埋窗框成品保护

门窗框预埋方式对成本的影响主要有以下三点：

1）在构件生产成本中，增加窗框安装费，一般 10 ~ 15 元 /m，按住宅项目案例经验数据约 150 元 / 樘。相应需要减少门窗标段的门窗框安装费。

2）在构件生产成本中，增加窗框的成品保护措施费，按不同材料一般需要 10 ~ 20 元 /m。相应需要减少门窗标段的门窗框成品保护费；同时，需要根据使用环境的不同，优化成品保护措施的应用范围和使用材料，以降低成本。

3）在门窗生产成本中，增加门窗的材料用量。由于窗框预埋在混凝土结构内，因而非 PC 外框型材尺寸加长。相应需要减少门窗框在工程现场安装的固定件、缝隙处理等成本。

在预埋窗框情况下，需要跟进门窗报价范围及总包报价范围的相应调整。

（2）用副框还是不用副框？

预埋副框有以下三大好处：

1）在建筑全寿命期内可以随意更换门窗，比较灵活。

2）在构件生产时的模具用钢量相对低，不用为留企口而增加构造。

3）对前置条件要求低，比较适用于门窗工程来不及定标和供货的情况。

钢副框的制作和安装费一般在 15 ～ 25 元 /m。

预埋方式有全预埋、间断预埋两种，如图 3-37、图 3-38 所示。

图 3–37　副框全预埋

图 3–38　副框间断预埋

2. 保温

对于外墙保温的方式，常用的有外保温、夹芯保温和内保温三种。外保温用于预制外墙时，因其预制外墙表面平整度高而使用外保温则无法发挥这一特点所带来的工序与成本上的优势。夹芯保温在内、外叶墙体之间需有连接件连接，构造复杂，增加预制外墙制作难度，会带来一定程度的造价增加。内保温施工简便，造价相对较低，但在材料效率发挥方面与另外两种保温体系相比偏低。

保温系统的选择，主要涉及两个问题：

（1）是内保温，还是外保温（表 3-31）？

外墙保温方案对比表　　表 3–31

对比项	方案 1 外保温	方案 2 夹芯保温	方案 3 内保温
管理难度	生产难度小，施工管理难度大	生产难度大，施工管理难度最大	生产难度小，施工管理难度小
装饰适应性	差 石材外立面不能用	中等	好 对外立面材料选择无限制

续表

对比项	方案 1 外保温	方案 2 夹芯保温	方案 3 内保温
保温材料选择范围	小 一般是 A 级材料，或 A+B1 组合	小	大 一般可选 B1
安全	室外施工，材料防火要求高，安全风险大	施工安全	室内施工，要特别注意防火问题
质量	工艺复杂，耐久性较差，有脱落等质量风险；可以遮挡外立面构件的分缝	工艺要求高，一般不会出现保温层脱落等质量风险；但冷热桥问题较难解决，耐久性需要实践检验	工艺简单 热桥多，易结露；易被二次装修破坏；升温降温快，适合间歇性采暖的空间
进度	占用关键线路，工期影响大	与结构同步施工，进度快；但外立面复杂时施工难度大	不占用关键线路，可以穿插流水施工
成本	高，需要外架	有增量厚度、构件重、成本高	低 对内墙施工平整度要求低，铝模质量优势会降低
维护	外装饰面覆盖，维护困难	保温层免维护，也无法维护或更换；外墙拼缝打胶需要维护	室内精装层覆盖，保温层维护困难
其他	保温效果好，适合集中供暖城市，北方多用；上海政策文件不支持（沪建管联〔2015〕417 号文）	有一体化奖励，在高房价城市，例如上海，有奖励政策时较适用；但外立面装饰受限，尤其是石材幕墙；保温层与建筑同寿命	适合非集中供暖城市，南方多用；客户较敏感，影响室内使用面积，特别是毛坯房交付时易被投诉，且容易在后装修中被破坏；保温层厚度内可少量预埋机电管线，可以做到部分管线分离，获得装配率计算得分
小结	不能发挥装配式优势	较适合	更适合装配式

需要考虑的因素至少有以下方面：

1）保温层是否计算容积率（图 3-39 ~ 图 3-41）？

需要考虑的因素之一是当地的规划面积计算规则和针对性的扶持性政策，例如有些城市对夹芯保温外墙有最多 3% 不计容的奖励政策。

①若计容，则内保温为首选；

②若不计容，则外保温为首选。

图 3-39　围护墙外保温

图 3-40　围护墙夹芯保温

图 3-41　围护墙内保温

2）外墙装饰选材

如果是石材外立面或金属外立面幕墙，一般只能做外墙内保温，上海也有项目做夹芯保温，技术难度较大，例如上海凉城新村街道广粤路项目、上海三湘印象前滩项目。

除了上述保温方案以外，还有上海建工自主研发的预制叠合保温外挂墙板技术，也是夹芯保温方式，外墙采用“外叶板 + 泡沫混凝土保温层 + 内叶板”的构造；还有在上海御澜雅苑住宅项目使用过的硬泡聚氨脂保温板用作夹芯保温层。

3. 外饰面工艺

在《装配式住宅建筑设计标准》JGJ/T 398-2017 中指出，装配式住宅外墙外饰面宜在工厂加工完成，不宜采用现场后贴面砖或外挂石材的做法。

关于外立面装饰工程，主要涉及两个问题：

以 PC 外墙、石材外饰面为例，进行三个方案的对比（表 3-32）：

PC 外墙、石材外饰面方案对比表　　表 3-32

对比项	方案 1 艺术混凝土	方案 2 石材反打	方案 3 石材干挂
管理	难度大	难度大	一般
安全	好	好	一般
质量	粘结性能较好，质量好，耐候性好，无脱落风险，但质量容错度低	同方案 1；外立面连接缝明显，石材表面可能有黑点	有脱落风险，有一定的使用寿命
进度	与结构一起完成，不占用工期，减少工序，可以缩短工期 3 ~ 6 个月；可以免外架	同方案 1	占用工期，需要外架
成本	与模具周转次数有关，足够的重复次数可获得较低的成本（大概数 300 元 /m^2）	反打费一般 400 元 /m^2 左右	干挂费一般 400 元 /m^2 左右
其他	不影响计容，没有使用高度限制，同寿命设计，免更换	没有使用高度限制，同寿命设计，免更换	影响计容
小结	更适合装配式	适合装配式	没有发挥装配式的优势

而在装配式预制外墙的情况下，即使仍采用石材干挂，也分有龙骨干挂和无龙骨干挂两种方案，应尽可能发挥预制构件质量精度高的优势节约成本。详图 1-11、图 1-12。

（1）是否采用艺术混凝土工艺？

采用艺术混凝土工艺，没有装饰层，但有装饰面，或者是清水混凝土饰面，或者是其他艺术饰面（图 3-42、图 3-43）。只要在设计上提前考虑，有足够数量的相同构件，艺术混凝土外墙的成本是极低的，当然对精细化管理的要求是非常高的。以石材饰面为例（图 3-44 ~ 图 3-47）：

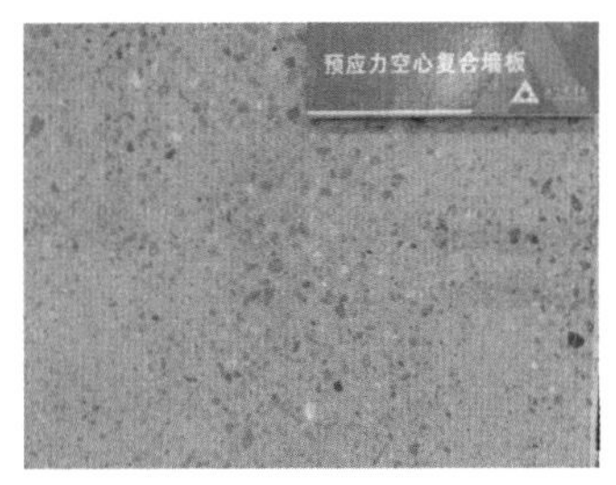

图 3-42　浙江中清大展示的艺术混凝土构件

图 3-43　精工钢构展示的艺术混凝土构件

图 3-44　上海同造科技的一体化装饰外墙

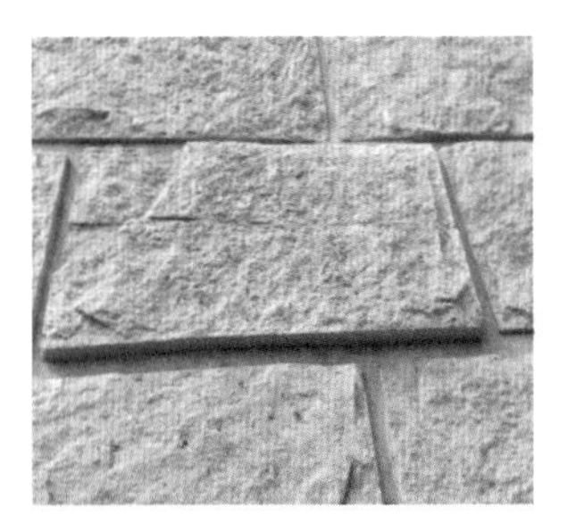
图 3-45　胶膜反打工艺石材效果外墙

图 3-46　石材反打外墙

图 3-47　预制外墙 + 石材干挂

（2）是否采用反打工艺

以瓷砖饰面为例（表 3-33）。

艺术混凝土与面砖外墙饰面方案对比表　　表 3-33

对比项	方案 1 艺术混凝土	方案 2 面砖反打	方案 3 面砖后贴
管理	难度大	难度大	成熟
安全	好	好	一般
质量	外立面连接缝明显，质量容错度低	同方案 1	一般
进度	缩短施工周期（3 ~ 6 月），免外架	同方案 1	占用工期
成本	胶膜反打成本与周转次数有关，周转 100 次的成本 20 ~ 30 元 /m^2	反打费一般 120 元 /m^2 左右	粘贴费一般 80 元 /m^2 左右
其他	同寿命设计，免更换	同方案 1	
小结	更适合装配式	适合装配式	没有发挥装配式的优势

北京副中心周转房项目是国内首次采用艺术混凝土胶膜反打工艺做外墙面砖饰面效果的项目，规模在 10 万 m^2 左右。

3.3.3 设备与管线系统的设计分析

《装配式住宅建筑设计标准》JGJ/T 398—2017 第 8.1.1 条指出，装配式住宅宜采用管线分离方式进行设计。（图 1-76、图 1-77）管线分离是一种将设备与管线不预埋在建筑结构内，而设置在结构之外的空腔内的方式。管线分离具有可检修、易更换的特点，符合建设项目全寿命期价值最大化的管理理念。

管线分离是装配化装修与传统装修的三大本质区别之一，在现行《装配式建筑评价标准》中，采用管线分离的项目可以在管线分离 4 ~ 6 分、干式工法 6 分、内隔墙与管线、装修一体化 2 ~ 5 分等评价项目上同时获得评分（表 3-34）。

设备与管线设计方案对比　　表 3–34

对比项	管线暗埋	管线分离
设计	各专业管线独立设计，需在主体上预留孔洞或预埋套管，对主体结构影响大	与建筑设计和内装设计同步协同进行，采用标准化、集成化、一体化技术，各专业系统既相对独立又互相融合
使用	设备管线埋设在主体结构中，管线老化或损坏时维修困难，设备与管线的重复使用率几乎为零	维修更换便利，最大化节约空间，提高运行效能；会占用室内空间，例如做吊顶会降低净高；剪力墙体系设置空腔会减少室内净面积，最好是结合内保温使用
质量	预留预埋的质量问题处理困难；影响主体结构工程质量	没有预留预埋，质量问题处理便利；不影响主体结构工程质量，有利于结构长寿化
进度	管线交叉多，碰撞检查比较重要，否则易出现现场返工，进度慢；在装配式混凝土建筑中，预埋增加了预制构件拆分设计和生产的工序和难度，降低了生产效率和速度	管线有独立空间，施工效率高，速度快；预制构件上无预埋，工序简化，效率高，速度快，易实现工业化生产
成本	在装配式混凝土建筑中，预制构件生产成本高；无管线空腔，施工成本低；翻修成本高	在装配式混凝土建筑中，预制构件生产成本低；有管线空腔，现场施工成本高；翻修成本低
其他	现场剔、凿、砸改多，噪声、粉尘和建筑垃圾等污染多	管线综合设计，集中布置，管线材料再次使用率提高，可以节材，利于环保
小结	不适合装配式建筑	更适合装配式建筑

吊顶和架空地板是管线分离方式之一，如图 3-48、图 3-49 所示。

图 3–48　吊顶

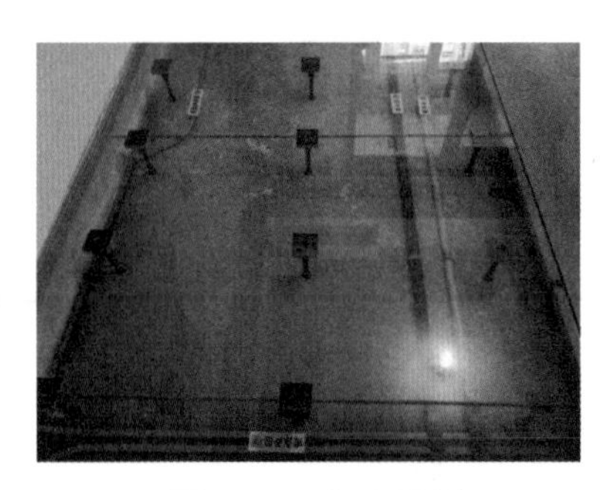

图 3–49　架空地板

3.3.4　装修系统的设计分析

在现行《装配式建筑评价标准》GB/T 51129 中，鼓励装饰装修与主体结构一体化发展，推广全装修，鼓励装配化装修方式。装配化装修是装配式建筑的倡导方向，在《装配式住宅建筑设计标准》JGJ/T 398-2017 中的定义是：采用干式工法，将工厂生产的标准化内装部品在现场进行组合安装的工业化装修建造方式。在该标准中同时指出"装配式住宅应采用装配化内装建造方法"。在《图解装配式装修设计与施工》中指出，干式工法、管线分离、部品集成定制是装配化装修的核心，也是与传统装修的三大本质区别。

图 3–50　装配化装修示意图（图片由和能人居提供）

全装修是认定和评价装配式建筑的硬性条件，而进一步采用装配化装修则可以同时获得内隔墙非砌筑、内隔墙与管线、装修一体化、干式工法地面、集成厨房、集成卫生间、管线分离等最高 40 分，加上主体结构的最低 20 分，总分超过 60 分，可以评价为 A 级装配式建筑，在相关城市可以获得政策奖励（图 3-50）。

关于装修系统是采取传统方式还是装配化方式，可以结合项目定位及表 3-35 进行综合分析。

装修方式对比　　表 3–35

对比项	传统装修方式	装配化装修
设计	装修与结构是分离式设计，工程现场尺寸多变，非标施工	结构与装修一体化设计，装修设计在建设项目方案设计阶段就要介入，且与预制构件的设计进行协同；设计中遵循标准化、模块化设计理念，按工业化建造方式进行设计
使用	使用年限短，维修和更换对主体结构和相邻空间影响较大，二次装修浪费大、成本高	标准部品部件在现场组合安装，有利于翻新和维护，部品部件的重置率高，翻新成本低，对结构主体和相邻空间基本无影响
质量	对土建工程质量偏差控制要求不高；原材料施工，工序复杂；湿作业，质量通病多；对工人的技术水平依赖大，施工质量风险点多；质量问题的维修麻烦，维修慢、成本高	对土建工程质量偏差控制要求高；工厂化生产，从源头杜绝了湿作业的质量通病；现场是半成品施工，规避了工人技术水平高低不稳定对施工质量的不利影响；维修便利，维修快、成本低
进度	现场湿作业多，工种多、用工量多，装修工期长	湿作业极少，工种少、用工量少；规避了不必要的技术间歇，还可以穿插施工，装修工期短。在提前介入设计、与结构穿插施工的情况下一般在结构封顶后 30d 内完工
成本	对装修标准和规模没有限制；成本变动风险较大；工期长，管理成本高、财务成本高	在装修标准和规模满足一定条件时具有较大的成本优势，在临界点以下，同等品质、成本高；在临界点以上，同等品质、成本低；成本可控，一价到底；管理成本低

续表

对比项	传统装修方式	装配化装修
其他	现场原材料浪费多，噪声、粉尘和建筑垃圾等对环境污染大	节能环保，减少原材料的浪费，噪声、粉尘和建筑垃圾等污染大为减少
小结	从长远来看，不适合装配式建筑；适用于仅需要达标的装配式建筑	更适合装配式建筑；最低可以获得60%装配率，适用于A、AA、AAA级装配式建筑

3.3.5 其他部品部件的应用分析

装配式，不仅可以使用在建筑主体上，在建设项目的围墙和景观部品部件上，也有着更大的用途。

本案例通过传统的现浇混凝土石材方案与装配式清水混凝土围墙方案进行对比分析，通过质量、进度、成本、运维、观赏度等几个方面做分析，在考虑围墙的全寿命周期成本和项目品质的情况下，最终选择装配式清水混凝土围墙作为最终落地方案。

此方案经过一个小区的试点成功后，企业已将此围墙方案标准化并推广使用。主动应用在装配式适合的地方，以发挥装配式建筑的综合优势。

【案例6】住宅小区清水混凝土围墙案例分析

（1）工程概况

本工程是郑州某地产项目2018年初定标的预制清水混凝土围墙工程，预制率为80%。主要分为两种构件，清水混凝土墙体968.2m、清水混凝土柱子222块（表3-36）。

工程概况表　　表3-36

工程地点	河南省郑州市高新区
建筑面积	地上建筑面积258707m^2
主要业态	高层
定标时间	2018年3月
主要工程量	围墙总长1079.20m；围墙基座长度968.20m；其中500×500围墙柱222个 围墙高度2.40m
预制率	80%（地下部分是传统现浇结构）

（2）方案对比

住宅小区的围墙，不仅起到安全维护的作用，更是作为景观的一部分，是住宅小区的点睛之笔（图3-51）。

住宅小区的围墙成本一般占景观成本的5%左右，是业主看得见、摸得到的直接体验部分，属于敏感性成本因素，又与小区安防工程直接相关，故围墙工程的品质，直接关系到客户的满意度，是成本管理的重点关注对象。

图 3-51　清水混凝土围墙

在确定铝合金栏杆为栏杆方案的基础上，综合分析围墙方案：现浇混凝土 + 石材方案与预制清水混凝土方案进行对比分析（表 3-37 ~ 表 3-40）。

方案对比分析表　　表 3-37

对比项	方案 1 普通现浇混凝土外贴石材	方案 2 装配式清水混凝土构件
质量	施工质量偏差较大，石材湿贴容易出现泛白、破损、脱落等质量问题，影响效果	坚固耐用
进度	受天气影响较大，存在延误工期风险	提前预制，现场吊装，工期有保障
成本	石材价格一直上涨，成本风险加大	全寿命期成本高 4%；成本涨幅风险较小
运维	易破损，维修量大，石材替换成本高，维修成本高；石材替换易形成后补色差，影响观感和项目品质	一般不会破损，物业管理工作量小，维护成本低
观赏度	易有色差，影响观感	表面平整光滑，混凝土天然色，色差小

全寿命周期成本分析　　表 3-38

序号	对比项	单位	方案 1 传统混凝土 + 石材湿贴	方案 2 装配式清水混凝土
1	围墙工程量	m	1079	1079
2	单位建造成本	元 /m	2517	2637
3	合计建造成本	元	2716851	2846096
4	使用年限	年	30	30
5	每次维修成本	元 / 年	1000	100
6	合计维修成本	元	15372	1537
7	全寿命周期成本	元	2732223	2847633
8	单位全成本	元 /m	2532	2639
9	差值		100%	104%
说明	方案 1 对应每年维修一次，每次发生 1000 元；方案 2 对应每 3 年维护一次，每次发生 100 元；按 5% 的利率折现，30 年折现系数为 15.372			

成本指标对比分析　　表 3-39

序号	对比项	单位	方案 1 传统方案	方案 2 装配式方案
1	地上建筑面积	m^2	258707	258707
2	围墙延长米	m	1079	1079
3	围墙高度	m	2.40	2.40
4	围墙面积	m^2	2590	2590
5	综合单价	元 /m	2517	2637
6	围墙面积单方指标	元 /m^2	1049	1099
7	建造成本合计	元	2716851	2846096
8	地上建筑面积单方指标	元 /m^2	10.5	11.0

围墙方案综合单价组成明细　　表 3-40

方案	柱子	基础及其他	围墙基座	栏杆	刺网	综合单价（元 /m）
	元 / 个	元 /m	元 /m	元 /m	元 /m	
方案 1 传统围墙	2779	153	1155	511	350	2517
方案 2 装配式清水混凝土围墙	2735	153	1298	511	350	2637

注：围墙长 1079m，其中柱子 222 个（折合 111m），清水混凝土墙体 968.2m。

1）围墙柱

两种方案的成本组成明细详表 3-41、表 3-42。

方案 1——普通石材柱综合单价分析表　　表 3-41

序号	工作内容	单位	工程量	人工	材料	其他	综合单价
1	基础土方开挖	m^3	1.81	40	0	10	91
2	土方回填	m^3	0.98	14	0	3	17
3	土方转运	m^3	0.83	10	0	3	10
4	素土夯实	m^2	1.39	2	0	1	3
5	300 厚三七灰土垫层	m^3	0.42	120	35	39	81
6	100 厚 C20 素混凝土垫层	m^3	0.10	120	460	146	70
7	正负零以下 C25 混凝土基础	m^3	0.16	550	470	258	203
8	正负零以上 C25 混凝土柱	m^3	0.33	550	470	258	422
9	正负零以下 C25 混凝土柱	m^3	0.10	550	470	258	132
10	钢筋制作安装	t	0.06	0	3800	960	282
11	30 厚黄锈石立面石材	m^2	4.77	100	120	56	1313
12	500 × 500 × 100 厚黄锈石压顶	m	0.40	30	100	33	65

续表

序号	工作内容	单位	工程量	人工	材料	其他	综合单价
13	20 厚 1 : 3 低碱水泥砂浆	m^2	4.77	0	15	4	90
合计		个	1	973	1246	560	2779

方案 2——清水混凝土柱　　表 3-42

序号	工作内容	单位	工程量	人工	材料	其他	综合单价
1	基础土方开挖	m^3	1.81	40	0	10	91
2	土方回填	m^3	0.98	14	0	3	17
3	土方转运	m^3	0.83	10	0	3	10
4	素土夯实	m^2	1.39	2	0	1	3
5	300 厚三七灰土垫层	m^3	0.42	120	35	39	81
6	100 厚 C20 素混凝土垫层	m^3	0.10	120	460	146	70
7	正负零以下 255 厚 C25 混凝土基础	m^3	0.16	550	470	258	203
8	正负零以上 C25 清水混凝土柱	m^3	0.54	1000	1613	660	1767
9	正负零以下 C25 混凝土柱	m^3	0.16	550	470	258	207
10	钢筋制安	t	0.06	0	3800	960	286
11	清水混凝土面层	m^2	4.77	0	0	0	0
合计		个	1	875	1309	551	2735

2）围墙基座

两种方案的成本组成明细详表 3-43、表 3-44。

方案 1——普通石材围墙基座综合单价分析表　　表 3-43

序号	工作内容	单位	工程量	人工	材料	其他	综合单价
1	正负零以上 C25 混凝土墙	m^3	0.17	550	470	258	217
2	正负零以下 C25 混凝土墙	m^3	0.26	550	470	258	326
3	钢筋制作安装	t	0.04	0	3800	960	170
4	30 厚黄锈石立面石材	m^2	1.00	80	120	51	251
5	100 厚黄锈石压顶	m	1.00	30	100	33	163
6	20 厚 1 : 3 低碱水泥砂浆	m^2	1.50	0	15	4	28
小计		m	1	344	578	233	1155

方案 2——清水混凝土围墙基座综合单价分析表　　表 3-44

序号	工作内容	单位	工程量	人工	材料	其他	综合单价
1	正负零以下 200 厚 C25 混凝土基础	m^3	0.13	550	470	258	164
2	正负零以上 C25 清水混凝土墙	m^3	0.17	1000	2000	758	639

续表

序号	工作内容	单位	工程量	人工	材料	其他	综合单价
3	正负零以下 C25 混凝土墙	m^3	0.26	550	470	258	326
4	钢筋制作安装	t	0.04	0	3800	960	170
5	清水混凝土面层	m^2	1.34	0	0	0	0
小计		m	1.00	381	656	262	1298

围墙基础、栏杆、刺网的做法和单价相同，此处不列表详述。

3）预制清水混凝土柱子及墙段

报价分析详见表 3-45、表 3-46。

①围墙柱子

清水混凝土柱子报价清单（–100mm 以上装配式） 表 3–45

序号	名称	单位	工程量	单价	合计
1	人工费				384
1.1	钢筋加工及安装	kg	34.50	0.65	22
1.2	混凝土浇筑及养护	m^3	0.58	550	316
1.3	装车费	项	1.00	45	45
2	材料费				498
2.1	钢筋	kg	34.50	3.8	131
2.2	C30 混凝土	m^3	0.58	475	273
2.3	垫块	个	20.00	0.15	3
2.4	预埋螺母	个	8.00	3	24
2.5	预埋钢板	t	0.01	3800	32
2.6	辅材、电动工具、修补材料	项	1.00	35	35
3	机械费	项	1.00	50	50
4	水电费	项	1.00	15	15
5	模具费用	项	1.00	113	113
6	构件蒸汽养护费用	元	1.00	40	40
7	运输费用	个	0.05	1500	71
8	管理费（按 6% 考虑）	项	0.06	1171	70
9	利润（按 10% 考虑）	项	0.10	1241	124
10	税金（按 10% 考虑）	项	0.10	1365	136
11	单构件合计	个	1.00	1501	1501
12	按混凝土量折合每立方单价	m^3			2611

②围墙基座

清水混凝土墙基座报价清单（-100mm 以上装配式）　　表 3-46

序号	名称	单位	工程量	单价	合计
1	人工费				132
1.1	钢筋加工及安装	kg	16.90	0.65	11
1.2	混凝土浇筑及养护	m^3	0.21	360	76
1.3	装车费	项	1.00	45	45
2	材料费				215
2.1	钢筋	kg	17.00	3.80	65
2.2	C30 混凝土	m^3	0.21	475	100
2.3	预埋件	个	4.00	3	12
2.4	垫块	个	15.00	0	2
2.5	预埋钢板	kg	2.80	3.80	11
2.6	辅材、电动工具、修补材料	项	1.00	25	25
3	机械费	项	1.00	50	50
4	水电费	项	1.00	6	6
5	模具费用	项	1.00	93	93
6	构件蒸汽养护费用	项	1.00	15	15
7	运输费用	块	0.03	1500	42
8	管理费（按 6% 考虑）	项	0.06	552	33
9	利润（按 10% 考虑）	项	0.10	585	52
10	税金（按 10% 考虑）	项	0.10	637	53
11	单块合计	块	1.00	690	690
12	按混凝土量折合每立方单价	m^3			3279
说明	1. 本报价不含现场安装费，现场安装甲方分包。 2. 本报价包含场内制作的所有费用，含人工及材料上涨风险费用，含构件到场运输及指定地点的卸车费。 3. 不含现场成品保护费				

（3）装配式清水混凝土围墙的制作方法

1）设计理念

根据图纸要求，预制围墙分为围墙和预制柱两种构件，围墙和柱子的尺寸如图 3-52 所示。根据围墙和柱子的具体尺寸及工程造价的因素考虑，将围墙和柱子 -100mm（假设地面为 ±0.000）以下的部分现场浇筑，-100mm 以上的部分采用清水混凝土预制。

地面以下 -100mm 以下的部分现场浇筑。将围墙和柱子按地面 -100mm 以下的部分现场浇筑，地面 -100mm 以上使用清水混凝土预制的方式进行制作。在现浇柱和预

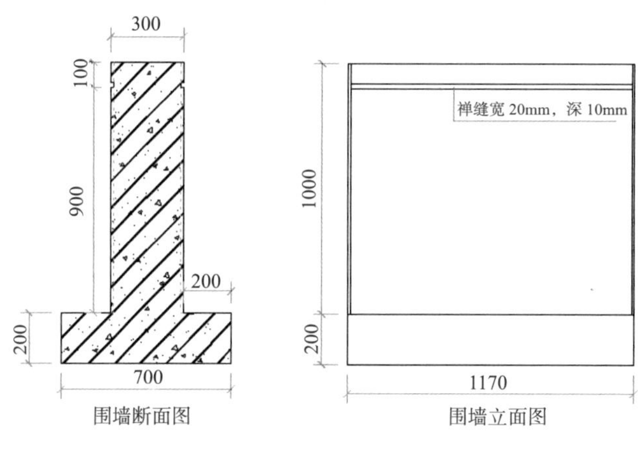

图 3-52　围墙与柱尺寸图

制柱接缝处的四角预埋 150mm × 150mm，厚 12mm 钢板，柱子中的预埋钢板向内凹进 20mm。

2）具体工序（表 3-47）

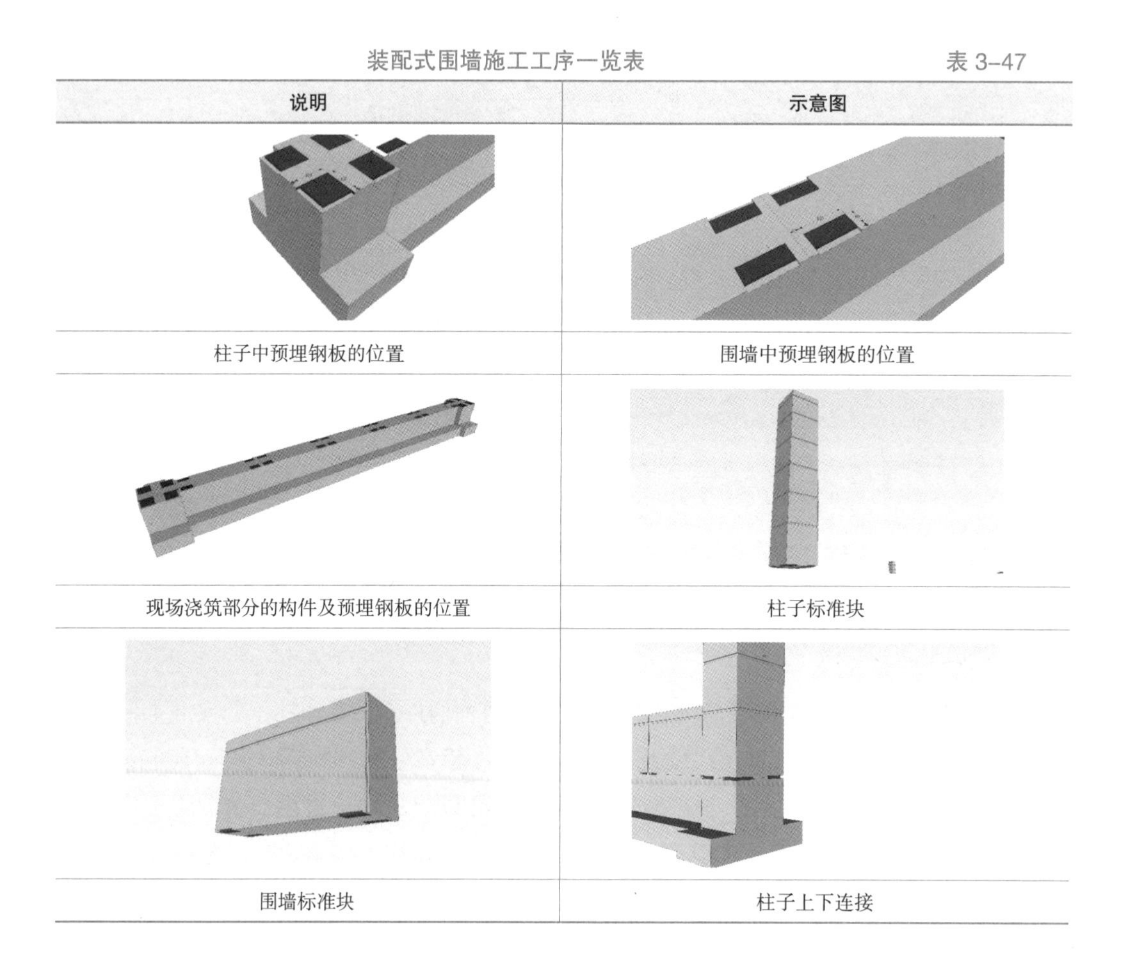

装配式围墙施工工序一览表　　表 3-47

说明	示意图
柱子中预埋钢板的位置	围墙中预埋钢板的位置
现场浇筑部分的构件及预埋钢板的位置	柱子标准块
围墙标准块	柱子上下连接

续表

说明	示意图
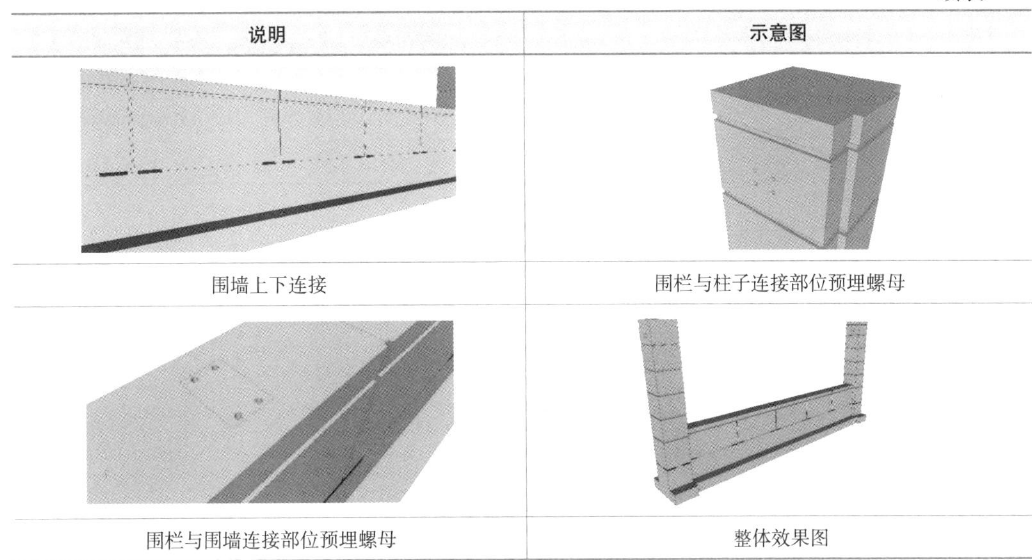	
围墙上下连接	围栏与柱子连接部位预埋螺母
围栏与围墙连接部位预埋螺母	整体效果图

3.4 装配式混凝土结构的结构设计限额指标的调整

在企业现有的限额设计指标体系的基础上，结合装配式建筑的具体要求来调整结构设计限额指标。

基于某剪力墙结构住宅工程的案例分析和总结得到的经验数据，将装配式钢筋混凝土建筑增加的结构设计限额指标分为预制率 20%、30%、40%（均是混凝土体积比）三种情况列表见表 3-48 ~ 表 3-51，因项目特征差异大、标准化设计程度参差不齐，表中数据的离散较大，仅供参考。

建议在设计单位招标中，由各投标单位在标书中提出限额设计调整的数量及明细，结合设计费用进行竞争性报价，以综合评分法来确定设计中标单位。

剪力墙住宅的设计增量表　　表 3–48

序号	预制率指标	钢筋增量（kg/m²）	混凝土增量（m³/m²）
1	20%	3.15 ~ 4.60	0.016 ~ 0.020
2	30%	4.15 ~ 6.30	0.017 ~ 0.022
3	40%	5.65 ~ 8.8	0.029 ~ 0.041

剪力墙住宅的设计增量表（预制率 20% 时）　　表 3–49

序号	增加原因		钢筋增量（kg/m²）	混凝土增量（m³/m²）
1	结构设计	结构计算规范差异等原因	0.50 ~ 0.80	—
2	楼梯	预制楼梯	0.15 ~ 0.30	—

续表

序号	增加原因		钢筋增量（kg/m²）	混凝土增量（m³/m²）
3	楼板	叠合板板厚增厚（增厚 20mm 时）	2.00 ~ 2.50	0.014 ~ 0.016
4	其他构件	其他构件	0.50 ~ 1.00	0.002 ~ 0.004
合计			3.15 ~ 4.60	0.016 ~ 0.020

剪力墙住宅的设计增量表（预制率 30% 时）　　表 3–50

序号	增加原因		钢筋增量（kg/m²）	混凝土增量（m³/m²）
1	结构设计	结构计算规范差异等原因	0.80 ~ 1.00	—
2	楼梯	预制楼梯	0.15 ~ 0.30	—
3	楼板	叠合板板厚增厚（增厚 20mm 时）	2.00 ~ 2.50	0.014 ~ 0.016
4	暗柱	暗柱	0.60 ~ 1.00	0.003 ~ 0.006
5	剪力墙	预制承重剪力墙	0.60 ~ 1.50	—
合计			4.15 ~ 6.30	0.017 ~ 0.022

剪力墙住宅的设计增量表（预制率 40% 时）　　表 3–51

序号	增加原因		钢筋增量（kg/m²）	混凝土增量（m³/m²）
1	结构设计	结构计算规范差异等原因	1.00 ~ 1.50	—
2	楼梯	预制楼梯	0.15 ~ 0.30	—
3	楼板	叠合板板厚增厚（增厚 20mm 时）	2.00 ~ 2.50	0.014 ~ 0.016
4	暗柱	暗柱	1.50 ~ 2.50	0.005 ~ 0.010
5	剪力墙	预制承重剪力墙	1.00 ~ 2.00	0.010 ~ 0.015
合计			5.65 ~ 8.80	0.029 ~ 0.041

在应用时需要注意以下 4 点：

（1）上述指标是针对地上部分，不包括因地上结构自重增加而导致地下部分结构指标增加；

（2）楼板的上下限取值分别对应预制比例 70%、80% 两种情况，可以根据项目预制比例直接调整；

（3）剪力墙按内墙预制考虑，在预制比例不够时补外墙预制；全部按外墙预制时，需要上调相应数据；

（4）根据项目户型、层数、标准化程度的不同，数据都会产生差异。

（5）需要注意特殊情况下的含量调整，一是增加了预制构件，例如 PCF 板、三明治板等构件，增加比例较大；二是预制了非结构部分，例如飘窗部分的砌体变为钢筋混凝土，增加比例较大；三是诸如预制楼梯在生产、运输、吊装过程中各工况下的承载力及裂缝控制验算未通过的情况下需要加厚的情况需要额外增加混凝土用量 0.0005 ~ 0.0009m³/m²。

第 4 章

招标与采购

定得早，单位好，成本才可能好。

◆ 导读：本章分析了装配式项目招采与普通项目的差异和风险，并给出了管理思路和工作流程；在合约策划中着重介绍了时间管理、招标模式、标段划分、计价方式等方面的不同之处和应对方法，以及在供方考察、清单编制等方面的差异和要点。

4.1 装配式建筑招标采购的总体思路

现阶段，装配式建筑在招标采购环节面临的主要问题是适应于装配式建筑发展的市场机制尚不成熟、市场资源尚不充分甚至部分地区严重缺乏、价格信息不透明，全国大部分地区还没有形成充分竞争的市场环境。

在这种大环境下，要做好装配式建筑的招标采购，尤其要重视集团和区域的引领性和指导性作用，要重视整体的合约策划，要重视与相关部门和企业的沟通和协同，掌握更多的客观限制条件和管理前置要求，制定一份既符合管理制度规定又满足装配式项目实际需要的招采方案。

4.1.1 差异分析

在招采环节，装配式带来的差异主要有三点（图 4-1）：

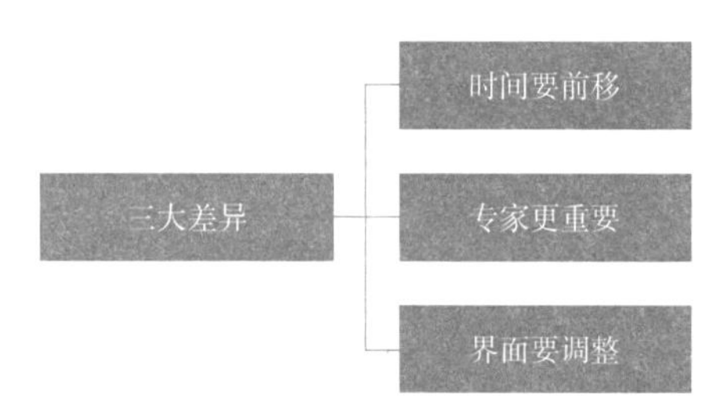

图 4–1　装配式项目招采的三大差异

1. 时间要前移

要在装配式建筑的设计阶段发挥成本控制价值，有三个前提条件，一是要有好的设计单位来做设计；二是要在更早的时间开始做设计；三是要有足够的设计周期来做好设计。由于装配式建筑的部品部件均是提前预先设计、预先生产，因而装配式建筑需要技术前置和管理前置，促使招采工作也必须前置。大部分标段的定标时间要往前移，例如总包、机电、精装、门窗、栏杆等都要在装配式专项设计完成前定标，并参与到一体化设计工作中。

2. 专家更重要

通过招标采购找设计单位、生产单位、施工单位等企业的目的不仅是找个单位来干活，更重要的是要能取长补短，用合作企业的优势来弥补甲方企业在某一方面的不足。这一点在装配式项目上尤为重要，设计单位、顾问单位、总包单位、供应商，不再只是实施者，不再只是按委托人意图做、按设计图做，而是决策影响者、协同设计者，他们影响甚至决定最终的成本。因而，专业经验、专家价值更加突显，装配式建筑的事前策划和设计对成本控制效果更加直接和显著。设计单位的选择是招采工作的重中之重。建议在装配式有关咨询顾问和设计单位的定标时间和价格上需要给予成本倾斜和工作侧重。

3. 界面要调整

由于现阶段的装配式混凝土建筑是传统现浇混凝土与预制装配式并存的建筑方式，传统合约范围要增加预制装配式的相关内容，例如所有专业的设计合同都要增加装配式一体化设计的责任；传统的合约界面要增加预制装配式的相关工作之间的界面，例如总包要增加预制装配相关甲供或甲指内容的合约界面。只要有装配式，项目合约规划就需要重新梳理、界面需要重新约定，不能照搬套用。

4.1.2 风险分析

在装配式建筑的招采全过程，需要重点防范三大风险（图 4-2）：

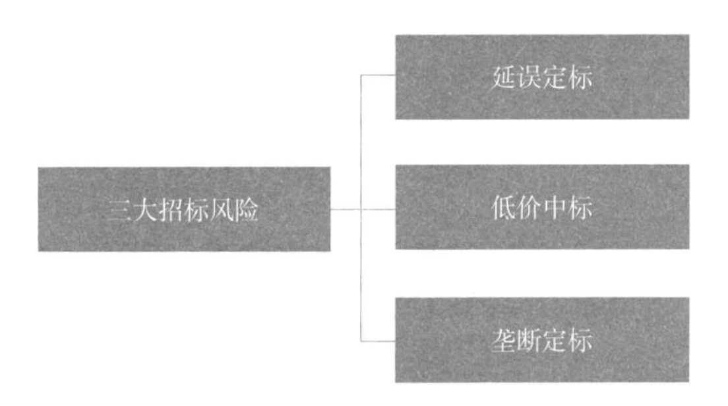

图 4-2 装配式建筑招标采购的三大风险

1. 延误定标的风险

定标时间滞后，特别是装配式专项设计单位的定标滞后，会导致成本控制错过最为关键的前期策划和方案设计阶段，装配式建筑难以扬长避短，后期难以弥补。同时，例如总包单位未能提前定标，则总包单位不能参与到装配式专项设计中，会导致塔吊、外架、模板等技术方案不能利用装配式的优势实现优化设计，相关的预埋件也可能预埋不准确，或预埋无效，都会产生无效成本。提前招标、提前定标，才能实现装配式的技术前置和管理前置，才能有时间、有单位来进行一体化设计、优化设计，才可能降低装配式的成本增量。

2. 低价中标的风险

在现阶段，在装配式相关标段上容易出现不合理低价中标的情况，原因有三点：

一是由于装配式建筑较传统建筑目前还有一部分成本增量，但大多数城市的房地产开发项目都有销售限价，这是额外增加的成本压力；二是在现阶段，很多房地产项目是不得以才做装配式，是被动做装配式，这种环境下容易出现严控装配式相关成本，能低则低；三是我国的装配式建筑处于发展初期，市场资源并不充分，市场还没有形成相对稳定的价格机制，还没有一个公允的组织或标准来判断什么是合理低价，容易出现能低多少就低多少的情况。

例如在上海预制率 40% 的情况下，装配式专项设计费用低则 7 元 /m^2，高则 15 元 /m^2，其中的差价并非就是超额利润，大多数情况是匹配不同经验和能力的设计团队，产出质量和经济性相差甚远的设计图纸，其中有一个现象就是设计费越少、装配式深化设计图纸也越少，该有的详图没有，该说明的没有说明。解决这一问题，行业自律是解决方案之一。2019 年 12 月 17 日，上海市装配式建筑设计与咨询行业自律联盟发布了《装配式混凝土建筑专项设计咨询指导价》（第一版）的征求意见稿（表 4-13），将推动建筑设计市场的健康有序发展，保障装配式建筑工程的设计质量。

在目前一些设计企业处于“低设计费 + 低标准设计 + 低层次服务”的恶性循环之下，处于上游的设计委托方可以发挥市场引领和引导作用，通过系统的标前考察、标后履约管理等全过程管理措施规避“不合理低价中标”，建立基于设计质量的评价体系和浮动设计酬金机制，引导“优质优价”甚至高价中标，同时通过合约管理措施避免“高价低质”。

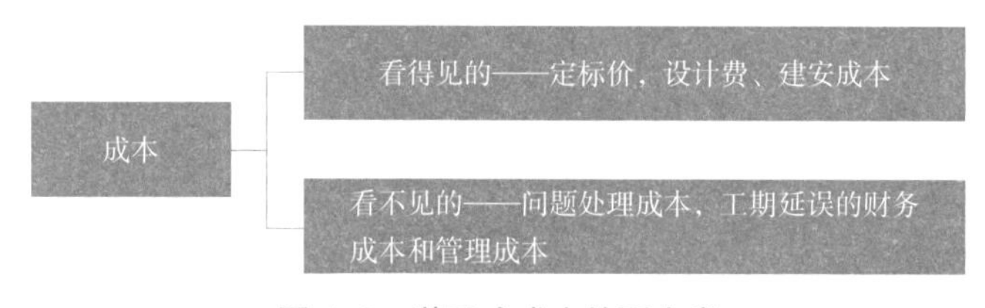

图 4–3　装配式成本的两大类

低价中标得到的是一部分看得见的成本降低，而另一部分看不见的成本可能增加更多。不合理低价的情况下最终吃亏的是委托人（图 4-3）。

3. 垄断定标的风险

充分了解每家企业的资源优势和相互关系，有利于规避被垄断，有利于获得更优质的资源和合理的价格。在现阶段，装配式领域相关的材料供应商、预制构件厂家、设计单位、咨询单位、总承包单位等之间的业务界面被打破，相互之间的关系比较灵活，也比较复杂，企业之间的资源整合、联合、联盟、合作等情况多见。发挥相关单位的优势，利用相关单位之间的竞争关系，有利于项目总体目标的实现。反之，类似垄断的情况则不利于项目总体目标的实现。

为规避垄断，需要更加重视调研，需要提前调研。单项目招标，一般情况下需要对当地 150km 范围内的供应商进行调研，充分了解工程所在区域的供需关系，以及供应商之间的相互关系。如果有垄断的情况，如双 T 板、SP 板等供应商较少的情况则需要将范围进一步扩大。而全国范围内的战略招标，则需要考虑供应商在所辖的若干个项目的地理位置的辐射关系，尽量选择辐射更广的供应商。

4.1.3　管理思路

公司总部和项目公司要齐头并进，重视装配式带来的管理差异问题，共同做好装配式这一新型建造方式下的风险管理。

公司总部需要提前制定装配式专项工作流程，明确各职能部门的权责和界面，组织修订相关招标管理制度和业务流程，并制定一套适应装配式建筑的操作指引、标准合同等指导性文件。

项目公司需要及早组织管理团队进行学习，组织收集和分析当地政策、调查市场资源，组织进行工程参观、交流和供方摸底等招标前的准备工作，为总部提供当地实际情况的信息，便于总部制定出适合当地实际情况的招标政策和灵活的工作指引。

（1）对于装配式项目的招采，建议在企业还没有建立适应装配式建筑的相关制度体系时，采取图 4-4 所示的管理思路，以解决前置与制度之间的问题和矛盾；在总结相关装配式项目的操作经验后，再对企业的制度体系，特别是部门协同机制进行适当地调整，以适应装配式建筑的管理特点，为项目推进扫清障碍。

图 4-4　装配式建筑招采思路建议

（2）在装配式建筑项目的招采工作中，需要特别注意以下三点（图 4-5）：

图 4-5　装配式建筑招采注意事项

时间，是房地产开发项目最大的成本，尤其是在我国装配式建筑发展的现阶段，装配式混凝土建筑的结构工期普遍较传统的结构工期长一些。抢时间、抢资源，是降本增效的基础和前提。

1. 抢时间

合理的时间，对应合理的成本。

让供应商参与到项目设计过程中，是国际公认的降低材料采购成本的主要方式。抢时间定标，优秀资源就有充足的时间在装配式项目设计过程中发挥更多的专业智慧。越早定标、装配式的成本越低；一旦招标滞后，损失重大，弥补困难。装配式部品部件要预先生产的特点，要求装配式项目要提前确定设计、生产、施工等单位，只有这些单位都能在项目前期开展工作，才能在前端进行策划和协同，设计才有可能是最经济的。

装配式的前置管理特点要求招标工作首先要前置，特别是装配式的设计及咨询单位，只有这些单位前置了，才能避免“后装配设计”。相对于定标价格，时间更为重要。否则一旦审图通过，后进行的装配式专项设计将导致原设计的修改，需要重新审图，在实施比较困难的情况下就只能牺牲成本，在不改变原设计方案的情况进行强拆分设计，导致不合理的装配式设计图，而不合理的设计，对应不合理的成本和工期。

装配式专项设计的周期越充足，设计协调会讨论得越深入和超前，设计越优化，综合成本越低。提前确定装配式相关的单位，才能为正式施工前预留足够的时间来进行设计协同，才能预留出合理的设计周期、生产周期、施工周期，合理的周期，就会有技术经济合理的设计图纸，就会有合理的成本。

2. 抢资源

招采管理的目标之一就是找到能弥补甲方短板的中标单位，对于装配式来讲就是做过装配式工程项目，有丰富的经验和教训积累的单位。但是现阶段，装配式领域面临的就是人才稀缺，懂的人特别少，培养比较慢，但装配式项目规模发展又特别快，人才供不应求，特别是有工程实践经验又懂管理和成本的人。

这其中尤其需要争夺的资源是专家顾问资源和具备装配式全产业链能力的总承包企业，还有签约单位背后的资源，包括部分关键的二级供应商。但抢资源不是说抢到这样的单位和人就行了，还要抢到供应商所服务项目中的优先地位，双方建立相对稳定的、对等优先的合作关系。

在装配式项目上，资源整合的功能更明显、价值更大。现阶段的市场资源供不应求，要想找到合适的供应商、获得合适的价格，需要更多的管理智慧。如果仍按常规项目的合理低价中标模式难以找到优质单位，质量和进度的可控性降低，反而会增加较大的隐形成本（图 4-6）。

在取得优势资源的同时，需要注意形成内部竞争性环境，构建履约评估机制，不断激发供方的服务意识和创新能力。从资源争夺这个角度讲，需要灵活调整政策，不必死守适用于传统成熟项目的招标制度，例如在传统制度中对议价方式、投标单位数量的规定等内容可能不适合现阶段装配式市场现状。

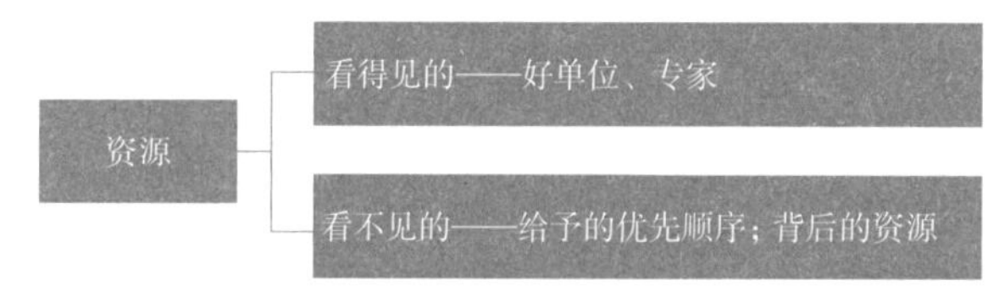

图 4-6　装配式资源的两大类

3. 降成本

通过将传统设计、装配式设计、生产、施工等标段提前完成招定标，有利于提高前期决策的合理性；有利于从设计一开始就植入装配式思维，进而组织一体化设计的协同，为组织各单位进行充分的讨论和协同提供充足的时间，从而优化设计、缩短工期。有装配式经验的设计单位就能帮助项目少走弯路，避免不必要的试错成本，为项目提供经济性好的设计方案；优质的构件生产企业和安装单位，能在设计一开始就参与设计协同与优化，提高设计方案的生产和施工的便利性，从而缩短标准层工期、降低综合成本。

4.1.4　两大定标原则

对于装配式建筑项目来讲，在定标原则上尤其重要的是取长补短和优质优价两大原则。

（1）取长补短。这一定标原则同样适应于装配式建筑。一是对于本章中所对比的各个招标模式的方案选择，二是对于每一个标段的中标单位的选择，都是基于甲方企业和招标项目的特点，特别是不足之处来进行选择，选择能发挥项目长处、规避项目短板的方案，选择能弥补项目短板的投标单位。

（2）优质优价。这一定标原则尤其适合装配式建筑。装配式建筑相关标段，都具有装配式建筑本身的特征，高集成和低容错，参建方的技术和管理实力尤其重要，特别是在前端的装配式专项咨询顾问和设计类标段。同样的装配式建筑项目，同样的质量要求和时间要求，优秀的供应商能够带来更多的成本节约和技术支持。建议结合装配式建筑的成本管理特点，充分发挥投标单位的技术实力和管理经验，本着好的单位可以少走弯路、减少出错频率、可以带来成本减量的思路确定评标规则，从算总账、算大账的高度来定标。

因而，在这两大原则的前提下，建议适当加大技术标在评标体系中的权重。例如在传统项目评标体系中，对设计、咨询等单位增加 20% 到 30% 的权重，对构件供应增加 10% 到 15% 的权重等。同时，在技术标中，要求投标单位提供技术经济性分析表，阐述采用这家单位后，能给委托人带来的技术经济效益，从而便于委托人做出定量化的综合决策，避免高价低质问题。例如要求装配式设计单位提供限额设计指标数据，深化设计图中的模具平均周转次数、结构设计钢筋和混凝土含量的限额值等。

4.1.5　组织和流程

建立和健全装配式招采组织机构的一般流程是先成立组织、后制定规则（图 4-7）。

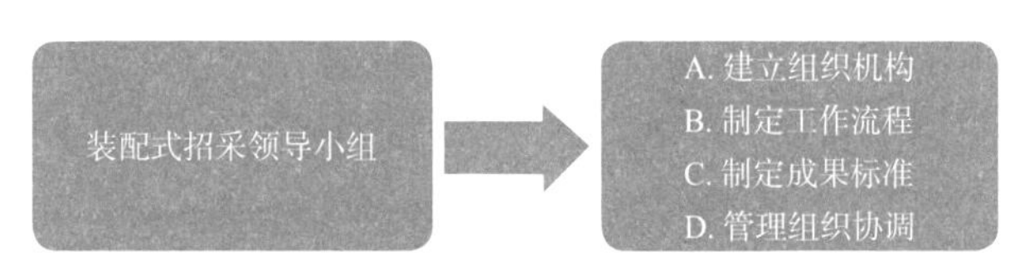

图 4-7　装配式招采组织机构

（1）无论是集团，还是项目公司，建议先成立装配式领导小组，统筹和组织装配式相关工作。从长期来看，建议由建筑设计负责人牵头，现状大多是结构负责人或成本负责人牵头。

（2）在原有招标管理制度体系的基础上，重新建立装配式招标专项工作流程和管理办法（表 4-1）。

装配式招标专项工作流程和管理办法建立思路　表 4-1

序号	工作事项	工作内容	责任部门
1	合约策划	（1）招标模式 （2）计价模式 （3）合约要点	招采
2	考察入围	（1）资源摸底和调查 （2）考察报告、总结	招采、设计、工程
3	招标过程	（1）PC 范围和界面、工期和质量标准、配合等招标依据复核与讨论 （2）招标文件和清单编制 （3）发标后按正常招标流程	招采
4	履约管理	（1）交底管理 （2）设计提资管理 （3）样板楼成果评审 （4）第一次成果评审 （5）问题和争议处理 （6）履约评价、优中选优	设计、工程、招采

4.2　装配式建筑的合约策划管理

装配式项目的合约策划，重点关注四个问题（图 4-8）：

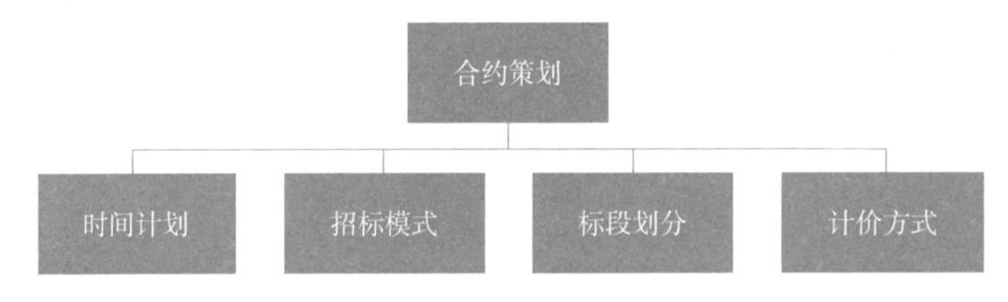

图 4-8 装配式合约策划四大工作

4.2.1 时间计划

由于预制构件是预先生产、提前生产，所以很多定标时间要提前。即基于技术前置和管理前置的需要，为装配式专项设计预留充分时间，最好能与项目概念设计同步协同，进行充分的研究和讨论；需要为构件生产预留充分时间，最好能参与方案设计，以提供生产便利性，同时给予合理的首批供货时间，保证模具摊销能最大限度接近设计值、成本合理。

（1）装配式设计集成的内容较多，需要更多时间进行协同和优化。装配式建筑的设计需要同时考虑其他专业设计、总包、生产、安装等各项要求，难度相对大，协调工作量、出图工作量都成倍增加，设计周期延长，需要给设计预留足够的协调、优化时间。一般而言，设计集成的内容越多，所需时间越长；项目团队的装配式案例经验越少，所需时间越长。

（2）模具摊销成本是构件生产成本的大项，时间合理、摊销就合理。构件生产需要合理的首批供货时间和总的供货周期，给构件厂家的生产周期相对宽松，则模具套数可以减少。例如一个标准层有 20 块相同的墙板，给 10d 的生产周期，只需要 2 套模具，给 2d 的生产周期就需要 10 套模具。因而需要给构件生产预留足够时间，以避免设计周转次数打折甚至落空。如果预留时间不够，就只能在模具成本和供货周期之间进行平衡，一般情况下都会牺牲成本保进度。

1. PC 工程计划的差异

了解 PC 工程计划的差异是制定招标时间计划的前提。在时间管理的差异上，很多专业工程标段、设计标段的定标时间原来由相应专业工程的开工时间来确定，现在要调整为由 PC 深化设计的开始时间确定。

装配式工程的时间计划如图 4-9 所示。

在工程实践中，有 PC 的项目设计周期一般会延长 1 ~ 2 个月时间，因而设计单位招标要较以往提前完成。同时对于上图中增加的工程内容，一般将这部分增加的工程内容前置到与方案设计同步开始，在地下室结构封顶前完成构件生产，避免占用关键线路。

（1）PC 专项设计单位的招标建议与方案设计单位同时完成，便于协同完成 PC 专项设计，如有可能将模具设计也一起前置，与 PC 专项设计同时完成。

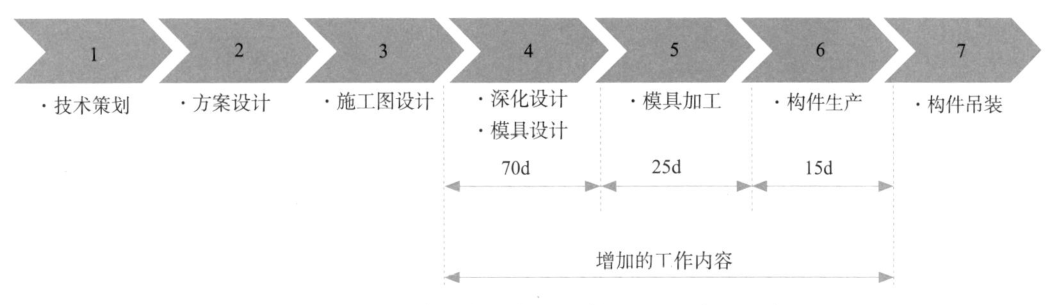

图 4–9　装配式建筑工程计划差异示意图

（2）所有需要在构件上预留预埋的标段要在 PC 设计完成前 20d 定标。包括总包单位、构件生产单位、结构预埋材料供应商或品牌、机电单位、精装单位、门窗和栏杆单位（若有预留预埋）、幕墙单位等均需要在 PC 专项设计完成前 20d 定标、提资、参与协同设计，避免预埋失效或事后弥补。

（3）要注意专业设计单位的定标时间要提前，以便了解 PC 设计的要求并向 PC 设计提资。例如外立面设计单位、内装设计单位、泛光照明等。需要结合每个专业设计单位的出图工期进行倒排，要满足 PC 设计出图时间的要求。

特别是内装设计和外装设计，在传统项目中就存在反复修改的情况，大多都超出项目公司把控范围，在装配式项目中可能的修改就更多了，需要额外地预留更多的时间来进行协同。

（4）各项工作需要的时间

如表 4-2 所示，各项工作时间都有调整空间，需要结合项目具体情况和要求，与相关单位进行沟通确认，最好在招标中确定下来。

预制构件到场前的相关工作及时间节点　　表 4–2

序号	工作内容	所需时间（d）	说明
1	装配式技术策划	30 ~ 45	
2	装配式方案设计	25 ~ 35	
3	装配式专项评审	5 ~ 10	不同城市、不同技术体系有差异
4	PC 拆分图设计	45 ~ 60	一般由原设计单位完成
5	PC 深化图设计	25 ~ 30	
6	PC 模具设计	10 ~ 15	一般由模具厂完成
7	PC 模具生产	10 ~ 30	视生产任务饱和情况
8	PC 试生产	5 ~ 10	
9	首批构件出厂	5 ~ 10	

相关承包单位参与装配式一体化设计流程的节点如图 4-10 所示。

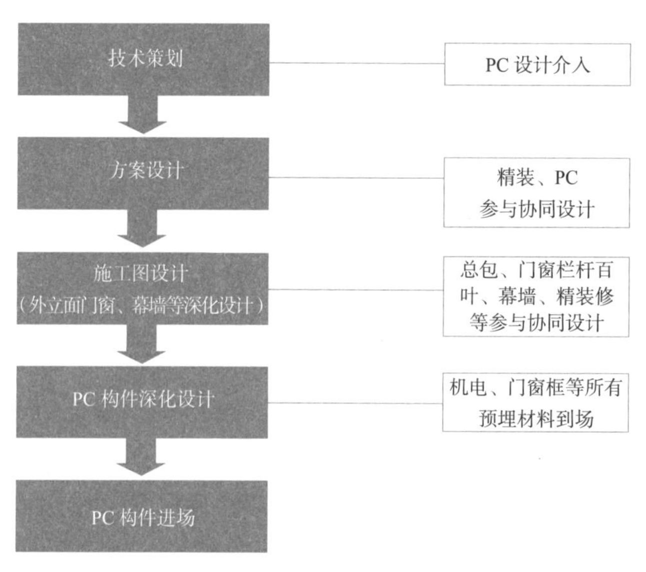

图 4–10　相关单位参与装配式一体化设计流程示意图

2. 编制招标计划的注意事项

（1）增加的标段

包括：装配式专项设计单位、顾问单位、预制构件厂，还有甲供甲指材料构配件供应商（灌浆套筒和灌浆料、保温连接件、密封胶等）。

（2）较传统项目需要前置的标段

包括精装设计、外装设计、机电、外立面门窗栏杆幕墙等所有需要在预制构件中进行预留预埋的标段（图 4-11）。

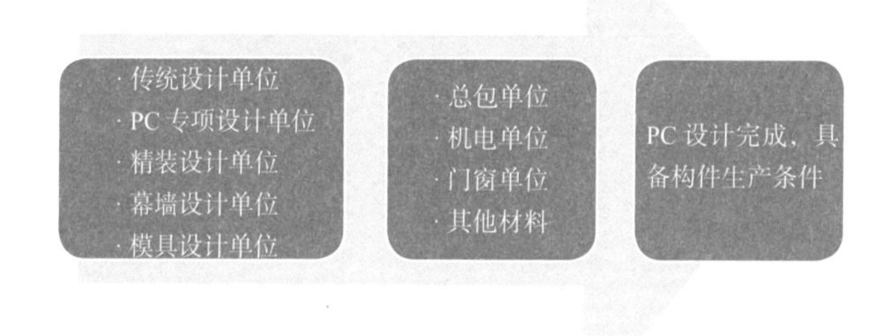

图 4–11　装配式招标前置标段示意图

（3）构件供货周期

一般从构件厂家确定、具备深化设计图的情况下，构件供货周期如表 4-3 所示。

预制构件的供货周期　　表 4–3

序号	类型	所需时间（d）
1	首批供货周期	最短 15d（只有叠合板时）
2	首批供货周期	最长 45d 左右（有墙、阳台等构件时）
3	后续供货周期	一般在 6d 左右供应一层构件
4	应急供货周期	在蒸汽养护条件下，理论上 2d 可以应急供应一层，一般构件的生产周期是 1d

3. 抢时间的主要思路

（1）规则在先，工作在后

很多第一次做装配式的公司或项目，都或多或少出现了被趁乱打劫的问题，导致成本偏高。主要原因在于原来的招标制度和流程不适应装配式的新情况。

建议集团和区域及时建立装配式相关的专题组织机构、专项工作制度和指引，发挥指导、引领、规范的作用，保障招标工作正常有序推进。

（2）战略招标在先，分项招标在后

可以先行进行区域性战略招标的标段包括装配式相关咨询顾问、专项设计单位、构件厂家及关键材料配件的供应商，减少各项目在开发前期的招标工作内容，避免招标延误。同时，战略性招标对降低构件生产成本作用明显，因稳定的、基本类似的构件有利于构件厂家提高产能、降低成本。

（3）定标时间优先，有图无图灵活应对

在还没有 PC 深化图纸甚至还没有施工图的情况下，采用“暂定工程量、模拟含量、固定材料单价”的方式招标，有利于为项目创造前置管理、构件厂家参与前期协同设计的条件，争取更大的前置管理收益。

（4）公司政策为指导，项目灵活选择实施方案

对于装配式设计由谁做、构件由谁供应等可以预知方案的问题，由集团或区域公司制定相应指导意见。项目公司以集团或区域公司政策为原则，根据项目实际情况，自主地、灵活地选择相应的招标模式，在统一政策下提高项目公司决策的自主性和灵活性。

（5）以包干为原则，灵活选择不同的包干程度

对于构件供应是总价包干还是单价包干，还是可调综合单价（模拟材料含量、固定材料单价）包干，由项目根据实际情况和工期要求自主选择（参见图 4-9）。

（6）把“是否有能力做装配式”作为定标的一票否决条件

选用有装配式工程经验的设计单位、总包单位来做装配式项目，是控制风险的主要措施。有装配式经验的单位来做装配式，可以做到效率高、问题少，可以大幅减少因不熟悉装配式、不适应装配式导致的工期延误及成本浪费。

4.2.2 招标模式

在装配式项目的招标模式上，主要解决三个问题（图 4-12）：

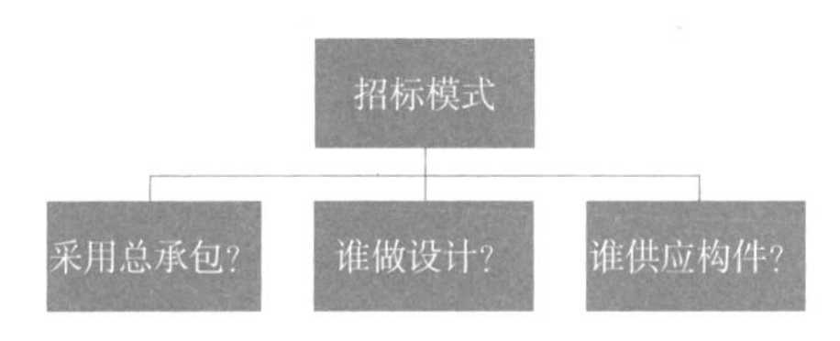

图 4-12 装配式招标模式三大问题

1. 是否采用总承包模式?

总承包模式，即对工程设计、采购、施工或者设计、施工实行总承包的承发包方式。总承包在成本管理上的优势是“总价包干”、“结算即概算”，由总承包单位对建设项目的工程总成本负责。

在《国务院办公厅关于大力发展装配式建筑的指导意见》（国发办 [2016]71 号文）中要求装配式建筑原则上采用工程总承包，这是国家对装配式建筑承包模式的总要求。

在住房城乡建设部和国家发改委制定 2019 年 12 月 23 日印发的《房屋建筑和市政基础设施项目工程总承包管理办法》中，明确了具体的实施办法，要求工程总承包单位应当具有与工程规模相适应的工程设计资质和施工资质，或者由具有相应资质的设计单位和施工单位组成联合体。

逐步尝试和推广 EPC 总承包模式，用组织管理模式创新来降低综合成本。EPC 和 BIM 是装配式建筑发展的“一体两翼”中的“两翼”。从成本角度而言，装配式建筑有增加成本的地方，也有减少成本的地方，但是这一增一减并非一一对应的关系，因而只有整体对整体的考虑才能解决装配式的成本问题，只有算大账才能解决装配式的成本问题。从这个角度讲，EPC 应用于装配式建筑有其独特的成本优势。EPC 与传统 DBB 模式的对比如表 4-4 所示。

装配式建筑的承发包模式对比表 表 4-4

管理模式		传统模式 DBB	EPC
基本概念		不同承包商 分别承担设计、采购、施工	一家单位 承担设计、采购、施工
基本特征	管理	分割式管理	集成式管理
	工期	依次进行、工期较长	集成管理、工期最优
	协调	多点责任、分工明确，但责权利不清晰；多头管理、协调困难	单一责任、责权利清晰；一家总承包，管理简单

续表

管理模式		传统模式 DBB	EPC
基本特征	成本	可选单位多、竞争性好，定价优；后期变更多、索赔多	现阶段的可选单位少，竞争性差，有中标价高的风险；后期变更少、索赔少
	质量	可施工性差、质量风险大	可施工性好、质量风险小
风险	甲方	大	小
	乙方	小	大
可控性	甲方	大	小
	乙方	小	大
小结		不适合装配式建筑	适合装配式建筑

现阶段，我们房地产项目中应用 EPC 模式存在以下三大壁垒：开发商主导下的分阶段切割管理模式在短期内难以改变；具备 EPC 项目管控能力的承包商较少，可供业主方选择的余地不大；与 EPC 模式相配套的监管机制尚不健全。

各地对于 EPC 总承包模式也有相应的扶持性政策，例如河南省装配式建筑评价标准中，对于采取 EPC 总承包的装配式项目给予加 1 分的奖励，即可以减少增量成本 6 ~ 8 元 /m^2。同时，采用 EPC 模式也是装配式建筑参评示范项目的条件之一。

（1）政府投资项目优先开展 EPC 模式的先行先试。

EPC 工程总承包模式的管理特点是前端要考虑后端、前端后端要联动，EPC 模式下的甲方、设计、生产、施工等各个环节利益一致、有机结合而不是传统模式下的碎片化的各自为政、机械式的依次进行的方式。这样的好处是可以系统性地优化设计方案，设计师考虑生产、运输及施工经济性和便利性，工厂及施工技术人员为设计提供建议，这样的设计与生产及施工交叉的管理模式使设计方案的可生产性、可装配性大大提高；可以从总体上平衡各项成本与收益，避免责任和利益的背离问题，从而有效地统筹工程的质量、进度、成本等建设目标，缩短工期、降低成本、提高质量。

政府投资项目优先采用工程总承包模式可以为社会起到示点、示范的带头作用，积累经验教训，推动工程总承包模式的顺利发展。如图 4-13 所示南京江北新区人才公寓（1 号地块）项目，总建筑面积约 23 万 m^2，施工合同额 14.02 亿元，预制装配率 65%，是住建部、江苏省、南京市建筑产业现代化示范项目。

（2）部分房地产开发项目持续进行 EPC 模式的尝试和试点。

房地产开发项目是我国基本建设中体量最大、投资最大的部分，房地产开发项目进行 EPC 总承包模式的尝试和试点有利于系统性地降低成本、提升品质，从而发挥装配式建筑的优势，促进装配式建筑的良性发展。陆续已有房地产企业开始使用这种总承包方式，万达集团从 2015 年 1 月 1 日开始执行总包交钥匙模式。

图 4-13　江苏南京江北新区人才公寓 EPC 总承包项目（中建八局三公司）

图 4-14　江苏海安万达海之心公馆 EPC 总承包项目（中建八局三公司）

图 4-14 所示万达集团开发的海安海之心公馆，预制装配率 50%，是万达集团实行 EPC 总包交钥匙模式的项目之一。

（3）在现有情况下积极地尝试装配式部分的设计与制作、施工一体化模式。

在装配式领域，小 EPC 项目较为多见，例如设计生产一体化承包、生产和安装一体化承包等多种方式。主导企业有设计单位、总承包企业、构件生产单位等多种形式。

装配式部分的加入使普通的房地产项目没有增加工程量但增加了项目管理难度和工作量，而使用局部的 EPC 模式可以使得原项目模式和团队基本维持现状不需要多大改变，这是的一个现实条件。同时，各个具有部分 EPC 能力的企业均能提供低于原方式下的报价，这使得装配式部分尝试开展 EPC 具有经济性。

（4）在 EPC 模式下扩大 BIM 的应用范围和深度。

在 EPC 模式下，工程项目组织管理的集成度和复杂度极大提高，设计、采购、生产、施工等各个环节的交叉和协同需要有一个与之匹配的信息管理系统，而 BIM 技术的应用正好解决这一难题。在决策上，BIM 技术使得设计前期的方案选型决策变得更加可视化、可量化，大大提高决策的准确度；在设计上，通过三维设计、预制构件拆分、协同设计，可以大大减少常规设计中的错漏碰缺问题；在生产上，BIM 技术使得构件加工图设计更快捷，构件生产的可视化和数字化减少生产误差，提高生产效率；在施工上，通过设计方案的施工组织模拟及质量可追溯等手段，确保施工进度与质量。

2. 谁做装配式专项设计?

设计单位的确定是甲方招采环节的重中之重。

首先，需要理清的是装配式专项设计，甚至是“装配式建筑在上”的主导设计，不是类似幕墙、钢结构一样的二次设计；其次，需要注意现阶段整个行业特别缺乏有经验的装配式设计师，供不应求，容易出现设计问题，特别是设计不经济的问题；其三，装配式建筑的工期相对更紧张，设计工作一般没有返工的可能，因而选好单位很重要。

对于装配式专项设计的实施单位，目前有三种方案（见表 4-5），但无论哪种方案，原设计单位都需要进行设计一体化统筹和对设计成果负责。

三个方案各有利弊，没有好坏之分，分别适用于不同情况。但建议优先由原施工图设计单位直接做装配式建筑的专项设计。

装配式设计单位的定标方案对比　　表 4–5

对比项	原设计单位	PC 专项设计单位	构件厂家
设计	容易实现一体化设计，能够更好的把握设计完成度，确保最终设计效果	PC 设计受控性较好，有专门单位进行装配式协同设计的统筹	对设计效果的保证有风险，需要投入较多的协调、确认工作
成本	限额设计责任清晰，不会相互推诿	成本受控性较好；但在限额设计超标时易相互推诿	省设计费；生产便利、生产成本低
质量	全部设计均由一家设计单位负责，不会扯皮、不会推诿、不会出现出图盖章问题	能较好地平衡生产和施工的便利性	设计图可以较好地保证生产便利；因设计原因导致的问题由构件厂家直接承担，责任明确
进度	较容易协调	协调环节较多，需要投入较多协调	需要委托人统筹协调事项较多；构件生产时不会因为深化图纸问题中的问题扯皮
风险	容易出现对构件生产和安装考虑不周的风险；如果有问题，不容易及时暴露出来解决	协调工作量较大	存在对构件安装考虑不周全等风险；出图盖章可能有问题
适用情况	设计单位的 PC 团队实力较强；委托人团队装配式经验不多	原设计单位不具备装配式设计经验和统筹能力、委托人团队有较强的装配式管理经验	构件厂具有较强的深化设计能力和统筹能力；可以在专项设计方案完成度较高的情况下使用

也可以根据实际情况灵活安排，例如由原设计单位或装配式专项设计单位做装配式方案和拆分图设计，由构件厂家做深化设计，由于深化设计造成的构件浪费由构件厂家自行承担，可以发挥构件厂家的优势，减轻甲方管理和前端设计的风险。

3. 谁负责供应预制构件？

对于 PC 构件供应方式的分析和选择，主要涉及税务、成本、工程管控风险等三个因素。目前业内 PC 标准层工期较传统现浇结构工期延长甚至失控的主要原因是 PC 供应跟不上的问题。结合行业内标杆企业的做法，从企业治理层面防范风险是首先可以选择的方案，例如万科成立了自己的构件生产工厂，旭辉成立了自己的装配式全产业链企业，绿地参股了总承包企业和构件生产工厂等。

除了上述的特殊情况，从招标采购角度而言，构件供应方案主要包括以下三种（图 4-15）：

构件厂家与谁签合同的问题是招标工作中普遍面对的问题，地产总部制定针对性的指导文件，有利于项目公司直接选择适合的招标模式及时开展招标工作，减少请示汇报环节，加快定标速度。建议先定下基本原则：

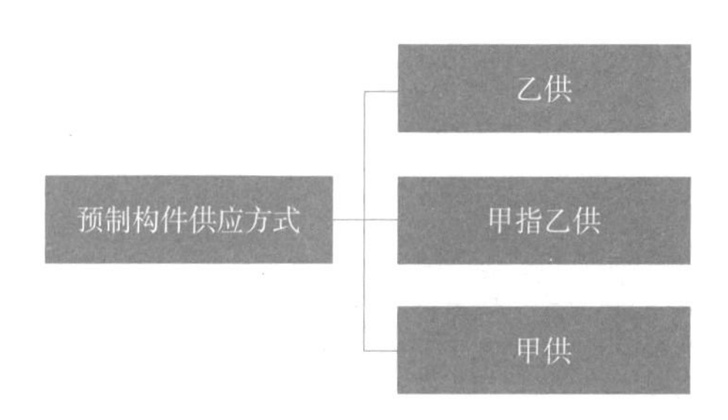

图 4-15　预制构件供应方案

（1）优先考虑由总承包单位供应构件。特别是总承包单位有自己的构件厂，或有长期合作的构件厂，这种情况下总承包供应的好处更加明显。

（2）全产业链、集群式发展的装配式企业更容易获得成本优势。例如涵盖设计、构配件供应、模具生产、构件生产、施工的企业更容易控制成本；在同一区域有多家工厂的企业，更容易控制成本。

（3）采取何种供应方式，还要看项目所在地区构件的供需关系如何，若供<需，供货延误的风险较大，招标竞价也有困难，这种情况下由总包供应可能比委托人供应能更好地控制风险；若供>需，一般没有供货延误和价格竞争性低的风险，甲供也可以。

表 4-6 归纳了常用的三种构件供应方式的界面和特点，根据项目需要和风险管理能力进行选择适合项目的方式：

预制构件供应方式对比　　表 4-6

对比项		乙供	甲指乙供	甲供
优势	成本	界面简单，索赔少	限定构件价格，构件成本可控，但增加了总包管理费	可节约材料总价约 5%（管理费、利润、税等）
	质量	质量受控性一般，质量责任清晰	质量责任清晰	质量受控性好
	进度	总包协调力度大，委托人责任少，组织协调工作量少	增强可施工性、可以缩短工期；减少业主大量的管理和协调工作	供货能力受控性好，管理灵活性较大
	风险	委托人风险最小	减少业主方承担的风险	发生变更时能及时通知工厂调整，能有效监控返工量
劣势	成本	对总包要求高，定标价可能偏高（总成本可以优化降低）	委托人增加构件供应招标；总包合同中会增加部分管理费用；不能发挥总包优化管理、降本增效能力	界面复杂，索赔点多；管理及协调工作量大，需要专人管理和协调构件生产，管理成本高
	质量	一般	一般	质量验收责任不清，容易相互推诿
	进度	一般	一般	一旦出现构件供应不及时会导致现场返工、窝工等风险；组织协调工作量大，需要增加管理人员

续表

对比项		乙供	甲指乙供	甲供
劣势	风险	构件厂的可控性较低，设计变更的索赔风险大	（1）业主对总包需要有很强的管控能力，可能无法管得很细； （2）总包可能挪用或延迟支付预制构件的供应价款，不及时支付导致构件供应不及时	委托人风险最大 由于 PC 构件本身引起的安装问题易导致总包扯皮、处理不积极
适用情况		委托人力量不足、已完成 PC 专项设计图纸；总包装配式实力强、经验丰富	未完成 PC 专项设计	委托人力量强、有税务筹划需要、未完成 PC 专项设计

（1）乙供：承包人自行与构件厂签署合同。将 PC 构件纳入总包合同范围，由总包单位自行选厂、自行采购、自行深化设计、自行模具设计、模具制作、构件生产、运输、安装等全部内容，委托人只负责技术和质量把关。

（2）甲指乙供：承包人与构件厂签署合同。相对乙供模式不同的是构件厂家由委托人指定可选厂家范围和最高限价。这种招标方式需要在总包招标前完成构件供应招标，并将承包人联系方式和限价一并在招标文件报价清单中列明，由总包单位在投标报价中进行选择。

（3）甲供：委托人与构件厂签署合同，要注意预付款问题。总包只负责构件进场验收、堆放、安装。

甲供方式下需要注意构件供应与安装的合约界面问题。以表 4-7 为示例，请根据项目需要调整。

预制构件甲供方式下的合约界面　　表 4–7

序号	工作内容	委托人	构件厂	总包单位
1	设计	①确定设计单位和预制构件厂家； ②组织设计协调会	① PC 深化图复核、优化、会审； ②模具图深化设计	①提资，一般需要在模具设计前 7d 提供预留、预埋的技术要求，包括塔吊方案、卸料平台方案、外架方案、现浇结构的模板方案等； ②会审，对设计图纸的可施工性提供意见
2	生产	①按合同支付预制构件材料款； ②派驻监理驻厂进行质量和进度的管理	①预制构件生产制作所需模具的采购、主材、辅材、各种预埋件、安装预埋件、制作、生产、运输、质量检验、成品保护、存放	①按确认的深化设计图提供构件生产中需要预留预埋的机电线管、金属件或其他物件（如有专业分包的情况下由专业分包提供，如门窗框）给构件厂
3	运输	①确认预制构件到货计划； ②组织预制构件验收	①首批运输前提前 15d 踏勘现场，提供对运输路线的要求； ②运送合格的 PC 构件至委托人指定的工地场内； ③提供产品原始资料、材料送检报告、合格证	①车上验收、接收、卸货

续表

序号	工作内容	委托人	构件厂	总包单位
4	堆放	—	①提供构件堆放所需要货架	①负责堆场建设和维护
5	安装	①组织建设工法楼和试吊装	①发货前 5d，到工程现场进行技术交底； ②配合处理在安装过程中出现的关于构件生产环节的问题	①按设计要求进行安装

4.2.3 构件供应标段划分

现阶段，在构件厂家任务饱和的地区，为了有效控制延迟供货风险，确保进度，多数企业通常的做法是，10 万 m^2 的项目一般会选择 2 ~ 3 家构件厂同时生产、供货（图 4-16）。

图 4-16 某住宅小区效果图

针对构件供应的标段划分，可选方案包括按楼栋、按户型、按构件，其中按楼栋和按构件划分的方案对比如表 4-8 所示。

构件供应标段划分方案 表 4-8

序号	对比项	方案 1 按楼栋划分	方案 2 按构件类型划分
1	特点	1 栋楼对应 1 家构件厂 （1 家构件厂同时供应所有构件）	1 栋楼对应 2 ~ 3 家构件厂 （每个构件厂家只供应其中部分构件）
2	工程	管理相对简单，协调工作量少	管理较复杂，协调工作量大
3	成本	管理成本低 设计的模具周转次数被打折，构件成本相对高	管理成本高 模具周转次数相对高 2 ~ 3 倍，构件成本相对低
4	适用情况	管理力量有限；设计周转次数较高，本身就用不足的项目	管理力量充足、有经验，成本压力大的项目

从资源消耗角度而言，按预制构件来划分标段是最节约的方案，也是发挥建筑工业化生产优势的方案，也更符合未来的“构件超市”愿景。

现阶段，按构件划分标段还是按楼栋划分标段，主要是管理能力与经济性之间、管理成本与构件成本之间的平衡。依据两个因素进行选择：一是否有足够数量和经验的现场工程师？二是两个方案之间的成本差异是否足够大？如果项目规模小，两者之间成本差异不大，一般不会选择管理复杂的方案 2。同时，设计标准化程度的不同对上述选择有一定影响。

4.2.4　计价方式

设计及咨询类合同，一般采取单价包干的方式。

对于工程类合同，一般情况下，装配式设计图纸的深度决定了工程招标的计价方式。不管采取什么样的计价方式，都需要尽量减少开口范围、提高包干程度。同时，根据管理的需要，在图纸深度达不到的情况下也可以采用主要成本元素包干，例如钢筋混凝土不调差、模具用量和单价包干。甚至在入围投标单位都具有较多的案例经验的情况下，选择总价包干方式。

同时，鉴于现阶段有装配式施工经验的企业相对少，容易出现“投标失误”导致的低于成本中标的问题，在考察和招标过程中，都要多了解、多沟通、多澄清，避免合同履行过程中的纠纷，避免有意或无意的“低价中标、高价索赔”。

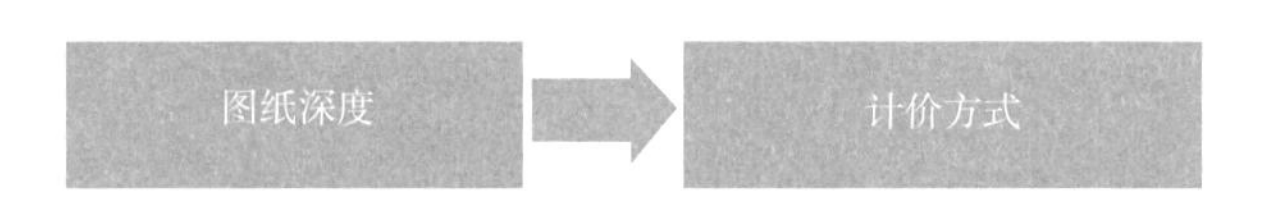

图 4–17　图纸深度与计价方式的关系示意

装配式建筑施工合同计价方式对比　　表 4–9

对比项	方案 1 总价包干	方案 2 单价包干	方案 3 材料单价包干
招标前提条件	多	中	少
招标工作量	大	中	少
招标所需时间	多	中	少
招投标工作难度	小 对招标能力要求相对低 对投标能力要求相对高	中	大 对招标能力要求相对高 对投标能力要求相对低
进度响应程度	前提条件多 进度响应差	中	前提条件少 进度响应好
价格包干程度	开口范围小，包干度高	中	开口范围大，包干度低
成本控制风险	小	中	大
适用情况	适用范围小，适用于有深化设计图；或者有类似工程可参照，例如二期工程的户型相差不大，双方均可以评估价格合理性、有效控制风险的情况	中	适应范围大，特别适用于没有深化设计图、工期紧张的情况

1. 装配式项目的计价注意要点

（1）周转材料重复利用原则

在预制构件生产和施工环节，模具、部分预埋件等是周转性材料，在计价中要约定好按摊销计价的原则。对于模具这类价值大、回收后重复利用的周转材料，要约定好成本分摊和结算方法。

（2）索赔风险管理原则

装配式的技术含量和管理难度相对更大，因而索赔的概率会相对更高。在招标清单中，要约定详细的单价分析表，在回标分析中要审核重要项目的价格组成，例如模具报价中的含钢量、单价、回收残值率，以及详细约定预制构件存放时间的宽限期、超期存放的费用等常见的变更索赔的内容。

（3）量价计算原则

1）在图纸深化完成、供货周期确定的情况下建议采取固定总价包干方式，由投标单位完成从 PC 构件深化设计到现场安装完成的全部工作内容。

2）例外情况——只有在图纸不全、不详、没有完成构件深化图的情况下，才允许暂定构件数量、暂定构件供应单价、安装单价包干的方式。需要注意约定工程量计算规则、综合单价调整规则。

在不具备深化图的情况下，也有企业采取综合单价包干方式，只是不确定性因素较大，承包人报价风险较大，可能导致单价中的风险成本较高、单价偏高，或者导致投标单位报价过低、引发索赔。

3）清晰约定供应价与安装价的范围和界面。

供应与安装在时间上的界面一般是货到现场，由总包（构件安装单位）负责验收、卸货。

预埋件、预埋材料的界面需要约定清晰。工程用预埋材料一般由委托人、或总包单位、或专业分包提供，预制构件厂负责在生产中安装，例如预埋的水电管线盒和防雷引下线、反打设计的外立面石材和面砖等。而预埋件则分几种情况而定：

①构件生产用预埋件一般都含在供应价范围内。例如脱模、翻转、吊装、支撑等环节的预埋件。不论图纸深度，均可包干。

②现场总包施工用的预埋件，尽可能包干在供应价范围内。例如后浇区模板固定、外架或塔吊或井架机械设备固定、施工安全护栏固定等预埋件，一般在招标时由总包单位提资，构件供应价中报价包干，如不能提资，则按暂定含量、单价包干。

③结构连接用预埋件，单个价值较大，一般按图纸深度进行单价包干、或总价包干。例如灌浆套筒、金属波纹管、高强度螺栓、保温拉结件等。或甲供或甲指乙供等方式。

④使用阶段的预埋件，视招标时图纸深度而定，一般至少按埋件重量进行单价包干。包括门窗安装用预埋件或预埋副框、外墙落水管固定和装修用的预埋件等。

4）“模拟清单 + 模拟含量招标”——较传统模拟招标不同的是，PC 构件的模拟工程量清单招标一般还需要模拟构件单价组成中的各元素的含量，进行“模拟清单 + 模拟含量 + 材料单价包干招标”。这种招标方式，可以无图招标、快速定标，迅速确定构件厂后介入深化设计，提高设计图的生产便利性、经济性。例如表 4-10 所示。

三明治夹心保温墙板综合单价报价表　　表 4–10

序号	报价构成	单位	每立方米用量	单价	小计（元 /m^3）	定价原则
1	材料费	m^3	—	—	1170	
1.1	钢筋	kg	90.00	5.00	450	本项含量暂定 90kg/m^3，综合考虑各种钢筋等级；各投标单位不得调整数量（下同）；结算时，按报价说明约定方法计算（下同）
1.2	C30 混凝土	m^3	0.88	400.00	352	本项含量暂定 0.88m^3
1.3	保温材料	m^3	0.12	500.00	60	本项含量暂定 0.12m^3
1.4	减重块填充材料	m^3	0.06	300.00	18	本项含量暂定 0.06m^3

5）构件的供应单价、安装单价的报价说明可参考表 4-15、表 4-16 按需调整。对于工程量的计算，需要注意扣除与不扣除的相关说明。预制构件的计量说明如表 4-11 所示。

预制构件计量说明　　表 4–11

事项		内容
工程量计算说明	规则	按成品构件的设计图外围尺寸、以混凝土实体体积计算（边缘槽口、企口按最外边缘计算）
	含	夹芯保温板的体积（图 4-22，亦不另行计价）
	不含	墙砖、石材、窗框等装饰面层体积
	需扣除	空心板（墙）孔洞（图 4-18、图 4-19）、双面叠合墙板的空腔（图 4-20）、叠合柱的空腔（图 4-21）、单个洞口面积 > 0.1m^2 的孔洞所占体积
	不扣除	混凝土构件内的钢筋、预埋铁件、配管、套管、线盒、夹芯保温板和减重块（图 4-23 亦不另行计价）、单个面积 ≤ 0.1m^2 的孔洞、线箱等所占体积

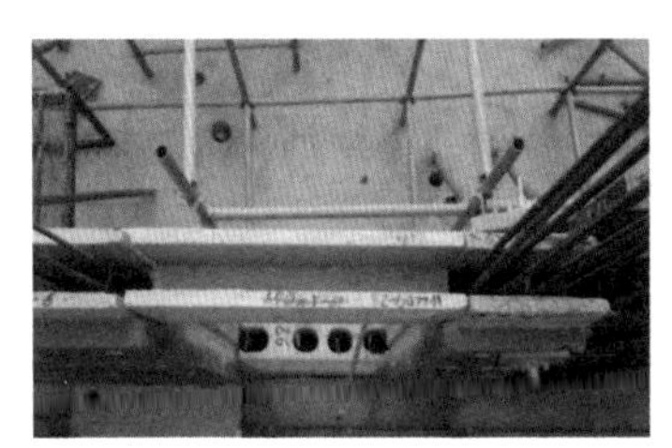

图 4–18　圆孔板剪力墙的空孔部分要扣除

图 4–19　圆孔板楼板的空孔部分要扣除

图 4–20　双皮墙的空腔要扣除

图 4-21　叠合柱的空腔要扣除

图 4-22　保温板的体积不扣除

图 4-23　减重块的体积不扣除

2. 清单计价重点

不同的招标模式，对应不同的计价重点。

（1）在总包单位负责供应及安装时，计价方式相对简单。如图 4-24 所示。

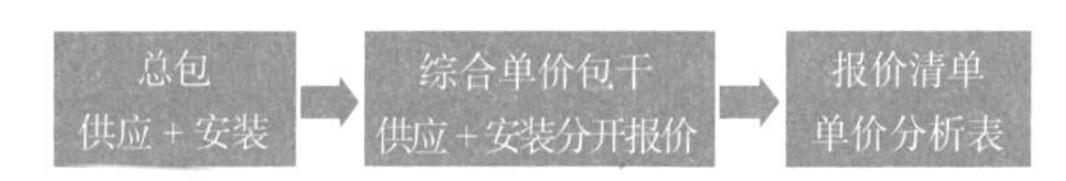

图 4-24　计价方式 1

（2）在甲指乙供、总包安装时，需要注意界面约定（图 4-25）。

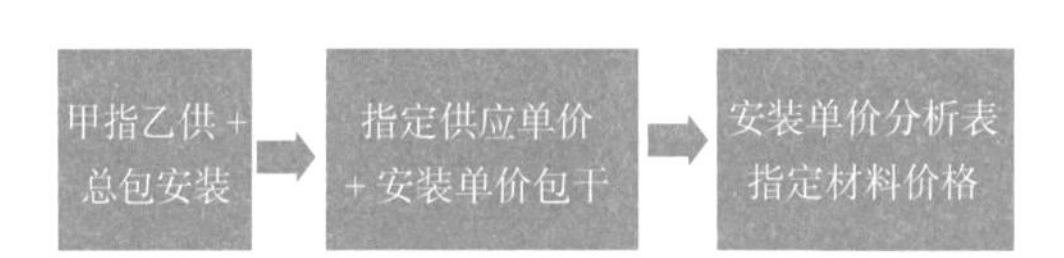

图 4-25　计价方式 2

在甲指乙供这种情况下，需要特别注意以下三个问题：

1）需要详细约定供应价与安装价的界面。包括两个界面：

①在生产环节，谁提供预埋件和预埋材料的问题。例如水电预埋材料（图 4-26）、幕墙预埋件、灌浆套筒（图 4-27）；

图 4-26　预埋的水电线管、线盒

图 4-27　预埋的灌浆套筒

②在卸货和堆放环节，货运至哪里、谁卸货、谁提供构件在现场的存放架（图 4-28）等问题。

图 4-28 预制构件现场堆放架

图 4-29 预制构件现场安装支撑体系

2）对于安装价部分，要约定好施工措施费的内容。例如塔吊、施工道路、构件堆场等费用一般在总包措施费内一次报价包干；而构件安装需要的支撑（图 4-29）、固定片等措施需要在安装单价报价中列出明细。

3）对于构成工程实体的结构连接材料（如灌浆套筒和灌浆料、螺栓等）、建筑连接材料（如密封胶等）需要分类处理，工程量确定的可以包干，工程量还未确定的以单价包干方式处理。

（3）在甲供、总包安装方式下，需要在上述“方式（2）”的基础上增加委托人与总包责任界面的约定（图 4-30）。

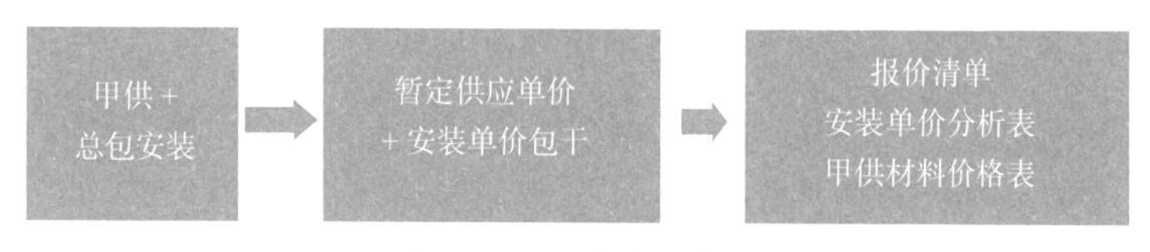

图 4-30 计价方式 3

在甲供方式下，出现施工索赔的概率相对较大，目前主要包括供货延期、构件本身质量问题这两类情况。在招标中需要进行针对性的议标，提前沟通、确认问题解决机制和费用补偿办法，并通过合同或内部管理文件进行处理，以便施工中减少合同争议，便于施工现场快速处理，减少负面影响。

4.3 招采过程管理要点

4.3.1 供方考察的注意事项

每一个选错单位导致重大纠纷、甚至导致项目失败的项目，首先都是标前考察的失败。装配式建筑项目的考察对象中，除了总包单位以外，重点是设计单位和预制构件厂家。

无论是什么标段，考察至少有两个目的，一是避免不符合条件的单位误进投标单位名单；二是在符合的单位中判断合作意愿强烈程度。而对于装配式项目来说，考察的首要目标是要避免没有装配式项目经验的单位参与投标，从而避免拟建项目成为承包人的“试验田”“练兵场”，尤其是高周转项目。

装配式建筑具有实践经验强的特点，加之现阶段有实践经验的企业和项目经理相对非常少，因而我们在招标选择单位时要重点考察投标单位在装配式方面的技术管理力量和案例实践经验。有经验就能提前预见问题、提前采取措施，有装配式经验的团队能做到省钱，没有装配式经验就可能问题频发、成本失控。

1. 专项设计单位

装配式专项设计单位的考察是重中之重。需要特别注意的事项有三点：

（1）既要有熟悉的合作单位，也不能盲目沿用原有合作的设计单位。

原有合作设计单位，即使是履约评估优秀的设计单位，也要例行进行针对装配式的专项评估，甚至重新考察后入围，选择有类似装配式设计案例经验的设计单位入围。

（2）既要本土化，也不能局限于本地区单位。

在装配式建筑项目还不多的地区，具有装配式建筑经验的设计单位较少、且集中，这种情况下建议扩大寻源范围或采取灵活的招标模式。例如采取本地企业联合外地设计单位或聘请业内专家的方式进行合作投标或直接采取分阶段定标的方式。极力规避“第一个项目成为试验田”、全盘性成本失控的重大风险。

（3）对承担装配式建筑设计任务的单位有相应的特殊要求，需要在考察中逐一考察确认。

这些要求包括具有对装配式建筑的系统理解和创新设计理念，具有多个类似装配式建筑项目的设计经验，具有足够的主动配合、上下联动的全专业、全过程协同设计能力，具有标准化的设计方法总结和构件标准化设计能力，具有当地相关标准或规范编制的能力，具有组织和协调当地装配式专家评审的能力，具有熟练应用 BIM 技术的能力。

（4）对专项设计单位的考察对象，重点是考察设计团队的资历、在履约项目和已完工项目的现场考察，以及背调履约项目情况。考察方式包括与其合作项目的业主方交流，查看业绩工程的装配式设计图，现场查看在建项目，都可以大致了解其在装配式项目上的设计能力和服务质量。

2. 构件厂家考察

在现阶段，无论采取何种招标模式，无论预制构件由谁供应、与谁签约，考察构件厂家都是甲方的重中之重。

相对于传统标段的考察，有以下注意事项（图 4-31）：

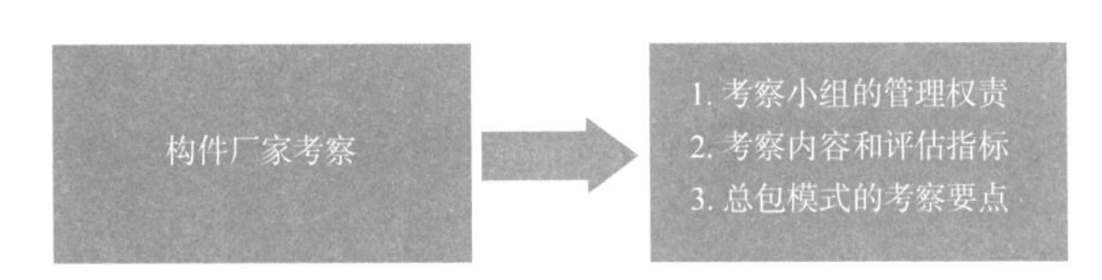

图 4-31　构件厂家考察的注意事项

（1）需要注意划分集团、区域、项目的相关责权。一般情况下，建议集团制定统一制度和标准，由区域主导构件厂家的考察，一是符合构件厂 100 ~ 150km 范围的经济运距；二是便于区域管理中心对构件厂家的统一管理和统筹协调。在流程运行成熟后再逐渐下放权限至项目公司。

（2）需要注意划分各职能部门的相关责权。成本和招采部门重点考察构件厂家的合同履约意识和能力、生产成本控制能力、构件价格合理性；设计部门重点考察构件厂家在深化设计方面提资、生产优化；工程管理部门重点考察其配合现场施工的意识和能力、生产资质、质量保证、成本保护、堆放场地、运输、应急补货等方面的能力（图 4-32）。

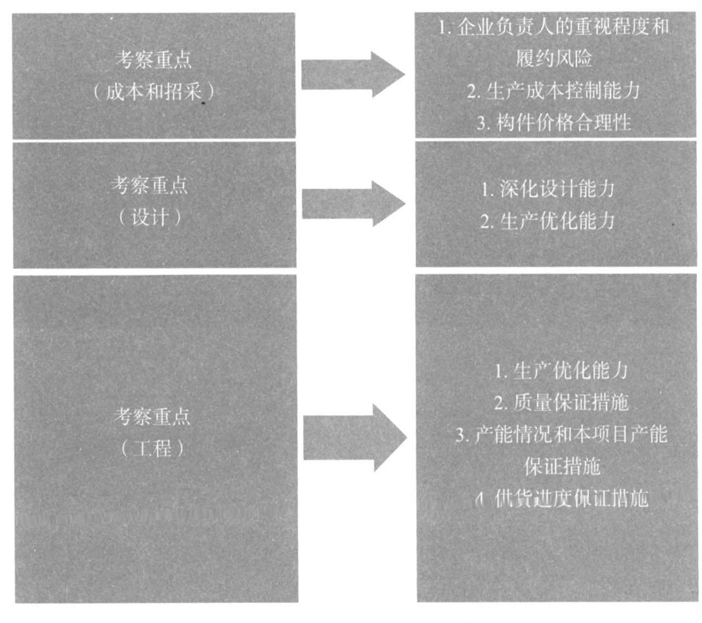

图 4-32　构件厂家的考察重点示意图

（3）构件厂家考察评估指标的设计，建议优先顺序为：设计、质量、进度、成本，设置不同权重进行综合考评，在具体考察内容的设计上注重业内常见风险的针对性考察。在成本合约环节，重点关注构件厂家在履约项目的资金状况和对本项目的付款预期、内部成本控制体系等情况。

（4）采用总包全包模式时，也需要对构件厂家进行考察确认，一般在总包合同中要约定此项要求。

1）总包招标过程中，就要求投标单位上报拟合作的构件厂家（10 万 m^2 以内的项目至少 3 家，10 ~ 20 万 m^2 的项目至少 6 家），上报信息包括位置、设计产能和实际产能、业绩、在履约项目情况等；

2）总包招标过程中，调查和约谈其中 1 ~ 2 家构件厂，了解其履约能力和配合情况；

3）总包单位定标后，组织全面的考察，选择排名前三的构件厂作为可选供应商。

（5）既要考察签约单位，也要考察可能履约的实际的构件加工工厂、模具设计及制作企业。

（6）构件堆场和蒸压养护设备是制约构件厂家的生产产能、制约工程进度的两大客观因素，在考察中需要针对性地了解和评估。特别是销售形势不好的城市或售价受限而开发放缓的项目，一旦出现进度放缓或暂停施工的情况而特别需要关注堆场的宽容度（图 4-33、图 4-34）。

图 4–33　构件堆场与吊车

图 4–34　构件堆场与堆放架

（7）考察构件厂家的生产设备，重点是固定模台，而不是高大上的、自动化的流水线。目前房地产开发项目的主要构件是非标构件，不是可以实现自动化流水线批量生产的标准化构件，因而对生产设备的考察和评价主要针对于固定模台。固定模台的数量直接决定产能和供货进度保证程度（表 4-12）。

两种生产方式对比表　　表 4–12

固定模台车间	流水线车间

一次性设备投资小、折旧成本低； 生产效率低，模具成本高	一次性设备投资大、折旧成本高； 生产效率高，模具成本低
适用于数量少、产品规格多且外形复杂的三维构件	适用于外形规格简单、单批生产数量多的平面构件，例如叠合墙板

（8）在考察中要重点关注构件厂家长期合作的模具设计和制作企业。目前国内大多数城市的模具生产企业较少，需要提前考虑，否则会制约工程进度和质量，也会导致模具摊销成本偏高。

（9）除了考察运距和路线以外，在考察中要详细了解构件厂家在同一地理位置周边的布局情况，一般有 2 家以上的构件生产厂相对于只有 1 家厂时相对具有生产的灵活性，更有利于应对房地产开发项目抢预售节点的需要。

4.3.2　各标段招标工作中的注意事项

1. 装配式建筑专项顾问

在无装配式管理经验的时期，聘请装配式专项顾问，可以弥补我们在装配式建筑技术和管理上的短板，可以少走弯路。装配式建筑的实践性强，我们目前遇到的困惑，主要来自于我们没有经历过装配式，没有数据积累，没有经验教训积累。而借鉴标杆企业的经验和数据，又存在着信息的不对称，信息是否全面、是否准确、是否与我们的项目最相似，这些都影响我们的判断和估算。因而，在这样的一个时间点上，聘请优化顾问是比较明智的。

优化顾问不仅对政策熟悉、拥有生产和安装的资源，有的优化顾问还具备结构优化与装配式优化一体完成的能力，由顾问单位来配合委托人进行全过程的技术把关和管理，委托人就可以把精力用在更重要的、无人替代的决策管理和组织协调工作上。

2. 设计单位

设计单位的招标，是甲方招采工作的重中之重。不管设计单位招标是设计部门主导还是招采部门主导，两部门在设计单位招定标工作上必须协同一致。相对于传统的设计单位招标，装配式建筑需要关注以下几点：

（1）不增加设计周期。在设计单位招标中要注意落实设计周期不增加的论证，详细了解已完项目的实际情况，确定可执行的进度保证措施。

（2）增加适应装配式的限额设计措施。在传统建筑限额设计指标的基础上要注意约定装配式的增加量限额，约定设计成果的标准化率，即各预制构件的模具周转次数。

（3）增加零变更的保证措施。在议标过程中需要详细了解设计单位避免产生变更的具体措施，包括设计单位已形成的技术成果或管理办法，避免设计单位按惯性思维进行装配式的设计。

（4）增加适应装配式的设计深度要求。注意装配式专项设计文件的深度除了满足现行政策规定以外，对于有竖向构件预制时，还需要有吊装顺序图。

（5）资源调研，灵活引进。全国大多数城市的装配式处于起步阶段，本地设计院有装配式工程案例经验的较少，普遍存在装配式设计介入滞后、深化设计经验不足的问题。在当地资源不具备或任务饱满的情况下，尽可能引进外地企业进入或作为咨询顾问进行全过程服务，同时对设计成果进行审核把关。

（6）优质优价作为定标原则。如果改变不了建筑设计市场的乱象，如果依然是劣币驱逐良币，优秀的、装配式工程经验丰富的设计单位因报价高而中不了标，那么装配式建筑的降本增效无从谈起。表 4-13 中的价格摘自上海市装配式建筑设计与咨询行业自律联盟发布的指导价第一版（征求意见稿），可供参考。

（7）在项目管理团队还不熟悉装配式的情况下，要增加设计前段时间的驻场配合工作，并给予相应的费用。

（8）不管是否仍由原设计单位承担装配式专项设计，都需要在合同中明确设计单位对装配式建筑设计负全部责任，包括对装配式专项设计、拆分设计等审核和加盖图签。

3. 监理单位

监理单位选得好，可以帮助我们系统性地规避和防范装配式建筑的质量、安全、进度风险，避免产生大量的无效成本。

在监理单位的选择中，需要注意以下三个问题：

（1）在制定目标成本时，需要适当上调监理费，区别于传统项目的价格水平；

（2）在监理工作报价范围中，需要增加预制构件生产的驻场监理和施工现场结构连接的旁站监理等额外的工作内容；

（3）在监理人员组成中，需要增加有装配式工程管理经验的专业监理工程师。

4. 桩基工程单位

在桩基设计和招标中，要考虑塔吊数量增加及型号变大这两个因素导致的桩基工程量增加。为此，在桩基出图前，要有装配式建筑的相关方案，并由构件重量推算塔吊数量、型号、塔吊基础设计要求，在桩基施工中一次完成塔吊基础施工，避免事后补桩增加额外的成本和工期。

上海市装配式专项设计咨询收费指导价明细表（征求意见稿） 表 4–13

预制率	装配式专项设计收费值（元 /m²）					
	装配式建筑面积（万 m²）					
	住宅、公寓			公共建筑、工业建筑		
	<10	≥ 10 且≤ 20	>20	<10	≥ 10 且≤ 20	>20
<20%	12	10	8	14	12	10
≥ 20% 且 <40%	13	12	10	15	13	11
≥ 40%	15	14	13	17	15	13

说明：

1. 计算基数：装配式建筑面积取实施装配式的单体建筑地上建筑计容面积之和，以测绘结果为准；如果装配式建筑面积小于 2 万 m^2 时按 2 万 m^2 计算，也可按每个楼栋协商固定总价汇总费用；

2. 设计内容：含装配方案设计、施工图阶段装配式专项设计、构件深化设计、现场配合服务，各阶段比例建议为 10%、25%、50%、15%；如施工图与构件深化设计分别由不同单位完成，施工图设计单位对深化设计进行安全性审核方面的费用可与业主单位商议，建议可取指导价的 15% ～ 20%；

3. 设计深度：须满足相关要求；

4. 设计成果：本取费表默认装配式施工图纸套数与主体相同，装配式构件详图图纸套数为 6 套，超出部分另行协商核算；

5. 设计周期：方案、施工图阶段装配式设计周期同主体设计，构件深化设计周期宜为取得施工图合格证后 45 ～ 60d；装配式专项现场配合服务周期宜为构件生产至现场装配式部分完工；

6.BIM 设计：如需全专业 BIM 设计，则装配式以外部分的费用可单独与业主商议；

7. 特殊工艺：如涉及夹芯保温、反打石材、反打面砖、外挂墙板、集成外墙等特殊构造及工艺，上述费用根据实际工作量情况增加 2 ～ 3 元 /m^2；外挂墙板部分也可以根据立面展开面积进行单独核算；

8. 特殊事项：如涉及预制率调整、奖励政策申报、相关专项评审等，具体取费可另行商议；

9. 特殊项目：考虑项目复杂性及特殊情况，建议取费范围上下浮动比例不宜超过 20%

5. 总包单位

（1）在总包招标中，建议针对措施费进行专项方案评审、优化与竞争，特别是在 EPC 项目中，要求投标单位在施工组织设计中采取免模板、免内架、免外架设计，预期将产生 35 元 /m^2、20 元 /m^2、40 元 /m^2 的成本减少。

能否发挥装配式可以节省措施费的优势，是装配式降本增效的关键问题之一。包括模板、支撑、外架、总平面布置、塔吊等方面。否则，该减少的总包措施费一样没有减少，成本增量控制将面临双向压力。

以叠合楼板下面的免模板为例。理论上，叠合板的水平投影面积下面是不需要模板、不需要满堂脚手架，但目前很多项目总包没有做到这一点，导致成本浪费。因而，需要在技术标中陈述模板和脚手架的施工方案，并与投标报价一致。在总包工程的招标中，对这一部分的模板工程量要重点说明工程量计算规则，要说明模板工程量扣除叠合板区域的工程量（图 4-35），要说明边模及吊模的工程量计算规则，否则在施工过程中会出现满铺模板的事情，而出现合同争议及索赔（图 4-36）。同时，还要约定叠合板区域的支撑体系由总包负责设计及施工，在措施费中进行竞争性报价，适合装配式的支撑体系是图 4-37 ~ 图 4-39，而图 4-40 是传统现浇混凝土施工的方式，不适合装配式。

图 4-35　叠合板部位免模板

图 4-36　叠合板部位没有免模板

图 4-37　三角架支撑 + 托板

图 4-38　钢管支撑 + 木枋

图 4-39　连续支撑 + 托板

图 4-40　传统的满堂脚手架

（2）对总包单位的能力要求，增加了装配式深化设计能力、预制构件安装能力，要求有稳定的专业团队。

总包单位是否参与装配式前期设计对成本有一定的影响，主要包括：一是总包单位施工的模板、塔吊、井架、外架等需要在构件上进行预留预埋，准确与否决定了利用率高低，影响成本；二是总包单位的施工顺序需要与构件拆分、生产、运输等环节协调一致，有些节点的施工顺序甚至在设计时就要模拟、确定下来，有些甚至有利益冲突，需要提前沟通解决，不解决就会产生问题，发生无效成本。如图 4-41 所示。

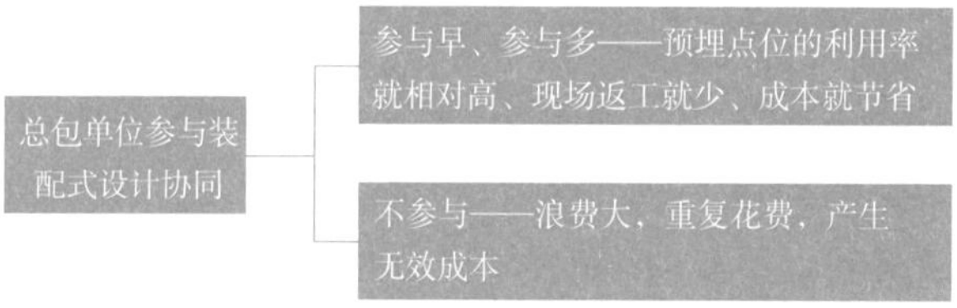

总包单位参与装配式设计协同

参与早、参与多——预埋点位的利用率就相对高、现场返工就少、成本就节省

不参与——浪费大，重复花费，产生无效成本

图 4-41　总包单位参与设计协同的成本影响

（3）对总包单位的施工标准化体系要进行考察。装配式建筑的标准化设计体系需要总包单位具备与之适应的施工工艺标准化体系、施工措施标准化体系。

“施工组织设计全国一大抄”在装配式建筑中行不通，对总包单位的技术标部分，要重点关注是否有适应装配式而增加的内容。例如针对叠合板安装后临边洞口较多的问题，有没有安全措施保证；针对叠合板安装的支撑体系，有没有相应的技术体系或安全验算。这一点在战略招标中尤其要关注，总包单位是否在企业层面已建立适应装配式的标准化体系文件，例如适合装配式的支撑体系和外架体系；是否应用先进的施工设备，例如智能灌浆机。这些体系和设备，是支撑总包单位完成各个工程项目适应装配式的要求的基础，也是各个工程项目优化施工成本控制的源头。

以上海建工集团为例，该企业针对装配式建造而自主研发的无脚手架建造技术（图 4-42）、PC+ 铝模一体化建造技术、螺栓剪力墙干式连接技术（附录图 A-4）、钢筋直锚短搭接 +UHPC 材料后浇高效连接技术、预制构件后浇段无支撑高效浇筑定型模具（图 4-43）等都可以加快装配式结构施工进度、降低措施成本，这样的成套技术体系应用将取得较大的成本优势，特别是在 EPC 总承包项目中。

图 4–42　无脚手架

图 4–43　后浇带吊模处无支撑

对于施工企业的标准体系和施工组织设计方案的重要性，北京市在 2018 年颁布实施的《关于加强装配式混凝土建筑工程设计施工质量全过程管控的通知》中指出，要由专家把关装配式建筑的施工组织设计。

（4）在要求总包单位进行总价包干报价的情况下，需要提前确定深化设计图单位，跟进出图进度，避免因装配式导致不能完全包干。

（5）总包措施费中需要增加与装配式有关的费用，包括 PC 构件场内运输道路、堆放场地费及可能发生的二次搬运费；PC 工程样板楼或工法楼的建设费、维护费，样板应包含设计中全部构件及相互连接等主要工序。

（6）总包成本保护费中需要增加与装配式有关的费用，包括有预制竖向构件时的钢筋定位套板、墙板连接件、预制楼梯的保护措施（图 4-44）、装饰一体化构件的防污染和防撞措施等（图 4-45）。

图 4–44　预制楼梯的成品保护措施　图 4–45　预埋窗框的成品保护措施

6. 构件厂

对于构件厂的选择，在供不应求的市场环境中，要优先选择离项目距离较近的构件厂家，以最大限度地配合工程进度的风险管理需要。

同时，需要在招标过程中与投标单位重点澄清以下内容：

（1）模具制作单位的名称、地址、电话及进度保证措施。

（2）特殊构件的成品保护措施，例如窗框一体化构件的防撞措施（图 4-45）。

（3）特殊构件的加固措施，例如门式构件和飘窗构件的角钢加固（图 4-46、图 4-47）。

图 4–46　门式构件的加固角钢　　图 4–47　飘窗构件的加固角钢

（4）有几个关键时间需要在招标中与构件厂家澄清确认：

1）首批供货时间及后续每层的供货时间。

2）由于各种原因导致的构件返工，投标单位的补货响应时间。

3）构件在工厂内的堆放宽限时间和成品保护措施，若存放超过宽限期后，增加费用的计算方法。

4）货到现场后卸货时间的宽限期，以及由于其他原因导致的压车费的计算方法（图 4-48、图 4-49）。

图 4-48 预制阳台卸货等待

图 4-49 叠合板卸货等待

（5）在招标中要注意落实关于派驻监理工程师进行“驻厂监造”的配合责任和费用。

（6）在项目进度紧凑或采取一次吊装方案的情况下，建议要求构件厂家派驻现场代表，负责协调构件进场和进场后的相关协调工作，招标及合同中需要落实相应条款。

7. 连接套筒及灌浆料等供应商

对于影响结构安全和建筑功能的关键材料或配件，是装配式混凝土结构的核心内容，一般由委托人指定品牌和类型，由总包单位与供应商签署合同。

集团化企业，建议由集团或区域统一选定品牌，签署战略合作协议，确定最高限价，由总包单位自行在指定范围内选择，按深化设计图的工程量进行结算。

以下关键材料或配件的用量较少，成本影响不大，但对建筑结构安全和防水功能影响较大，建议选择质量保证和售后服务均佳的品牌或企业，不建议低价中标。这些材料或配件包括：灌浆套筒、灌浆料、密封胶、不锈钢保温连接件、纤维增强塑料（FRP）保温连接件（图 4-50 ~ 图 4-54）。

图 4-50 灌浆套筒

图 4-51 灌浆料

图 4-52 密封胶

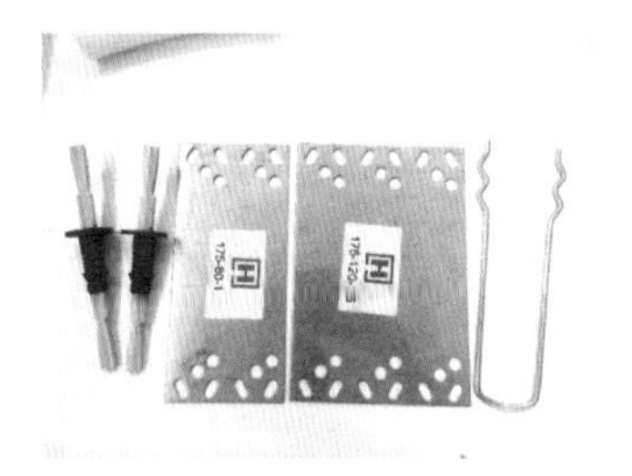

图 4-53 不锈钢保温连接件

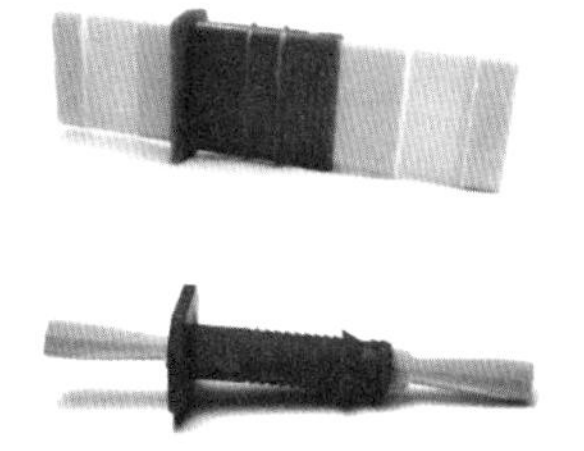

图 4-54 纤维增强塑料（FRP）保温连接件

在与供应商的合同中，需要约定其对各项目进行技术咨询和培训的相关责任和事项；在与总包的合同中，需要约定委托人、总包、供应商、构件厂家、吊装公司或班组的责任和相互协作流程。

以灌浆套筒和灌浆料为例，相关工作责任如表 4-14 所示。

灌浆套筒涉及的相关单位工作界面　　表 4-14

单位	工作责任
发包人	与供应商签署合作协议，确定限价，服务内容，服务标准
总包	与委托人指定供应商签署供应合同，并按合同付款向构件厂家提供预埋部分，向安装队伍提供灌浆料
供应商	与总包签署合同，对总包、构件厂、安装队伍提供技术咨询和培训
构件厂家	接收总包提供的预埋件，按设计预埋、成品保护
安装队伍	接收总包提供的灌浆料，按要求灌浆、成品保护

8. 面砖、石材等反打材料

当采用反打工艺时，面砖、石材等反打材料需要严格控制材质、厚度和尺寸偏差，并在这些材料的采购招标中制定符合反打工艺要求的技术参数。

4.3.3　工程量清单编制重点

招标清单一般包括清单说明、报价汇总表、综合单价分析表、工程量及消耗量统计表四部分。以下重点介绍清单说明，综合单价分析表请参考附录 B。

需要说明以下三点：

（1）表 4-15、表 4-16 是总结了多家企业的做法，请根据项目需要选择相应内容。例如有些项目可能没有夹芯保温板，有些项目可能没有减重块。

（2）有些内容扣除还是不扣除，多大的孔洞扣除等，各家企业略有差异，关键在于事前有约定统一规则，尽量与行业内通行做法保持一致，为各投标单位提供统一的报价口径，让报价的可比性更强。

（3）关于界面，哪些内容由构件工厂提供，哪些由原专业分包提供，各个企业略有不同，可根据公司合约界面和项目需要进行约定。例如机电预埋线管盒，有的约定是构件厂提供，有的是总包单位提供。

以下分供应和安装分别进行清单说明，供参考和选择：

项目 PC 构件供应标段工程量清单说明　　表 4-15

序号	子项	说明
1	通用说明	报价前或签订本合同前，承包人已详细阅读并了解本说明、工程现场、招标文件、技术规范和图纸及招标附件表等资料，承包人因不了解上述内容而提出的索赔将不予受理

续表

序号	子项	说明
2	通用说明	本工程量清单包括工程量清单说明、图纸目录、工程量计算规则及工程内容说明、报价汇总表、综合单价分析表（至少按构件类别）、消耗量表（按构件类别）、主材价格表、预埋门窗或幕墙埋件等明细表等，上述内容均构成合同不可分割的一部分
3	通用说明	（1）暂定数量是指委托人由于在招标时不能确定具体的工程量，但可以确定具体的规格参数时，在清单中暂定工程量。 （2）投标报价时，备注中标有“暂定数量”的工程量不得修改，综合单价由投标单位自行填报。结算时，对有“暂定数量”的项目重新计算工程并套用合同综合单价
4	通用说明	（1）暂定综合单价是指委托人由于在招标时不能确定材料的具体规格参数或综合单价时，在清单中用暂定的综合单价进入报价清单以计算总价。 （2）投标报价时，备注中标有“暂定综合单价”的综合单价不得修改。合同履行过程中，由承包人申请委托人以工作联系单的形式确认具体规格参数和综合单价。 （3）完工结算时，以委托人的工作联系单正式确认的单价为准，对暂定综合单价进行替换，不计取其他费用
5	通用说明	（1）暂定金额是指委托人由于在招标时不能确定某部分工程的工程量、规格参数及综合单价时，在清单中加入一个暂定金额。 （2）投标报价时，“暂定金额”不得修改。合同履行过程中由承包人申请委托人以工作联系单的形式确认具体工程量、规格参数、综合单价或固定总价，取代暂定金额。 （3）完工结算时，对所有暂定主材单价、暂定综合单价、暂定金额中没有发生的项目，相应的金额从结算总价中扣除，承包人不得提出任何补偿
6	通用说明	本合同的工程量计算规则以《建设工程工程量清单计价规范》GB 50500-2013 及附录为准，如与本合同及本清单的《工程量计算规则及工程内容》矛盾，则以本合同及本清单的《工程量计算规则及工程内容》为准
7	价差调整方法	（1）为了避免施工期间人工和材料价格波动幅度较大给承包人带来的部分风险，本合同对钢筋、混凝土两项价格进行调差，但预制构件若集中供货期在 2 个月以内则不调差；其他材料、机械等价格均按投标报价闭口包干，不予调整。 （2）本项目调差费用不计算任何管理费、利润及规费等其他费用。 （3）调整后综合单价 = 合同综合单价 + 调差结算价差价。 （4）基准价：钢筋基价以 ×× 年 ×× 月 ×× 城市或网站的信息价为基准；混凝土基价是以 ×× 年 ×× 月 ×× 城市混凝土单价为基准。 （5）结算价：价格调差施工周期内各月信息价的算术平均值。 （6）价格调差施工周期：结算的钢筋价格以第一批构件到场为起点，全部构件到场，供货完成作为终点；期间若因委托人原因导致整个项目中断 1 个月以上，则按照实际生产周期重新计算算术平均值。 （7）结合本工程招标文件约定，施工周期内钢筋、商品混凝土信息价的算数平均价超出投标当月市场信息价：钢筋价格的变化幅度大于 ±5%、商品混凝土的变化幅度大于 ±5% 时，发包方可调整其超过幅度部分的价格
8	计价模式	本项目采用的报价模式是（ ）： （1）工程量暂定；综合单价按模拟含量、竞争价格方式报价； （2）工程量暂定；综合单价包干； （3）工程量包干；综合单价包干

续表

序号	子项	说明
8	计价模式	示例：本工程为综合单价包干合同，包干范围从确认设计图到构件送货至工程现场指定指点的全部费用，不包括卸货。 除工程量清单中另有说明外，无论市场人工材料价格及汇率如何变动，综合单价均不予调整。 除非工程范围发生重大变化或另有说明，无论招标时工程量与最终结算工程量有多大差异，合同中的综合单价均不予调整。 综合单价应包含了满足图纸及构造做法的所有工序的价格，在清单中没有单独列出的工序视为已含于综合单价中，结算时不再调整
9	PC供应工程量计算规则	（1）预制构件工程量按设计图示尺寸以体积计算。 （2）需要扣除空心板（墙）、压型钢板孔洞或空洞，需要扣除单个洞口面积 > 0.1m² 的孔洞。 （3）不扣除混凝土构件内的钢筋、钢骨柱或梁等构件中的钢材、预埋铁件、配管、套管、线盒、夹芯保温板、减重材料、单个面积≤ 0.1m² 的孔洞、线箱等所占体积，相应材料亦不另计
		注意：若减重块单独报价，则此处需要相应调整为“需要扣除减重块的体积”
10	模拟含量报价说明结算说明	以“模拟材料含量、材料单价包干”方式招标时： （1）在报价时，投标单位必须按模拟含量报价，不得调整，且所有列项均需报价，未报价项目视为已包含。 （2）在结算时，每个构件的模拟含量将按设计、采购方、供应方三方确认的深化设计图纸逐个构件计算，每个构件内的模拟含量分别按图纸含量作调整（除注明总价包干除外）。 （3）图纸数量以外的加工、制作、运输、交付等过程中产生超出图纸数量部分均按损耗计入投标单位填报的单价中，不再另行计算相应数量
11	钢筋计价说明	（1）钢筋的品牌参照甲限材钢筋品牌范围。 （2）钢筋单价还需综合考虑不同规格、不同形状，并综合考虑企业自身的制作安装工艺水平及管理水平，将各种影响价格的因素考虑在投标单价内。 （3）可调钢材强度等级差。若后期深化图强度等级不同，按设计等级计取差价，差价按信息价差额计取
12	钢筋计量说明	（1）钢筋的重量按理论重量计算。 （2）钢筋数量按图纸明示之数量计算，凡图纸未明示的钢筋（如搭接、措施筋及所有损耗等）均须含在单价内。 （3）各种埋件的辅助钢筋计入预埋件单价之中，不计入此项构件的钢筋含量。 （4）锚固板与钢筋直螺纹连接套筒，在重计量时，只有在PC深化图纸中有明确图示必须配置时方可计量，否则不予计量
13	混凝土计价说明	（1）水泥的品牌参照甲限材品牌范围。 （2）可调混凝土强度等级价差。混凝土强度等级按C30报价，若后期深化图强度等级不同，按混凝土强度等级计取差价，差价按混凝土强度等级每提高 / 降低一个等级增加 / 减少 8 元 /m³（不含税）。 （3）可调混凝土价格波动差，按前述条款说明
14	混凝土计量说明	在计算单价组成表中的混凝土用量体积时： （1）需要扣除空心板（墙）、压型钢板孔洞或空洞，需要扣除单个洞口面积 > 0.1m² 的孔洞，需要扣除夹芯保温板、减重材料所占体积（这部分在单价组成表中已另计材料费）。 （2）不扣除混凝土构件内的钢筋、预埋铁件、配管、套管、线盒、单个面积≤ 0.1m² 的孔洞、线箱等所占体积。 （3）同时，对于 0.1m² 以内的洞口，洞口侧壁的模具费用亦不计算

续表

序号	子项	说明
15	工厂用金属件 / 埋件	（1）构件工厂用金属件 / 埋件由投标单位根据现有图纸结合自身经验报价。 （2）按深化图算量时，仅计取一次消耗部分（不可拆卸、不可回收部分），可拆卸 / 回收部分不予计算。 （3）各类埋件的使用数量按图纸计算，以个数或以重量计算。以重量计算时，单个埋件的重量将按采购方在供应方制作现场五次随机抽样称量之重量的平均值计算。 （4）埋件包括但不限于各种规格的吊装、拆模、斜撑、浆管、调节高等埋件。 （5）不包括灌浆套筒、钢筋锚固板、钢筋直螺纹连接套筒、辅强钢结构、幕墙埋件、模板对拉用钢套管、防雷接地扁铁等。 （6）如预留预埋工作中出现点位错误、漏埋、质量不合格、未按图纸施工等所有情况，所有责任都由承包人承担，并负责整改直至符合设计要求为止。由于整改导致的损失由承包人负责
		说明： （1）预埋件分为两类，一是工厂用，二是工程用。建议在构件报价表中分别列明，便于统计和对标。 （2）根据需要选择预留孔洞或预埋件。楼梯栏杆、空调栏杆、阳台栏杆一般不设预埋件，仅预留孔洞；PC 构件涉及的门窗、百叶一般不设预埋件，仅预留孔洞。 （3）标准化生产的埋件以个计量比按重量计量更简便，非标埋件则适合于重量计量。 （4）夹芯保温墙板用的预埋件属于工厂用预埋件范围，但因涉及安全和建筑节能，一般由甲方指定品牌和材料类别
16	工程用金属件 / 埋件	（1）工程用金属件 / 埋件由投标单位根据现有图纸设计内容和招标范围报价。 （2）各类埋件的使用数量按图纸计算，以个数或以重量计算。以重量计算时，单个埋件的重量将按采购方在供应方制作现场五次随机抽样称量之重量的平均值计算。 （3）工程用埋件应按报价范围单列明细进行报价，包括工程结构连接用埋件（如灌浆套筒）、总包施工措施用埋件（如模板对拉用钢套管）、专业工程施工用预件（如水电线盒、防雷接地扁铁、幕墙埋件）等。 （4）如预留预埋工作中出现点位错误、漏埋、质量不合格、未按图纸施工等所有情况，所有责任都由承包人承担，并负责整改直至符合设计要求为止。由于整改导致的损失由承包人负责。 （5）由委托人提供的埋件，承包人须承担接收、验收、保管责任；由承包人提供的埋件，承包人须承担提前封样送样的责任
		说明： （1）此处报价范围是由构件厂家提供的工程用埋件的供应价部分，安装价及辅材料在预留预埋人工费栏报价。 （2）工程用预埋件由谁提供的问题，一般按“谁的工程范围、谁提供”，项目根据实际情况可以调整。例如在幕墙单位未确定时，可以由总包单位或构件厂家提供预埋件。由构件厂家提供时，需要在报价清单中列明“工程用埋件”，填报供应价，安装价在预留预埋人工费中填报
17	加固型钢	（1）特殊构件用的加固型钢按设计图以重量进行计量。 （2）按可拆卸、可回收进行竞争性报价。 （3）拆卸和回收由承担构件安装的施工单位按合理时间拆卸后集中堆放于工程场地内固定处，由预制构件厂家回收

续表

序号	子项	说明
18	灌浆套筒计价	（1）钢筋连接用灌浆套筒以及灌浆料的品牌只能在附件委托人指定品牌中进行选择，且套筒与灌浆料必须为同一品牌，不得使用其他品牌或混用品牌；若集团有限定价格，这里需要说明限价。 （2）按清单表中全灌浆、半灌浆两种方式分开报价，结算中按确认的方式调整相应用量，单价不调整。 （3）按用于连接钢筋的直径规格对应的套筒规格进行报价
		说明： （1）灌浆套筒的报价一般以连接钢筋的直径为规格进行报价，不以套筒规格报价。 （2）灌浆套筒的报价需要确定材质、类型、品牌范围，以便有效竞价
19	灌浆套筒计量	报价清单中按暂定含量报价，结算时按深化设计图重新计量结算，套筒材料单价不调整
20	其他材料费	（1）其他材料费按构件体积计算。 （2）需包含除已单独列项的主材、工厂用金属件 / 埋件、工程用预埋件以外的其他所有材料，包括但不限于各种混凝土外加剂（若有）、预留孔洞的相关辅助材料等。 （3）含于其他材料费内的项目不因深化图纸数量变化而调整。 （4）承包人认为在本次费用包含但上述项目未列请在下列空白处填写，如未填写则认为所报价格已包含全部所需费用
21	信息化标识	（1）构件若采用芯片，则供应价格包含芯片安装、芯片构件的生产阶段、运输阶段、堆放阶段及安装阶段和验收阶段的数据扫描及信息管理费、信息平台涉及的其他相关费用和扫描设备采购费。 （2）若采用二维码，则供应价格已包含二维码的相关费用，投标单位需综合考虑，二维码同时需要考虑同芯片管理类似的数据信息管理相关费用。 （3）每块构件的标识必须经过样板确认后执行，否则造成的损失由投标方承担
22	模具费	（1）在单价组成分中，模具费按构件体积计，填报每立方米构件的模具用材量及单价。 （2）模具单价含模具设计、制作人工、钢材、开模机械设备、模具装车、运输及卸货（模具厂运至构件厂）、模具安装及调试、其他费用等。 （3）模具单价应按模具一次购入费用扣除使用后废钢回收残值，按使用次数分摊的摊销费计取。 （4）模具用量按模具设计图所需要用量按相应构件的体积进行摊销计算。 （5）每立方构件体积所需模具费用为包干价，不因深化图纸数量变化或 PC 工程量变化而调整，投标人根据已有的构件拆解图及经验竞争报价。（或）暂定模具钢用量，只报单价，按委托人认可的模具设计图按实结算模具的材料用量。 （6）因施工进度计划的调整导致模具实际使用数量的调整按变更处理。或投标人结合招标人开发施工进度，自行合理安排模具套数或含量，如实际结算模具重量高于投标清单含量。则不作调整，若实际结算重量低于投标清单含量，则按实调整
		说明： （1）模具报价有两种方式，包干量、可调量，一般根据项目规模、设计深度和风险分担原则选择合适的方式。 （2）模具残值处理有两种方式，一是由构件厂家处理模具，在报价中考虑残值直接扣减模具单价；二是由构件厂家处理后周转使用于同企业项目或同项目的二期工程，计算相应费用
23	模具周转使用费	在使用以往项目的模具时，按重量计算模具的校正费、保管费、除锈费等实际发生的费用
		说明：对旧模具的周转使用或改用，可以降低构件的模具成本。一般在建设项目的楼型类似、构件相似的情况下，旧模具可以发挥较大的再次使用价值

续表

序号	子项	说明
24	制作人工费	制作人工费包括但不限于平台清理、模具的整理、拼装、拆除、钢筋的制作、安装、保温连接件安装、工厂用埋件安装（指生产、运输、吊装、固定等环节所需埋件）、混凝土的浇筑、构件起吊、转移、养护、清理等出厂前所有工作的人工及机械费
25	预留预埋人工费	预埋人工费指为其他承包商施工而预留预埋所产生的人工费和辅助材料费，即预留预埋工程用埋件所产生的人工费和辅助材料费。 （1）预埋件人工费包括不仅限于水电套管、线管、底盒、总包施工用埋件（脚手架、塔吊、井架、模板）等预埋或预留孔洞等工作内容，也包括预埋由发包人或者各专业分包提供的预埋材料。 （2）但预埋门窗框（或副框）、石材和面砖反打等预埋人工费另外计算在相应报价清单中，不在此处报价
26	门窗（副）框安装费	（1）门窗框（或副框）安装费包括构件制作过程中的门窗成品保护、安装费、临时加固、保管所需之所有费用。 （2）门窗框（或副框）为甲供，由委托人指定的门窗单位将门窗框（或副框）送至承包人指定场区后，由承包人负责卸货、保管，因承包人在门窗框保管、安装及运输过程中的造成门窗材料丢失、损坏等，全部由承包人负责
		说明：在门窗单位未定标的情况下，副框也可以由构件厂家购买，并调整报价清单
27	门窗框保护费	（1）包含对门窗框进行成品保护、交接验收时的保护措施拆除（若有需要）及垃圾清理等费用。 （2）门窗框成品保护费按门窗框长度计算，与构件接触的框按洞口周长计算，中间的横、竖梃按外框之间的净长计算。 （3）成品保护措施由承包人在投标书中载明
28	装饰面反打费用	（1）石材反打费用包括石材背面处理剂、背面打孔和安装金属瓜钉、拉拔试验、人工等全部费用。 （2）面砖反打费用包括铺贴面砖所需的砖缝嵌条、粘贴膜、人工等全部费用
29	蒸汽养护	在需要的情况下采用蒸汽养护，并按构件体积计算费用
30	成品保护	（1）本报价包括已生产合格构件由构件厂家免费堆放和保护的时间为 ___d。 （2）承包人须采取切实的成品保护措施，防止钢筋和金属埋件生锈、构件损坏、变形或开裂。 （3）超过上述时间后由双方协商处理
31	包装运输	（1）按构件体积计算。 （2）包括从工厂场地至施工现场的全部费用，包含工厂起吊、运输支架摊销、运输费、运输损耗或运输破坏之修复费用等
32	卸车	（1）卸货责任：承包人与总包单位在工程现场指定地点进行车上验收，合格后由接收人卸货。 （2）压车费：货到现场 ___h 内，总包单位须完成卸货，若未完成卸货，压车费由总包单位承担
33	工法楼费用（或试吊装费用）	（1）工法楼费用的报价为暂定费用。 （2）如因工程现场的场地有限，则在构件厂家生产基地进行试拼装，以便为设计优化提供参考。 （3）如承包人不是试验工法楼 PC 供应单位，此部分费用则由承包人支付给试验工法楼 PC 供应单位，试验工法楼 PC 供应单位则将模具等可重复利用器具运送至承包人构件厂供承包人使用；故各投标单位在填报综合单价分析时候应综合考虑模具等可重复利用器具的含量，谨慎报价
34	管理费用	管理费需包括但不限于：管理人员工资、办公费、差旅交通费、固定资产使用费、工具用具使用费、劳动保险和职工福利费、劳动保护费、检验试验费、工会经费、职工教育经费、财产保险费、财务费、企业按规定缴纳的房产税、车船使用税、土地使用税、印花税等、其他费用等

续表

序号	子项	说明
35	驻厂监理	承包人须为委托人派驻的工厂监理代表提供工厂内已有的办公和生活场所、设施
36	驻场协调	承包人须往工程现场派驻一名代表，负责构件的供货前协调及到场后安装前后的协调，以处理与构件有关的问题，相关费用含在报价中 说明：根据项目需要可以采取该项管理办法，特别是工期紧张或场地紧张需要随运随吊的项目
37	其他费用	（1）其他费用须将按招标文件要求完成本工程所需之全部费用，扣除已列项计取的费用及管理费、利润、税金之后，全部填报在此。 （2）后期不论深化图纸如何，除报价明细中约定可以调整暂定数量的项目按图纸数量调整外，不再增加任何列项

______项目PC构件安装标段工程量清单说明 表4-16

序号	子项	说明
1～6	通用说明	与供应标段相同
7	价差调整方法	构件安装标段不调整价差
8	计价模式	本项目采用的报价模式是（ ）： （1）工程量暂定，综合单价包干。 （2）工程量包干，综合单价包干 示例：本工程为综合单价包干合同，除工程量清单中另有说明外，无论市场人工材料价格及汇率如何变动，综合单价均不予调整。 除非工程范围发生重大变化或另有说明，无论招标时工程量与最终结算工程量有多大差异，合同中的综合单价均不予调整。 综合单价应包含了满足图纸及构造做法的所有工序的价格，在清单中没有单独列出的工序视为已含于综合单价中，结算时不再调整
9	PC安装工程量计算规则	（1）预制构件工程量按设计图示尺寸以体积计算。 （2）需要扣除空心板（墙）、压型钢板孔洞或空洞，需要扣除单个洞口面积$>0.1\text{m}^2$的孔洞。 （3）不扣除混凝土构件内的钢筋、钢骨柱或梁等构件中的钢材、预埋铁件、配管、套管、线盒、夹芯保温板、减重材料、单个面积$\leq 0.1\text{m}^2$的孔洞、线箱等所占体积
10	构件安装费	（1）构件安装费为综合单价固定包干，包含完成本工程的预制构件的安装施工且通过政府相关部门验收所必须进行的所有工作，及本合同虽未提及但承包人在安装施工过程中必须支付的相关的其他费用，并考虑施工期间的物价上涨因素等一切费用，且不因市场价格、政府税费的变化因素而作任何调整（特殊约定的可调差材料除外）。 （2）包括构件自运输车卸货开始至安装完成之间的全部费用，包括堆放损耗、安装损耗。 （3）包括现场卸货、堆放（含推放架、堆放时需采取的加固支撑措施）、布置、保管及多次转运的费用。 （4）包括协调吊车进行吊装，但报价中不包括吊车使用费（已在总包措施费中包含）。 （5）包括构件安装时的支撑体系的设计、制作、安装、拆除等。 （6）包括构件安装所需在工程现场上进行预埋的各种预埋件，包括一次性的、周转性的。 （7）试装、吊装就位，构件连接的钢筋定位、绑扎、连接所需的人工、机械、工具、必要的措施。 （8）包括专用预制构件吊具的设计、制作、安装及拆除等。 （9）就位后与其他构件之间有必要进行的调整、就位、找平、固定措施。 （10）为保证构件整理安装位置的板板连接件等措施费。

续表

<table>
<tr><th>序号</th><th>子项</th><th>说明</th></tr>
<tr><td rowspan="2">10</td><td rowspan="2">构件安装费</td><td>（11）各类预制构件与现浇结构结合部位的空隙处，在混凝土浇筑前的防漏浆措施。
（12）各类预制构件之间接头，预制构件与现浇构件结构连接部位的接缝处理、坐浆、接缝灌浆、拆模后的嵌补砂浆、浮浆清理。
（13）成品保护及损坏后的修补。
（14）安全防护措施。
（15）预制构件的外墙面清洗</td></tr>
<tr><td>说明：
（1）套筒及灌浆、外墙防水处理和打胶，建议单独报价，不要含在安装单价中，便于横向对标。
（2）常规的构件安装支撑体系包括两部分，一是水平构件的，例如叠合板的支撑体系；二是竖向构件的，例如墙、柱。对于水平构件部分的支撑体系，应要求总包单位采用支撑 + 托板方案（图 4-35、图 4-37），这种支撑体系一般含在构件安装费内，由构件安装班组负责；而如果采取传统钢管搭设支撑（图 4-36），则一般含在总包措施费内，由木工班组完成</td></tr>
<tr><td rowspan="2">11</td><td rowspan="2">套筒灌浆施工</td><td>（1）包括结合面清理、接缝封堵、分仓、灌浆料供应及搅拌、灌浆施工、现场清理。
（2）包括灌浆施工前的灌浆料拌合物流动度检测、灌浆料同条件抗压试块制作及检验、灌浆套筒连接性能试验的责任及费用。
（3）在套筒灌浆施工前、中或后配合工程实体检测所需要相关工作的费用。
（4）当实体检测结果为合格时，相关检测费用由委托人承担；检测结果不合格时，由承包人承担检测费用并承担返工处理等相关责任</td></tr>
<tr><td>说明：
需要在报价中确认灌浆套筒是全灌浆套筒还是半灌浆套筒，还要明确具体的灌浆工艺是连通式灌浆还是分体式灌浆，涉及灌浆料的耗用量</td></tr>
<tr><td rowspan="2">12</td><td rowspan="2">外墙拼缝防水施工</td><td>（1）包括接缝清理、泡沫条填缝、双面胶纸、密封胶供应及打胶施工、现场清理。
（2）报价中密封胶的消耗量按接缝断面 20mm × 15mm（或设计尺寸）计算。
（3）包括接缝处防水施工完成后进行淋雨试验的费用</td></tr>
<tr><td>说明：需要在报价中明确单价包干的接缝断面尺寸和允许偏差范围，以便投标单位合理地计算密封胶的耗用量，这种情况下需要对应约定超出合理范围的责任归属</td></tr>
<tr><td>13</td><td>预制构件加强型钢</td><td>承包人负责在预制构件安装后的合理时间，拆除加固用的型钢及附件，运送到指定堆放地点存放并移交预制构件厂家</td></tr>
</table>

附录 A 装配式与传统建筑的主要差异分析

装配式建筑相较传统建筑，重在集成，难在协同。要做好协同，就需要深刻地了解装配式与传统建筑之间的一些差异。

装配式混凝土建筑根据连接方式的不同，分为两类（图 A-1），一是全装配式混凝土结构建筑，是混凝土预制构件以干法连接而成的建筑，一般没有后浇混凝土；二是装配整体式混凝土结构的建筑，这是一种混凝土预制构件以湿法连接而成的建筑，即混凝土现浇与预制两种方式并存的建筑，这是我们主要面对的装配式混凝土建筑。

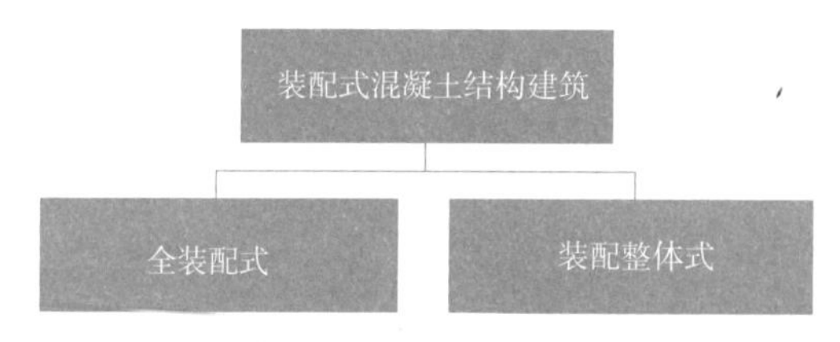

图 A-1 装配式混凝土结构建筑的两大类

在装配式建筑的定义中，有两个关键词：

（1）预制部品部件；

（2）装配整体式。

预制部品部件是对象，是装配式建筑的基本单元，装配是建造方式。装配式建筑相比传统的建筑，从专业上讲是建造方式的差异，但这个建造方式的差异却让整个建筑业发生了质的变化。装配式混凝土建筑，以平均 9% 不到的预制率改变了整个建筑业。

以下从四个方面来分析建造方式的差异：

1. 组成建筑的基本单元不同

传统建筑，例如现浇结构，基本组成是钢筋、混凝土、砌体等原材料；而装配式混凝土结构建筑，基本组成除了这些原材料以外，新增加了预制构件等半成品，或集结构、保温、隔热、机电、装饰等多功能一体化的外墙成品，比传统建筑更复杂了（图 A-2）。（这一点，是上海思睿建筑科技有限公司总工焦祥梓老先生分享的见解。）

基本单元的不同，是与所有与装配式建筑有关的项目管理人员都密切相关的。无论是设计师，或是工程师，或是造价师，建筑组成单元的变化即带来我们管理对象和管理方式的变化。系统性管理，首要的即是找到、分析、管理组成这个系统的基本要素，要素的变化即带来管理的变化，要素种类或数量的增加，则必然会带来管理复杂度的增加。因而，面对装配式建筑，我们较熟悉的传统建筑之碎片化的管理方式就难以胜任，而需要运用集成式管理技术来驾驭。我想这就是装配式建筑的现行各规范或标准中无

图 A-2　夹芯保温外墙项目施工现场

一例外都提及或重点强调“集成”的原因之一。

2. 基本单元之间的连接方式不同

对于混凝土建筑来讲，不管是装配式还是传统现浇，连接部位都是物理上客观上存在的，但是建造程序上，连接是装配式混凝土建筑额外增加的一个工序，即装配式混凝土建筑因对原现浇结构的拆分，导致结构连接由一次变成了两次。额外增加的预制构件之间的连接需要占用时间、消耗资源、产生成本，同时也产生了新的风险点。因而，连接是装配式建筑管理中的一个关键所在，影响到质量、安全、进度、成本等各个方面。

传统建筑，比如现浇结构的主要连接方式是湿连接，结构或非结构构件在竖向或水平向的连接基本是通过钢筋混凝土或水泥基砂浆进行连接；而装配式混凝土建筑，除了传统建筑的湿连接方式以外，在结构构件上还可以有干连接，如螺栓连接（目前应用尚少，也就限制了装配式建筑的优势发挥）。

在装配式建筑中，连接方式的改变，主要包括两个方面：

（1）结构上的连接

由于建造方式的改变，装配式建筑较传统建筑相比较增加了干式连接方式或者介于干湿之间的混合连接方式。按连接对象又分为竖向构件之间的连接、水平构件之间的连接。除了构件与构件之间的连接，还包括预制构件本身在生产环节中各原材料之间的连接，比如预制夹芯保温墙体中的保温连接件。

结构上的连接，还涉及结构安全性能。包括较常用的套筒灌浆连接（图 A-3），也有上海建工多用的螺栓连接方式（图 A-4）。

（2）建筑上的连接。

对于装配式建筑来讲，主要表现在非承重外墙预制时的连接技术，特别是防水技术。建筑上的连接，这涉及建筑防渗漏、保温隔热等性能。郭学明先生指出，在水平连接缝处的打胶质量如果出现问题，导致渗漏、锈蚀钢筋，就会影响到结构安全和耐久性。水平缝处防水处理如图 A-5、图 A-6 所示。

这两项，既是技术上的关键，也是装配式成本增量中的大项。

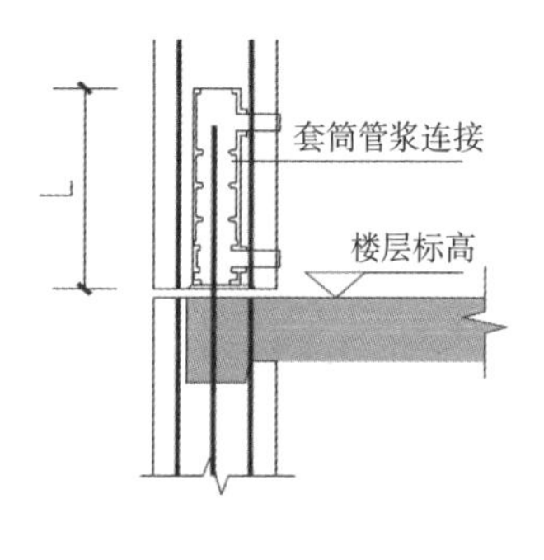

图 A-3　套筒灌浆连接

图 A-4　螺栓连接

图 A-5　外墙水平接缝处密封胶施工

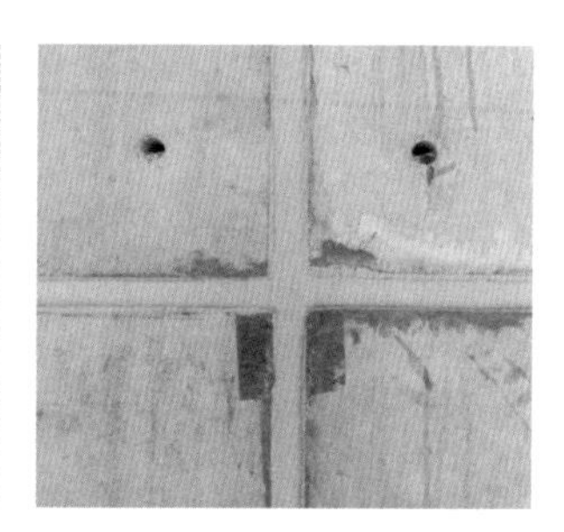

图 A-6　外墙十字接缝处密封胶施工

3. 设计环节的差异

两种建造方式在钢筋混凝土主体结构设计环节的差异，如表 A-1 所示。

两种建造方式在结构设计环节的差异　　表 A-1

序号	对比项	传统现浇	装配式（以 PC 率 30% 为例）
1	人才	学历教育和职称评审等人才机制成熟，懂传统建筑设计的人才充足	懂装配式设计的人才稀少，人才严重缺乏；懂设计、生产、施工和经济的设计师更少
2	范围	一次设计 （除钢结构等需要二次深化外）	三次设计 常规建筑结构设计 +PC 专项设计 +BIM 建模、检查 + 模具生产设计
3	深度	设计精细度要求不高，可以不考虑可施工性	设计精细度要求高，设计必须考虑可生产性、可运输性、可施工性，设计方案是生产和施工的指导性文件

续表

序号	对比项		传统现浇	装配式（以 PC 率 30% 为例）
4	流程		各专业依次设计，例如一般装修是后设计：建筑设计 - 结构设计 - 内装设计 - 施工组织设计	各专业并行、交叉协同、一体化集成设计。结构设计需要与机电、外装、内装、施工组织等协同设计
5	质量		要求一般， 一些小的错漏碰缺可以现场纠偏、后改	要求高 设计错、生产错、施工中可能装不上
6	工期		从方案到施工图 60 ~ 100d	从方案到吊装的大概时间，前 PC 需要 80 ~ 100d，后 PC 需要 150 ~ 240d
7	成本		设计费 A	额外增加 PC 专项设计咨询费
8	相互关系	与甲方	被动地接受设计任务书	主动地强调甲方在其他设计、专业工程招标上的前置性
		与生产	基本不考虑	事前交底、提资，必须考虑生产方案、运输方案
		与施工	按图施工 事后图纸会审 可以不考虑现场施工方案	按施工设计的比例提高 事前交底、提资 必须考虑现场吊装方案、施工方案，甚至要共同确定施工方案、设计方案

4. 施工环节的差异

两种建造方式在主体结构施工环节的差异如表 A-2 所示。

两种建造方式在主体结构施工环节的差异分析　　表 A-2

序号	对比项	传统现浇结构	装配式混凝土结构（以 PC 率 30% 为例）
1	人才	学历教育和职称评审等人才机制成熟，懂传统建筑施工管理的人才充足	懂装配式的人才缺乏；懂施工、设计、生产和经济的建造师更少
2	基本特征	（原材料 A+B+C）× 现场施工	（原材料 + 半成品 + 成品）× 现场施工
3	主要工序	竖向现浇→水平现浇 主工序：模板、钢筋、混凝土	竖向 PC 吊装→水平 PC 吊装→现浇节点或叠合构件穿插现浇接头、（或）节点灌浆 主工序：吊装、支撑、连接和预埋、现浇（含钢筋、混凝土、模板）
4	主要工种	钢筋工、混凝土工、模板工、架子工、起重工	增加：构件安装工、灌浆工、部品安装工、打胶工增加工种后，交叉作业更严重
5	项目管理	集成度低，要求一般 一般只涵盖工地现场	集成度高，要求更高 有前置性工作：设计（提资）、生产（交底、计划、验收） 在场地规划、施工措施预留预埋、设备调度、材料供应、工人安排、交叉作业等环节更复杂
6	作业特点	大面施工 连续性施工	多点位施工、零星施工 间断性施工

续表

序号	对比项		传统现浇结构	装配式混凝土结构（以 PC 率 30% 为例）
7	施工措施		传统外架 室内满堂脚手架 普通塔吊	可以免外架设计 内架改为支撑方式，或免内架 塔吊规格加大或配搭汽车吊 场地道路、堆场需要更多面积、需要加固
8	预留预埋		较少的 施工措施类永久性预埋件	较多的 施工措施类永久性预埋件（预制、吊装、安装）
9	施工难度		经验丰富，难度小	经验少，难度大； 多工种协同，安装难度大； 构件安装后，操作和调整空间小，后续施工难度大
10	工效		操作熟练，工效高	（1）PC 结构，不熟练、工效低 （2）除 PC 以外的现浇结构部分，施工零散，工效低
11	结构进度		以标准层 5d 为例 30 层 150d	标准层 7d 左右 30 层 210d 超出 60d，超 40%
12	结构质量		质量精度一般 误差以厘米计 系统性质量通病多 质量检测比较容易 容错能力强，现场可修补	高 误差以毫米计 预制构件尺寸精度控制 3mm 以内、表面平整度精度控制小于 0.1% 可以系统性解决质量通病 灌浆、打胶等关键工序的施工质量不易检查 但容错度低，质量偏差在现场难以纠正或纠正成本高昂
13	安全		传统建筑的安全风险，因管理成熟，较容易管理	在装配式发展初期，因不熟悉、不熟练导致安全风险较大，包括因工序增加导致安全风险因素的数量增加，因预制构件较重导致一旦发生安全事故的后果更严重
14	施工成本		100% 的结构工程量都是由施工单位在现场完成	30% 左右的预制部分外包给构件厂，剩余 70% 是现浇混凝土。预制部分成本增加，现浇部分的施工成本上升（人机工效降低 + 材耗增加 + 管理成本一般增加 5% 左右，尤以木工单价增加较多）
15	相互关系	与甲方	施工单位被动地按指令施工	施工单位主动协同甲方，研究设计图的可施工性和经济性，共同降低工程成本
		与设计	按图施工 施工单位在设计完成后会审图纸，查找错漏碰缺，按图施工	按施工来设计 施工单位在设计完成前提资，参与装配式的协同设计。提前考虑吊装方案、施工方案，甚至要共同确定施工方案、设计方案
		与生产	施工单位在构件生产完成后验收，基本不考虑协同	施工单位在生产前提资、协同制定生产详图，事后验收
		与分包	依次施工、交叉施工	事前协同、并行施工、穿插施工、集成施工

附录 B 装配式部品部件清单单价分析案例

装配式建筑部品部件的合同清单及单价分析清单　　表 B-1

序号	城市	定标时间	业态	特点
1	上海	2018.5	高层住宅	有减重块
2	上海	2018.3	商业	商业项目、框架结构
3	深圳	2018.4	高层住宅	
4	杭州	2018.5	高层住宅，洋房，叠排	安装单价分析表
5	奉化	2018.1	高层住宅	
6	常熟	2018.4	叠拼别墅，小高层住宅	条板安装价分析表
7	无锡	2017.8	高层住宅	
8	南通	2018.7	别墅	
9	南通	2018.7	洋房	
10	南通	2018.7	小高层住宅	
11	南通	2018.9	高层住宅	
12	徐州	2018.2	商业办公	
13	沈阳	2019.1	高层住宅，小高层住宅	供应价低
14	成都	2018.7	高层住宅	灰渣板安装价分析表
15	郑州	2019.4	高层住宅	
16	合肥	2018.6	高层住宅，小高层	
17	蚌埠	2018.11	高层住宅，洋房	ALC 条板
18	长春	2019.2	小高层住宅、高层住宅	单价分析详细

说明：因篇所限，本书附其中 3 个项目的清单及单价分析清单。在同行分享的中标合同清单的基础上进行了略微调整、脱敏处理，其他均保持原样。所附清单是案例中标清单，并非报价标准。中标价格具有时效性，敬请了解，供参考。管理费、利润、税金的取值有企业自身报价考虑，差异性较大。

手机扫一扫，关注公众号、点击“资料下载”，下载全部 18 个案例清单。

杭州某住宅项目装配式部品部件合同清单　　表 B-2

单位：元 /m³

序号	构件名称	供应价	安装价	综合单价
1	叠合板	3547	485	4032
2	楼梯	3606	406	4012
3	阳台板	3872	485	4358

续表

序号	构件名称	供应价	安装价	综合单价
4	空调板	3748	413	4161

工程概况：①城市：杭州
②地上建面：200000m²
③业态：高层 33 层，洋房 9 层，叠排 3 层
④预制率：20%
⑤定标时间：2018 年 5 月

供应价说明：
①包括：构件的深化设计、模具设计开发、预制构件的加工及养护、材料的接收及安装（材料主要包括：线管、线盒、地漏、止水节等）、清洁、运输至指定地点（总包卸货）包括运输过程必须采取的加固措施、成品保护、检验、验收、样品、因质量问题引起的维修和更换、管理、利润、规费、税金及附加的一切其他费用等。
②不包括：钢筋和预埋件用量为暂定；钢筋、混凝土价格上涨 5% 以外的部分

安装价说明：
包括：完成本工程的构件安装施工（含接缝材料费用、安装措施及安装损耗、检测等）且通过政府相关部门验收所必须进行的所有工作，及本合同虽未提及但承包人在安装施工过程中必须支付的相关的其他费用，并考虑施工期间的物价上涨因素等一切费用，且不因市场价格、政府税费的变化因素而作任何调整（特殊约定的可调差的材料除外）

供应价——叠合板　　表 B-3

序号	构成项	单位	含量	单价	合计（元 /m³）
1	主材				1272
1.1	HRB400 钢筋（暂定量）	kg	142	4.80	682
1.2	混凝土（C30）	m³	1	530	530
1.3	镀锌预埋件（暂定量）	kg	10	6.00	60
2	辅材	m³	1	120	120
2.1	清单面缓凝剂	m³	1	120	120
3	制作人工及机械	m³	1	520	520
4	其他				880
4.1	模具费用	m³	1	180	180
4.2	蒸养费	m³	1	120	120
4.3	成品保护费	m³	0	0	0
4.4	包装、运输费	m³	1	180	180
4.5	其他	m³	1	400	400
5	直接费（1+2+3+4）				2792
6	管理费（5）			10%	279
7	利润（5+6）			5%	154
8	税金（5+6+7）			10%	322
供应价合计（5+6+7+8）					3547

供应价——楼梯　　表 B–4

序号	构成项	单位	含量	单价	合计（元 /m^3）
1	主材				1148
1.1	HRB400 钢筋（暂定量）	kg	110	4.80	528
1.2	混凝土（C30）	m^3	1	530	530
1.3	镀锌预埋件（暂定量）	kg	15	6.00	90
2	辅材	m^3	1	120	120
2.1	清单面缓凝剂	m^3	1	120	120
3	制作人工及机械	m^3	1	600	600
4	其他				970
4.1	模具费用	m^3	1	200	200
4.2	蒸养费	m^3	1	120	120
4.3	成品保护费	m^3	1	30	30
4.4	包装、运输费	m^3	1	220	220
4.5	其他	m^3	1	400	400
5	直接费（1+2+3+4）				2838
6	管理费（5）			10%	284
7	利润（5+6）			5%	156
8	税金（5+6+7）			10%	328
供应价合计（5+6+7+8）					3606

供应价——阳台板　　表 B–5

序号	构成项	单位	含量	单价	合计（元 /m^3）
1	主材				1148
1.1	HRB400 钢筋（暂定量）	kg	110	4.80	528
1.2	混凝土（C30）	m^3	1	530	530
1.3	镀锌预埋件（暂定量）	kg	15	6.00	90
2	辅材	m^3	1	120	120
2.1	清单面缓凝剂	m^3	1	120	120
3	制作人工及机械	m^3	1	730	730
4	其他				1050
4.1	模具费用	m^3	1	250	250
4.2	蒸养费	m^3	1	120	120
4.3	成品保护费	m^3	1	30	30
4.4	包装、运输费	m^3	1	250	250
4.5	其他	m^3	1	400	400
5	直接费（1+2+3+4）				3048

续表

序号	构成项	单位	含量	单价	合计（元/m³）
6	管理费（5）			10%	305
7	利润（5+6）			5%	168
8	·税金（5+6+7）			10%	352
供应价合计（5+6+7+8）					3873

预制构件安装施工单价分析清单　　表 B-6

项目名称		单位	单价	叠合板		楼梯		阳台板		空调板	
				含量	费用	含量	费用	含量	费用	含量	费用
人工	起重工	工日	220	1.6	352	1.25	275	1.6	352	1.3	286
	钢筋工	工日	220	0	0	0	0	0	0		0
	木工	工日	220	0	0	0	0	0	0		0
	其他工	工日	220	0.37	81	0.13	29	0.37	81	0.37	81
	小计	工日	220	1.97	433	1.38	304	1.97	433	1.67	367
材料	PC 用斜撑	套	400	0	0		0	0	0		0
	预埋铁件	个	10	0	0	1.65	17	0	0		0
	接驳器配套件	套	8	0	0		0	0	0		0
	单面胶贴止水带	m	5.2	1.5	8		0	1.5	8	1.5	8
	镀锌薄钢板厚 0.5	个	1.5	0	0	10	15	0	0		0
	水泥砂浆勾缝	m³	600	0	0	0.01	6	0	0		0
	高强度灌浆料	kg	5.5	0	0	4.5	25	0	0		0
	橡胶条	m	1.2	0	0	3	4	0	0		0
	螺纹圆钢及螺栓 M18	套	15	0	0		0	0	0		0
	螺纹圆钢及螺栓 M24	套	20	0	0		0	0	0		0
	小计	元			7.8		65.85		7.8		7.8
机械	汽车吊（如有）	台班									
不含税单价		m³			441		369		441		375
税金		元	10%		44		37		44		38
合计					485		406		485		413

常熟某住宅项目 PC 综合单价清单　　表 B-7

序号	项目名称	单位	供应价	安装价	综合单价
1	蒸压轻质砂加气混凝土板墙	元/m³	852	677	1529
2	叠合楼板	元/m³	3503	792	4295
3	叠合阳台	元/m³	3503	792	4295

续表

序号	项目名称	单位	供应价	安装价	综合单价
4	预制楼梯	元 /m^3	3512	792	4304
5	叠合梁	元 /m^3	3536	792	4328
6	预制外墙	元 /m^3	3502	792	4294
7	预制剪力墙	元 /m^3	3502	792	4294
8	预制阳台隔墙	元 /m^3	3502	792	4294
9	预制空调板	元 /m^3	3502	792	4294
工程概况		①地上建面：85000m^2 ②业态：多层叠拼 + 小高层 ③层数：11 层 ④预制率：15%，装配化率：100% ⑤招标时间：2018 年 4 月 ⑥供应方式：甲指乙供			
供应价说明		包括：但不限于墙板制作、加工及养护、运输至指定地点（安装单位卸货及保管）、制作及运输过程中的成品保护、验收、因质量问题引起的维修和更换、管理、利润、税金等费用			
安装价说明		包括：构件卸车、堆放、吊装、定位、安装、人工配合；预埋铁件、卡件、埋设；顶撑、斜撑安装、拆除；接缝处理、橡胶条、高强度灌浆、补洞及外墙清洗等安装预制构件所需之一切工序			

供应价——蒸压轻质砂加气混凝土板墙　　表 B-8

序号	构成项	单位	含量	单价	合计元 /m^3
1	主材				406
1.1	钢筋	kg	9.5	4.5	42
1.2	砂加气混凝土 A3.5B05	m^3	1	354	354
1.3	砂加气混凝土强度每增减 1 个等级	m^3	1	10	10
2	其他所有辅材	项	1	51	51
3	制作人工费	项	1	101	101
4	其他费用				192
4.1	蒸养费	项	1	25	25
4.2	包装、运输费	项	1	96	96
4.3	成品保护费	项	1	71	71
5	直接费（1+2+3+4）				749
6	管理费（3）	元		10%	10
7	利润（3）	元		8%	8
8	税金（5+6+7）	元		11%	84
供应价（5+6+7+8）					852

供应价——叠合楼板 / 叠合阳台构件 表 B-9

序号	构成项	单位	含量	单价	合计元 /m^3
1	主材				1295
1.1	钢筋	kg	120	4.5	534
1.2	混凝土 C30	m^3	1	417	417
1.3	混凝土每增减 1 个等级	m^3	1	10	10
1.4	叠合钢筋	kg	25	4.5	111
1.5	各类金属预留预埋、连接件等	kg	11	20.2	222
2	其他所有辅材	项	1	293	293
3	人工费	m^3	1	909	909
4	其他费用				495
4.1	模具	项	1	152	152
4.2	蒸养费	项	1	91	91
4.3	包装、运输费、过路费、保险费、成品保护	项	1	253	253
5	直接费（1+2+3+4）				2992
6	管理费（3）	元		10%	91
7	利润（3）	元		8%	73
8	税金（5+6+7）	元		11%	347
供应价（5+6+7+8）					3503

供应价——预制楼梯构件 表 B-10

序号	构成项	单位	含量	单价	合计元 /m^3
1	主材				1273
1.1	钢筋	kg	140	4.5	624
1.2	混凝土 C30	m^3	1	417	417
1.3	混凝土每增减 1 个等级	m^3	1	10	10
1.4	各类金属预留预埋、连接件等	kg	11	20.2	222
2	其他所有辅材	项	1	323	323
3	人工费	m^3	1	909	909
4	其他费用				495
4.1	模具	项	1	152	152
4.2	蒸养费	项	1	91	91
4.3	包装、运输费、过路费、保险费、成品保护	项	1	253	253
5	直接费（1+2+3+4）				3000
6	管理费（3）	元		10%	91
7	利润（3）	元		8%	73
8	税金（5+6+7）	元		11%	348
供应价（5+6+7+8）					3512

供应价——叠合梁构件　表 B-11

序号	构成项	单位	含量	单价	合计元 /m^3
1	主材				1295
1.1	钢筋	kg	120	4.5	534
1.2	混凝土 C30	m^3	1	417	417
1.3	混凝土每增减 1 个等级	m^3	1	10	10
1.4	叠合钢筋	kg	25	4	111
1.5	各类金属预留预埋、连接件等	kg	11	20.2	222
2	其他所有辅材	项	1	323	323
3	人工费	m^3	1	909	909
4	其他费用				495
4.1	模具	项	1	152	152
4.2	蒸养费	项	1	91	91
4.3	包装、运输费、过路费、保险费、成品保护	项	1	253	253
5	直接费（1+2+3+4）				3022
6	管理费（3）	元		10%	91
7	利润（3）	元		8%	73
8	税金（5+6+7）	元		11%	350
供应价（5+6+7+8）					3536

供应价——预制外墙构件　表 B-12

序号	构成项	单位	含量	单价	合计元 /m^3
1	主材				1184
1.1	钢筋	kg	120	4.5	534
1.2	混凝土 C30	m^3	1	417	417
1.3	混凝土每增减 1 个等级	m^3	1	10	10
1.4	各类金属预留预埋、连接件等	kg	11	20.2	222
2	其他所有辅材	项	1	323	323
3	人工费	m^3	1	909	909
4	其他费用				576
4.1	模具	项	1	152	152
4.2	蒸养费	项	1	91	91
4.3	包装、运输费、过路费、保险费、成品保护	项	1	253	253
4.4	其他费用	项	1	81	81
5	直接费（1+2+3+4）				2992
6	管理费（3）	元		10%	91
7	利润（3）	元		8%	73

续表

序号	构成项	单位	含量	单价	合计元 /m³
8	税金（5+6+7）	元		11%	347
供应价（5+6+7+8）					3502

安装价——蒸压轻质砂加气混凝土板（吊装 50m 及以内）　表 B-13

序号	构成项	单位	含量	单价	合价元 /m³
1	人工				235
1.1	起重工	工日	2	94	188
1.2	钢筋工	工日	0.2	94	19
1.3	木工	工日	0.1	94	9
1.4	其他工	工日	0.2	94	19
2	材料				270
2.1	钢管 φ48×3.2×3000	套	1	40	40
2.2	构件用斜撑	套	1	40	40
2.3	预埋铁件	t	0.005	5050	25
2.4	接驳器配套件	套	20	1	20
2.5	单面胶贴止水带	m	3	5	15
2.6	镀锌薄钢板厚 0.5	m²	0.1	202	20
2.7	水泥砂浆勾缝	m³	0.05	3	0.15
2.8	高强度灌浆料	kg	12.5	6.57	82
2.9	橡胶条	m	2	13	26
3	机械				33
3.1	电焊机	台班	0.015	303	5
3.2	电箱	台班	0.015	71	1
3.3	其他机械费	套	0.003	9090	27
4	直接费（1+2+3）				537
5	综合费率（4）	元		12%	64
6	规费及税金（4）	元		14%	75
安装价（4+5+6）					677

安装价——叠合楼板构件（吊装 50m 及以内）　表 B-14

序号	构成项	单位	含量	单价	合价元 /m³
1	人工				235
1.1	起重工	工日	2	94	188
1.2	钢筋工	工日	0.2	94	19
1.3	木工	工日	0.1	94	9

续表

序号	构成项	单位	含量	单价	合价元 /m³
1.4	其他工	工日	0.2	94	19
2	材料				361
2.1	钢管 ф48 × 3.2 × 3000	套	2	40	81
2.2	构件用斜撑	套	2	40	81
2.3	预埋铁件	t	0.005	5050	25
2.4	接驳器配套件	套	20	1	20
2.5	单面胶贴止水带	m	3	5	15
2.6	镀锌薄钢板厚 0.5	m²	0.15	202	30
2.7	水泥砂浆勾缝	m³	0.05	3	0
2.8	高强度灌浆料	kg	12.5	6.57	82
2.9	橡胶条	m	2	13	26
3	机械				33
3.1	电焊机	台班	0.015	303	5
3.2	电箱	台班	0.015	71	1
3.3	其他机械费	套	0.003	9090	27
4	直接费（1+2+3）				628
5	综合费率（4）	元		12%	75
6	规费及税金（4）	元		14%	88
安装价（4+5+6）					792

长春某住宅项目装配式部品部件合同清单　　表 B-15

单位：元 /m³

序号	构件名称	供应价	安装价	综合单价
1	叠合板	2549	500	3049
2	实心板	2472	500	2972
3	阳台有梁板	2593	500	3093
4	外墙有窗（50+90+200）	3666	680	4346
5	外墙无窗（50+90+200）	3538	680	4218
6	外墙飘窗（50+90+200）	4540	700	5240

工程概况：

①城市：长春

②地上建面：300000m²

③业态：小高层、高层住宅

④装配率：50%

⑤定标时间：2019 年 2 月

续表

序号	构件名称	供应价	安装价	综合单价
供应价说明：①包括：货物价款、税金、包装费、保险费、运输费、装车费、过江过路过桥费、安装指导、以及其他运抵至买方指定交货地点并卸车的一切费用；包括货物被允许用于工程前所需进行的试验、检验费用；包括售后服务以及市场价格涨幅（5% 以内）等的各类风险费用；以及其他所有相关服务费用。 ②不包括：钢筋、混凝土价格上涨 5% 以外的部分				
安装价说明：包括完成本工程的构件安装施工（含接缝材料费用、安装措施及安装损耗、检测等）且通过政府相关部门验收所必须进行的所有工作，及本合同虽未提及但承包人在安装施工过程中必须支付的相关的其他费用，并考虑施工期间的物价上涨因素等一切费用，且不因市场价格、政府税费的变化因素而作任何调整（特殊约定的可调差的材料除外）				

供应价——叠合板　　表 B–16

序号	构成项	单位	含量	单价	合计（元 /m³）
1	主材				887
1.1	HRB400 钢筋	kg	64	3.60	230
1.2	桁架筋	kg	55	4.80	264
1.3	混凝土（C30）	m³	1	345	345
1.4	预埋吊环	个	12	3.60	43
1.5	暗装接线盒	个	3	1.5	5
2	辅材	元	887	3%	27
3	人工	工日	1.6	280	448
4	机械				120
4.1	厂内转运	m³	1	50	50
4.2	生产用其他机械	m³	1	70	70
5	措施费				620
5.1	固定资产摊销	m³	1	30	30
5.2	模具摊销	m³	1	150	150
5.3	蒸养费	m³	1	120	120
5.4	水电费	m³	1	50	50
5.5	成品保护费	m³	1	30	30
5.6	试验费	m³	1	30	30
5.7	运输费	m³	1	210	210
6	直接费（1+2+3+4+5）				2102
7	管理费（6）			5%	105
8	利润（7+7）			5%	110
9	税金（6+7+8）			10%	232
供应价合计（五＋六＋七＋八）					2549

供应价——实心板 表 B–17

序号	构成项	单位	含量	单价	合计（元 /m³）
1	主材				775
1.1	HRB400 钢筋	kg	110	3.60	396
1.2	混凝土（C30）	m³	1	345	345
1.3	MJ2 预埋螺母	个	5.66	6.00	34
2	辅材	项	775	3%	23
3	人工	工日	1.5	280	420
4	机械				140
4.1	厂内转运	m³	1	70	70
4.2	生产用其他机械	m³	1	70	70
5	措施费				680
5.1	固定资产摊销	m³	1	30	30
5.2	模具摊销	m³	1	240	240
5.3	蒸养费	m³	1	120	120
5.4	水电费	m³	1	50.0	50
5.5	成品保护费	m³	1	20	20
5.6	试验费	m³	1	30	30
5.7	运输费	m³	1	190	190
6	直接费（1+2+3+4+5）				2038
7	管理费（6）			5%	102
8	利润（7+7）			5%	107
9	税金（6+7+8）			10%	225
供应价合计（五 + 六 + 七 + 八）					2472

供应价——有梁板 表 B–18

序号	构成项	单位	含量	单价	合计（元 /m³）
1	主材				783
1.1	HRB400 钢筋	kg	95	3.60	342
1.2	混凝土（C30）	m³	1	345	345
1.3	吊点	个	16	6.00	96
2	辅材	项	783	3%	23
3	人工	工日	1.65	280	462
4	机械				120
4.1	厂内转运	m³	1	50	50
4.2	生产用其他机械	m³	1	70	70
5	措施费				750

续表

序号	构成项	单位	含量	单价	合计（元/m³）
5.1	固定资产摊销	m³	1	30	30
5.2	模具摊销	m³	1	260	260
5.3	蒸养费	m³	1	120	120
5.4	水电费	m³	1	70.0	70
5.5	成品保护费	m³	1	30	30
5.6	试验费	m³	1	30	30
5.7	运输费	m³	1	210	210
6	直接费（1+2+3+4+5）				2138
7	管理费（6）			5%	107
8	利润（7+7）			5%	112
9	税金（6+7+8）			10%	236
供应价合计（五＋六＋七＋八）					2593

供应价——外墙有窗（50+90+200）　　表 B-19

序号	构成项	单位	含量	单价	合计　（元/m³）
1	主材				1423
1.1	HRB400 钢筋 - 外叶板	kg	22	3.60	79
1.2	HRB400 钢筋 - 内叶板	kg	83	3.40	282
1.3	340 厚外墙混凝土（C30）	m³	1	345	345
1.4	预埋吊环	个	1.85	12.50	23
1.5	B1 级 EPS 保温板，自重≥ 20kg/m³	m³	0.5	450	225
1.6	预埋吊件 MJ1	个	1.85	12.50	23
1.7	临时支撑预埋螺母 MJ2	个	3.70	6.00	22
1.8	TT1 套筒组件	个	3.70	14.80	55
1.9	TT2 套筒组件	个	3.70	14.80	55
1.10	灌浆孔出浆孔 TG1	个	1.80	12.80	23
1.11	灌浆孔出浆孔 TG2	个	1.80	12.80	23
1.12	保温连接件	个	37	7.00	259
1.13	防腐木	m³	0.006	1500	9
2	辅材（含隔离剂、模板密封胶条、成孔埋件等）	项	1423	7%	100
3	人工	工日	2.5	280	700
4	机械				140
4.1	厂内转运	m³	1	70	70
4.2	生产用其他机械	m³	1	70	70

续表

序号	构成项	单位	含量	单价	合计 （元/m³）
5	措施费				660
5.1	固定资产摊销	m³	1	30	30
5.2	模具摊销	m³	1	220	220
5.3	蒸养费	m³	1	120	120
5.4	水电费	m³	1	50.0	50
5.5	成品保护费	m³	1	20	20
5.6	试验费	m³	1	30	30
5.7	运输费	m³	1	190	190
6	直接费（1+2+3+4+5）				3023
7	管理费（6）			5%	151
8	利润（7+7）			5%	159
9	税金（6+7+8）			10%	333
供应价合计（五＋六＋七＋八）					3666

供应价——外墙有窗（50+90+200） 表B–20

序号	构成项	单位	含量	单价	合计 （元/m³）
1	主材				1147
1.1	HRB400钢筋-外叶板	kg	20	3.60	72
1.2	HRB400钢筋-内叶板	kg	60	3.40	204
1.3	340厚外墙混凝土（C30）	m³	1	345	345
1.4	预埋吊环	个	1.85	12.50	23
1.5	B1级EPS保温板，自重≥20kg/m³	m³	0.53	450	239
1.6	预埋吊件MJ1	个	2.30	12.50	29
1.7	临时支撑预埋螺母MJ2	个	4.60	6.00	28
1.8	TT1套筒组件	个	2.30	14.80	34
1.9	TT2套筒组件	个	2.30	14.80	34
1.10	灌浆孔出浆孔TG1	个		12.80	0
1.11	灌浆孔出浆孔TG2	个		12.80	0
1.12	保温连接件	个	20	7.00	140
1.13	防腐木	m³		1500	0
2	辅材	项	1147	7%	80
3	人工	工日	3	280	840
4	机械				140
4.1	厂内转运	m³	1	70	70
4.2	生产用其他机械	m³	1	70	70

续表

序号	构成项	单位	含量	单价	合计 （元/m³）
5	措施费				710
5.1	固定资产摊销	m³	1	30	30
5.2	模具摊销	m³	1	270	270
5.3	蒸养费	m³	1	120	120
5.4	水电费	m³	1	50.0	50
5.5	成品保护费	m³	1	20	20
5.6	试验费	m³	1	30	30
5.7	运输费	m³	1	190	190
6	直接费（1+2+3+4+5）				2917
7	管理费（6）			5%	146
8	利润（7+7）			5%	153
9	税金（6+7+8）			10%	322
供应价合计（五＋六＋七＋八）					3538

供应价——外墙飘窗（50+90+200） 表 B–21

序号	构成项	单位	含量	单价	合计（元/m³）
1	主材				1663
1.1	HRB400 钢筋 - 外叶板	kg	20	3.60	72
1.2	HRB400 钢筋 - 内叶板	kg	128	3.40	435
1.3	混凝土（C30）	m³	1	345	345
1.4	预埋吊环	个	1.85	12.50	23
1.5	B1 级 EPS 保温板，自重≥ 20kg/m³	m³	0.6	450	270
1.6	预埋吊件 MJ1	个	1.72	12.50	22
1.7	临时支撑预埋螺母 MJ2	个	3.45	6.00	21
1.8	TT1 套筒组件	个	3.45	14.80	51
1.9	TT2 套筒组件	个	3.45	14.80	51
1.10	灌浆孔出浆孔 TG1	个	1.72	12.80	22
1.11	灌浆孔出浆孔 TG2	个	1.72	12.80	22
1.12	保温连接件	个	46	7.00	322
1.13	防腐木	m³	0.005	1500	8
2	辅材	项	1663	7%	116
3	人工	工日	3.8	280	1064
4	机械				140
4.1	厂内转运	m³	1	70	70
4.2	生产用其他机械	m³	1	70	70

续表

序号	构成项	单位	含量	单价	合计（元/m³）
5	措施费				760
5.1	固定资产摊销	m³	1	30	30
5.2	模具摊销	m³	1	320	320
5.3	蒸养费	m³	1	120	120
5.4	水电费	m³	1	50.0	50
5.5	成品保护费	m³	1	20	20
5.6	试验费	m³	1	30	30
5.7	运输费	m³	1	190	190
6	直接费（1+2+3+4+5）				3744
7	管理费（6）			5%	187
8	利润（7+7）			5%	197
9	税金（6+7+8）			10%	413
供应价合计（五＋六＋七＋八）					4540

附录 C

装配式建筑成本类著作清单　　表 C-1

序号	图书名称	主要作者	出版时间
1	深圳市保障性住房模块化、工业化、BIM 技术应用与成本控制研究	孟建民、龙玉峰	2014.5
2	大力推广装配式建筑必读——技术·标准·成本与效益	住房和城乡建设部住宅产业化促进中心	2016.5
3	装配式装修招标与合同计价	中联造价咨询、宜中联绿发展中心	2016.11
4	装配式混凝土建筑——构件工艺设计与制作 200 问	郭学明、李营、叶汉河	2018.1
5	装配式混凝土建筑——政府、甲方、监理 200 问	郭学明、赵树屹、张岩、胡旭	2018.1
6	装配式建筑工程造价	杨华斌、路军平、吕士芳、王红平、张献梅	2018.2
7	装配式混凝土结构建筑的设计、制作与施工	郭学明	2018.5
8	装配式混凝土建筑——施工安装 200 问	郭学明、杜常岭、王书奎、李营	2019.1
9	建筑的工业化思维	张博为	2019.1
10	装配式混凝土建筑技术管理与成本控制	裴永辉、王丽娟、胡卫波	2019.3
11	装配式混凝土建筑——如何把成本降下来	许德民、王炳洪、胡卫波	2020.1

说明：1. 统计截止时间为 2019 年 12 月 30 日；

2. 上表著作是地产成本圈通过公开渠道的检索统计，凡著作中有成本一章均统计在内，因渠道所限，可能有遗漏，敬请理解。

参考文献

[1] 孟建民，龙玉峰 . 深圳市保障性住房模块化、工业化、BIM 技术应用与成本控制研究 .[M]. 北京：中国建筑工业出版社，2014.

[2] 住建部住宅产业化促进中心 . 大力推广装配式建筑必读——制度、政策、国内外发展 .[M]. 北京：中国建筑工业出版社，2016.

[3] 住建部住宅产业化促进中心 . 大力推广装配式建筑必读——技术、标准、成本与效益 .[M]. 北京：中国建筑工业出版社，2016.

[4] 住建部科技与产业化发展中心 . 中国装配式建筑发展报告（2017）[M]. 北京：中国建筑工业出版社，2017.

[5] 郭学明 . 装配式混凝土结构建筑的设计、制作与施工 .[M]. 北京：机械工业出版社，2018.

[6] 赵树屹 . 装配式混凝土结构建筑——政府、甲方、监理 200 问 .[M]. 北京：机械工业出版社，2018.

[7] 樊则森 . 从设计到建成——装配式建筑 20 讲 .[M]. 北京：机械工业出版社，2018.

[8] 张博为 . 建筑的工业化思维 .[M]. 北京：机械工业出版社，2019.

[9] 裴永辉，王丽娟，胡卫波 . 装配式混凝土建筑技术管理与成本控制 .[M]. 北京：中国建材工业出版社，2019.

[10] 北京市保障性住房建设投资中心、北京和能人居科技有限公司 . 图角装配式装修设计与施工 .[M]. 北京：化学工业出版社，2019.

[11] 许德民，王炳洪，胡卫波 . 装配式混凝土结构建筑——如何把成本降下来 .[M]. 北京：机械工业出版社，2020.

征稿启事

出版时间：征满后安排出版

出 版 社：中国建筑工业出版社

——投稿待遇——

1. 有稿酬。

2. 有著作署名权。

3. 副主编待遇。稿件数量≥ 4 篇或 word 字数 2.5 万字，单位负责人或作者个人将担任本书副主编。

4. 并列主编待遇。稿件数量≥ 8 篇或 word 字数 5 万字，单位负责人或作者个人将担任本书并列主编。

——征稿内容——

以下征稿主题皆为案例分析形式：

（1）招采管理；（2）机电成本；

（3）结算管理；（4）装配式成本；

（5）精装成本；（6）成本优化。

——联系方式——

欢迎垂询

联系人：胡卫波 18101919517（微信）

支持地产成本圈图书出版的企业名录

序号	单位名称	联系人	联系方式
1	吉林诚信工程建设咨询有限公司（全过程造价咨询）	何丽梅	18688890722
2	漳州大盛软件有限公司（建筑、电力工程计价软件，公路造价管理系统、水利综合造价软件）	曾洪林	18649605383
3	福建省九问建筑咨询有限公司	吴元忠	15959233211